警用移动通信技术与设备

主　编　胡记文

副主编　宋　华　杨　勇

参　编　张秦峰　傅民仓

主　审　王炳和

U0338418

中国水利水电出版社
www.waterpub.com.cn

·北京·

内 容 提 要

全书共分为 10 章，主要讲述移动通信的基本概念、基本组成、基本原理、基本技术，移动通信系统的网络规划、天线安装、日常维护，MTLL 数字集群通信系统设备参数设置与操作使用，几种超短波电台的操作与使用等，内容以当前广泛应用的 GSM 移动通信系统，CDMA 移动通信系统，3G、4G 移动通信系统为主。前 7 章为移动通信基础。第 1 章概述了移动通信的特点、分类、工作方式以及无线电频谱的管理与使用；第 2 章介绍了移动通信中的调制技术；第 3 章介绍了移动通信的电波传播与干扰；第 4 章介绍了组网方法；第 5 章介绍了 GSM 移动通信系统的系统结构、信道配置及相关技术；第 6 章介绍了 CDMA 移动通信系统的网络结构、组成及关键技术；第 7 章介绍了 3G 的基本概念、3G 主流技术标准比较、4G 的关键技术与主要优势。第 8 章讲述了集群通信系统；第 9 章介绍了 MTLL 数字集群通信系统设备参数设置与操作使用；第 10 章介绍了 TK 手持台、GP1 手持台、GP2 手持台、GP3 手持台、GM 车载台、TK 车载台及 KG 基地/中转台等超短波电台的操作与使用。

图书在版编目（C I P）数据

警用移动通信技术与设备 / 胡记文主编. -- 北京 ：
中国水利水电出版社，2017.3
ISBN 978-7-5170-5243-2

Ⅰ．①警… Ⅱ．①胡… Ⅲ．①移动通信－通信技术②
移动通信－通信设备 Ⅳ．①TN929.5

中国版本图书馆CIP数据核字(2017)第046014号

策划编辑：杨庆川　　责任编辑：李 炎　　加工编辑：郭继琼　　封面设计：梁 燕

书　　名	警用移动通信技术与设备 JINGYONG YIDONG TONGXIN JISHU YU SHEBEI
作　　者	主 编　胡记文 副主编　宋 华 杨 勇 主 审　王炳和
出版发行	中国水利水电出版社 （北京市海淀区玉渊潭南路 1 号 D 座　100038） 网址：www.waterpub.com.cn E-mail：mchannel@263.net（万水） 　　　　sales@waterpub.com.cn 电话：（010）68367658（营销中心）、82562819（万水）
经　　售	全国各地新华书店和相关出版物销售网点
排　　版	北京万水电子信息有限公司
印　　刷	三河市铭浩彩色印装有限公司
规　　格	184mm×260mm　16 开本　19.75 印张　484 千字
版　　次	2017 年 3 月第 1 版　2017 年 3 月第 1 次印刷
印　　数	0001—3000 册
定　　价	39.00 元

前　　言

移动通信是公安部门及武警部队执勤、处突、反恐和防卫作战时的主要通信保障方式,《警用移动通信技术及设备》是全军"2110 工程"重点建设学科——"军事通信学"的核心课程,为确保公安部门执勤、处突、反恐和防卫作战任务中的通信保障提供强有力的技术支撑和理论基础。

课程突出警务人员"动中通"内容和关键技术的研究,通过本课程的学习,可使学员掌握数字移动通信的基本概念、基本原理、基本技术和发展方向;掌握数字移动通信系统的网络结构及其组成原理;了解公安部门移动通信装备改装方法和研发思想。使学员打好坚实的理论和实践基础,能够适应数字移动通信应用和发展的要求。

本书共分为 10 章,主要讲述移动通信的基本概念、基本组成、基本原理、基本技术,移动通信系统的网络规划、天线安装、机房设计和日常维护等,内容以当前广泛应用的 GSM 移动通信系统、CDMA 移动通信系统以及 3G 移动通信系统为主。前 7 章为移动通信基础,其中:第 1 章概述了移动通信的特点、分类和工作方式;第 2 章讲述了移动通信和调制技术,主要有数字频率调制、数字相位调制、平滑调频和正交振幅调制;第 3 章讲述了移动通信的电波传播与干扰,主要内容有电波传播、噪声对语音的影响、各种干扰及抗衰落技术——分集接收;第 4 章讲述了组网方法,内容主要有各种多址技术、大区制、小区制、信令、信道复用、信道选择方式和天线共用器;第 5 章和第 6 章分别介绍了 GSM 移动通信系统和 CDMA 移动通信系统;第 7 章介绍了 3G 和 4G 移动通信系统。第 8 章讲述了集群移动通信,主要内容有集群通信的概念与特点、集群方式和控制方式、组成与分类、集群通信系统的信令和几种典型的数字集群移动通信系统;第 9 章介绍了 MTLL 数字集群通信系统设备参数设置与操作使用,内容包括终端设备介绍、设备基本工作原理、设备面板介绍、参数设置、天线馈线系统、集群系统装备及网管系统的操作使用和移动集群系统的组织运用;第 10 章讲述了几种超短波设备的操作与使用,内容主要包括设备的技术性能、面板介绍、基本操作和设备的维护。

本书由张秦峰编写第 1 章和第 2 章,胡记文编写第 3 章到第 7 章,警官学院杨勇编写第 9 章,傅民仓编写第 8 章,宋华编写第 10 章。全书由胡记文负责统稿,刘超群负责文字编辑工作。全书由王炳和教授主审。

本书在编写过程中得到了学校有关部系领导的大力支持,在此一并表示感谢。由于编者水平有限,书中难免存在不妥之处,欢迎广大读者批评指正。

编　者

2016 年 12 月

目 录

第 1 章　移动通信系统概述

📖 **知识点**

- 移动通信的发展和特点
- 移动通信的工作方式和系统分类
- 无线电频谱管理与使用

📣 **难点**

- 各种移动通信工作方式的区别

✎ **要求**

掌握：
- 移动通信的概念
- 移动通信的主要特点
- 移动通信的工作方式

了解：
- 移动通信的发展历程
- 主要的移动通信系统
- 移动通信的频谱管理与使用

随着社会的发展，人们对通信的需求越来越高。由于人类政治和经济活动范围的日趋扩大及效率的不断提高，要求实现通信的最高目标——在任何时候，任何地方，与任何人都能及时沟通、联系、交流信息。不难设想，没有移动通信是无法实现这一目标的。

所谓移动通信，顾名思义，是指通信的一方或双方在移动中实现的，也就是说，通信的双方至少有一方处于运动中或暂时停留在某一非预定的位置上。其中，包括移动台（在汽车、火车、飞机、船舰等移动体上）与固定台之间的通信、移动台与移动台之间的通信、移动台通过基站与有线用户之间的通信等。

1.1　移动通信发展史

早在 1897 年，马可尼在陆地和一只拖船之间，用无线电进行了消息传输，这是移动通信的开端。至今，移动通信已有 100 多年的历史。近十几年来，移动通信的发展极为迅速，已广泛应用于国民经济的各个部门和人们生活的各个领域之中。建国后，我国移动通信最早应用于军事部门。20 世纪 70 年代，民用移动通信在我国开始发展。1974 年制定了民用无线电话机的技术条件，简称 74 系列标准。20 世纪 80 年代初，又制定了 80 系列标准。目前，在我国，各种移动通信系统如蜂窝网、无线电寻呼、无绳电话和集群系统都在以极快的速度发展。

移动通信的发展过程及趋势可概括如下：

（1）工作频段由短波、超短波、微波到毫米波。

（2）频道间隔由 100kHz、50kHz、25kHz 到 12.5kHz 和宽带扩频信道。

（3）调制方式由振幅压扩单边带、模拟调频到数字调制。

（4）多址方式由频分多址（FDMA）、时分多址（TDMA）、码分多址（CDMA）到混合多址，以及固定多址和随机多址的结合。

（5）网络覆盖由蜂窝到微蜂窝、微微蜂窝和混合蜂窝。

（6）网络服务范围由局部地区、大中城市到全国、全世界，并由陆地、水上、空中发展到陆海空一体化。

（7）业务类型由通话为主到传输数据、传真、传输静止图像，直到传输综合业务。

移动通信从产生至今的历史并不长，然而其发展却层出不穷。当第二代数字移动通信系统处于研究和开发的高潮时，人们已经把目光和注意力投向新一代移动通信系统的发展上。

新一代移动通信是个人通信，实现个人通信的网络称为个人通信网（PCN），或称为个人通信系统（PCS，在美国还称作个人通信服务）。其目标是实现：无论任何人（whoever）在任何时候（whenever）和任何地方（wherever），都能够和另一个人（whomever）进行任何类型（whatever）的信息交换。目前，在第三代数字移动通信步入市场并获得广泛应用的同时，有关个人通信的研究（包括标准制定、技术开发和各种试验）也开展得如火如荼。

1.2　移动通信的主要特点

移动通信与固定点间通信相比，具有下列主要特点：

（1）移动通信的传输信道必须使用无线电波传播。在固定通信中，传输信道可以是无线电波，也可以是有线电波，但移动通信中，由于至少有一方处于运动状态，显然必须使用无线电波传播。

（2）电波传播特性复杂。在移动通信系统中由于移动台不断运动，不仅有多普勒效应，而且信号的传播受地形、地物的影响也将随时发生变化。例如，受建筑物阻挡造成的阴影效应会使信号发生慢衰落；多径传播会使信号发生快衰落，即信号幅度出现快速、深度衰落，致使接收信号场强的瞬间变化达 30dB 以上。因此，只有充分研究移动信道的特征，才能合理设计各种移动通信系统。

（3）干扰多且复杂。移动通信系统除去受天电干扰、工业干扰和各种电器件的干扰外，基站常有多部收、发信机同时工作，服务区内的移动台分布不匀且时时在变化，故干扰信号的场强可能比有用信号高达几十分贝（如 70～80dB）。通常会出现近处无用信号压制远处有用信号的现象，称为远近效应，这是移动通信系统的一种特殊干扰。此外，还有多部电台之间发生的邻道干扰、互调干扰以及使用相同频道而产生的同频道干扰等。

（4）组网方式灵活多样。移动通信系统组网方式可分为小容量大区制和大容量小区制两大类。前者采用一个基站（或称基地台）管辖和控制所属移动台，并通过基站与公用电话网（PSTN）相连接，以进行无线用户与有线用户相互之间的通信。小区制根据服务区域，可组成线状网（如铁路、公路沿线）或面状的蜂窝网。在蜂窝网中，若干小区组成一个区群，每个小区均设基站，区群内的用户使用不同信道（在频分多址中即为使用不同的频道）。移动台从一个小区驶入另一个小区时，需进行频道切换，亦称过境切换。此外，移动台从一个蜂窝网业务区驶入另一个蜂窝网业务区时，被访蜂窝网亦能为外来用户提供服务，这种过程称为漫游。移动通信网为满足这些要求，必须具有很强的控制功能，如通信（呼叫）的建立和拆除、频道的控制和分配、用户的登记和定位、以及过境切换和漫游的控制等。

（5）移动通信设备必须适于在移动环境中使用。对手机的主要要求是体积小、重量轻、省电、操作简单、携带方便。对车载台和机载台的要求除操作简单和便于维修外，还应保证在震动、冲击、高低温变化等恶劣环境中能正常工作。

1.3　移动通信的工作方式

移动通信的工作方式很多，有单向信道的单工方式，双向信道的单工、半双工和双工方式等。

1.3.1　单向单工方式

单向单工方式即单方向工作，如图 1.1（a）所示。最典型的是无线寻呼系统，即寻呼发射台用单频发出信息，用户则以此频率接收信息，这是一种单工工作方式；另外一种是报警系统，如无线电报警系统，大功率发射机发出报警信息，各用户接收机接收。而火警、盗警等报警系统则刚好相反，用户告警发射机分设在一些服务点上，由基站接收告警信息（带有编码的信息，解码后可知道告警的用户情况）。

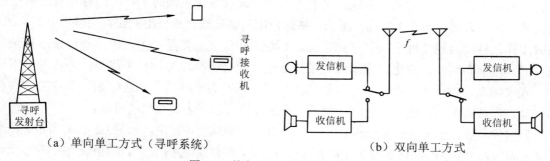

图 1.1　单向、双向同频单工方式

1.3.2 双向同频单工方式

双向同频（单频）单工方式是指通信双方（如基地台与移动台之间，移动台与移动台之间）使用同一个工作频率，但各方收发设备不能同时工作的通信方式，如图 1.1（b）所示。通常双方都处于此频率点上的接收守候状态。当甲方讲话时，按下发送讲话（PTT）键，此时发射机工作、接收机关闭，乙方处于守候接收状态；甲方讲完后，甲方松开 PTT 键变成接收状态，乙方按下 PTT 键，仍在此频率上发送讲话，甲方接收。如此反复交替工作，直到双方信息交换完毕。

同频单工方式的优点是：①设备简单，不需要天线共用装置，价格便宜；②组网方便，在场强覆盖范围内，本系统任意两个移动台都可使用同一频率通话，且第三方也能插入通话，故通播和电话会议方式较易实现，由于收发信机是交替工作的，因此不会造成发射对接收的干扰；③不发话时发射机不工作，功耗小。所以这种方式是最经济的，但也有其缺点。如果两个以上的移动台同时用同一频率发射，则会有同频干扰；由于是按键发话，松键收话，有些人员或初次使用的人员不习惯，往往造成通话断续，发话方发送完毕却仍未松开键，不仅收不到对方语音，还干扰别人等。另外，频谱利用也不经济。当系统中需要几个频率组成不同子网时，为避免互调频率点，往往把工作频点与相邻频点的间隔定得很宽，常造成频谱利用浪费。同频单工方式一般用于调度系统，目前城市出租汽车或铁路无线调度用得较多。

1.3.3 双向异频单工方式

双向异频单工方式是指通信双方使用两个频率（一对频率），两频率有一定的间隔（根据频段而定，可以是几兆赫至几十兆赫），以排除发射机对接收机所产生的干扰。因而一个基地台可同时使用多对频率而不会引起干扰，容量也可扩展。这种工作方式类似于双向同频单工方式，只是甲、乙双方各用一个频率发射。双向异频单工方式也可改为双工方式，双方设备各加上收发双工器即可。通常，用户为了减少电耗而采用单工方式工作。

1.3.4 双向异频（双频）半双工方式

双向异频（双频）半双工方式是指通信双方收发信机分别使用两个频率，一方使用双工方式，另一方使用单工方式。基地台是双工方式，即收发信机同时工作，而移动台是按键讲话的异频单工方式，如图 1.2（a）所示。基地台用两副天线（或采用天线共用器用一副天线）同时工作，移动台通常处于收信守候状态。半双工的优点主要是：①由于移动台采用异频单工方式，故设备简单、省电、成本低、维护方便，而且受邻近移动台干扰少；②收发采用异频，收发频率各占一段，有利于频率协调和配置；③有利于移动台紧急呼叫。半双工的缺点是移动台需按键讲话，使用不方便，发话时不能收信，故有丢失信息的可能。

以这种半双工方式作无线电链路中继，只要用较少载频便可实现，如图1.2（b）所示。在两移动台间加入中继台时，只要用 3 个载频（f_1、f_2、f_3）即可实现通信。当异频单工制的两移动台 A 与 B 要通话时，A 用 f_1 发话，中继台 C 以 f_1 收话，解调后的信号以 f_3 转发出去；中继台 D 以 f_3 收到 C 的信号，解调后以 f_2 发出，移动台 B 则以 f_2 收。反过来，B 以 f_1 发，A 以 f_2 收。

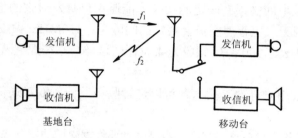

（a）双向异频半双工方式

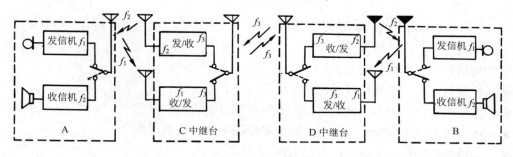

（b）链路中继方式

图 1.2 双向异频半双工方式

1.3.5 双向异频（双频）双工方式

双向异频双工方式是指每个方向使用一个频率，通话时无需按下发话键，与普通电话使用情况类似。这种方式最受人们欢迎，不仅使用方便，还因收发频率有一定间隔，干扰较少，其示意图如图 1.3 所示。其缺点是各移动台间无法直接通话，因为它们的收发频率是相同的。各移动台间通信必须通过基地台中继，而中继台一旦失效就会中断移动台间联络；各移动台在通信过程中发射机经常处于发射状态，故耗电大；另外，占用频率较多、需要有天线共用器和隔离措施。

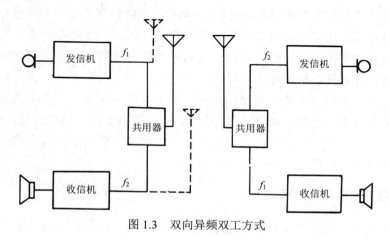

图 1.3 双向异频双工方式

异频双工的收发频率间必须有一定的间隔才能避免自身发对收的干扰。间隔大小在不同频段有不同规定。我国无线电管理委员会规定的间隔是：150MHz 频段为 5.7MHz，450MHz 频段为 10MHz，800MHz 与 900MHz 频段为 45MHz。这样基站在配置若干对频率同时工作时，相互之间不会引起干扰。

目前，国内外已采用时分双工技术，可以进行收、发同频双工通信，现在这种工作方式的使用已经很普遍了。

上述一些工作方式各有优缺点，究竟采用哪一种要根据建网的实际需要和各种条件来选定。

1.4　移动通信的分类

移动通信有以下多种分类方式：

- 按使用对象可分为民用通信和军用通信。
- 按使用环境可分为陆地通信、海上通信和空中通信。
- 按多址方式可分为频分多址、时分多址和码分多址等。
- 按覆盖范围可分为宽域网和局域网。
- 按业务类型可分为电话网、数据网和综合业务网。
- 按工作方式可分为同频单工、异频单工、异频双工和半双工。
- 按服务范围可分为专用网和公用网。
- 按信号形式可分为模拟网和数字网。

随着移动通信应用范围的扩大，移动通信系统的类型也越来越多，下面将分别简述几个典型的移动通信系统。

1.4.1　早期无线电寻呼系统

早期无线电寻呼系统是一种单向通信系统，早期无线电寻呼系统的用户设备是袖珍式接收机，称作袖珍铃，又叫传呼机，俗称"BB 机"，这是由于它的振铃声近似于"B…B…"声音之故。无线电寻呼系统的组成如图 1.4 所示。其中，寻呼控制中心与市话网相连，市话用户要呼叫某一"袖珍铃"用户时，可拨寻呼中心的专用号码，寻呼中心的话务员记录所要寻找的用户号码及要代传的消息，并自动地在无线信道上发出呼叫；这时，被呼用户的袖珍接收机会发出呼叫声，并在液晶屏上显示主呼用户的电话号码及简要消息，如有必要，袖珍铃用户利用邻近市话电话机与主呼用户通话。早期无线电寻呼系统虽然是单向的传输系统，通话双方不直接利用它对话，但由于袖珍接收机小巧玲珑、价格低廉、携带方便，受到用户欢迎，因而在国内外发展极为迅速。但随着人们生活水平的提高，移动通信技术的迅速发展，手机已逐步取代了传呼机，在我国传呼机已基本被淘汰。

1.4.2　早期公用移动电话通信系统

公用移动电话通信系统是最典型的移动通信系统，使用范围广，用户数量多。通常所用的汽车电话就属于公用移动电话通信系统。

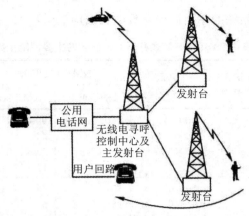

图 1.4　无线电寻呼系统的组成

早在 1946 年美国圣路易斯启用了第一个公用汽车电话通信网，采用了人工接续方式，移动用户在通信前要选择一个空闲频道与移动电话交换局联系，并将被呼用户的电话号码告诉话务员，由话务员呼叫用户，接通后通话。这种方式接续速度比较慢，往往需要几分钟才能接通一次电话。到了 1964 年，出现了现代汽车电话系统，如美国的 IMTS（Improved Mobile Telephone Services），即改进型移动电话设备，它不仅可以进行自动拨号、双工通信，而且采用了多频道共用技术。所谓多频道（或多信道）共用是指一组频道被众多用户所共用，这种"动态分配频道"方式，避免了固定频道分配方式造成频率资源的浪费，大大提高了频率利用率。IMTS 系统工作频段分 150MHz 和 450MHz 两种，采用大区制组网方式，如图 1.5 所示，基站（或基地台）包括多部收发信机，一般天线高架，覆盖半径为几十公里。由于基站功率较大，而移动台功率较小，为解决上行信号较弱问题（如远离基站或电波传播条件较差时），在服务区内可增设若干外围接收站，或称分集接收站，某些上行信号可通过分集接收台传到基站。

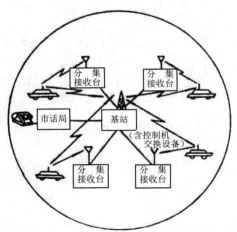

图 1.5　大区制移动电话系统示意图

随着经济的发展，人们对汽车电话的需求越来越多，因此频率有限与用户众多的矛盾日益突出。20 世纪 70 年代后期，出现了小区制大容量的移动电话系统，即蜂窝式移动电话系统。

几种模拟蜂窝式移动通信系统的主要性能参数如表 1.1 所示。

表 1.1　几种蜂窝式移动通信系统的主要性能参数

系统名称		AMPS（美国）	TACS（英国）	NMT（北欧）		C-450（德国）	NTT（日本）
				NMT-450	NMT-900		
无线频段（/MHz） 收发间隔（/MHz） 频带宽度（/MHz） 频率间隙（/kHz）		900 45 25×2 30	900 45 25×2 25	450 10 4.5×2 25	900 45 25×2 12.5	450 10 4.4×2 20	800 55 25×2 12.5
发射功率（W）	基站 车台 手机	40 3 0.6	100 4～10 0.6～1.6	50 15 2	25，6，1.5 6 2	20 15 —	25.5 1 1
小区半径（km）	市区 郊区	2～7 10～20	1～4 <15	4 20	2 10	>2 25	2～3 5～10
语音调制方式		FM	FM	FM	FM	FM	FM
数字信令调制方式及速率		FSK 10kb/s	FSK 8kb/s	FSK 1.2kb/s	FSK 1.2kb/s	FSK 5.28kb/s	FSK 2.4kb/s

小区制移动电话系统网络结构称为"蜂窝式"，在空间上能实现频率复用。图 1.6 所示为蜂窝式移动通信系统的组成，图中一个六角形区域称为一个小区（或称无线区），七个小区构成一个区群。图中小区编号代表不同的频道组，经过合理地配置频道，可以使相邻区群使用相同的频道，既提高了频率再用率，又能把同频干扰限制在允许的范围内。

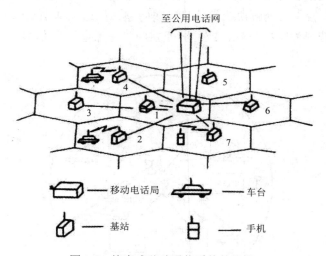

图 1.6　蜂窝式移动通信系统的组成

蜂窝式移动通信系统可以进行移动用户与市话用户之间的通信，也可以进行移动用户相互之间的通信。其中移动电话局（亦称移动业务中心）在通信网中起控制和协调作用。它对所在地区已注册登记的用户实施管理（如频道分配、频道转换、指定移动台发射功率等），也能为外地来的漫游用户提供服务。移动电话局又是移动通信网与公用电话交换网（PSTN）的接口单元，通过它来完成移动用户与市话用户的通信。

　　蜂窝式移动通信系统由于妥善地缓解了有限频率资源与众多用户的矛盾，尽管系统成本较高，还是得到了越来越广泛的应用。

1.4.3　无绳电话系统

　　简单的无绳电话机是把普通的电话单机分成座机和手机两部分，座机与有线电话网连接，手机与座机之间用无线电连接，这样做允许携带手机的用户可以在一定范围内自由活动时进行通话。因为手机与座机之间不需要用电线连接，故称之为"无绳"电话机。目前电话也朝着网络化的方向发展，比如在用户比较密集的地区设置基站，基站与有线电话网连接，并有若干个频道为用户所共用。用户在基站的无线覆盖区域内，可选用空闲频道，经过基站进入有线电话网，对有线网中的固定用户发起呼叫并建立通信链路。

　　无绳电话的手机、座机或基站所发射的功率均在 10mW 以下，无线覆盖半径约在 100m 左右。表 1.2 给出了几种模拟无绳电话系统的主要性能参数。

表 1.2　几种模拟无绳电话系统的主要性能参数

性能＼系统		日本（由政省标准）	美国（FCC 标准）	欧洲（CEPT 标准）
频段（MHz）	手机发	253.862 5～254.962 5	49.830～49.990	914.012 5～914.987 5
	座机发	380.212 5～381.312 5	46.610～46.970	959.012 5～959.987 5
频道间隔（kHz）		12.5	20/40	25
频道数目		88	18/9	40
发射功率		10mW 以下	10mW 以下	10mW 以下
频道共用方式		多频道	单频道	多频道
语音调制方式		FM	FM	FM
控制信号		副载波 FM	单音	副载波 FM

　　无绳电话是一种以有线电话网为依托的通信方式，也可以说它是有线电话网的无线延伸，具有发射功率小、省电、设备简单、价格低廉、使用方便等优点，因而发展十分迅速，目前已经有数字式无绳电话系统。

1.4.4　集群移动通信系统

　　集群移动通信系统属调度性专用通信网。无线调度也是一种常用的移动通信业务，广泛应用于公共汽车、出租汽车及大型工矿企业、车站、码头、机场等进行生产调度和指挥。早期的无线调度是由基站控制所属移动台构成的无线电话系统，众多移动用户之间是不能直接通话的。

　　20 世纪 70 年代，国际上出现了一种具有选呼功能的调度系统，它利用选呼设备在一个共用频道上，能选择任一个属台作为通信对象而不干扰其他移动用户，因为呼叫信号决定于用户地址码，因此，移动用户只有收到自己的号码时才有响应，并能自动发出回呼信号，否则处于禁听、禁讲的守候状态。显然，选呼系统比简单的"一呼百应"系统更符合使用者的要求。

由于城市中各部门、各系统都要求各自建立自己的调度系统，使得移动通信频率拥挤现象更为严重。到了 20 世纪 80 年代，出现了集群移动通信系统。所谓"集群"，一是将各用户部门所需的基站及控制设备，集中建站、统一管理，各部门只需建立各自的调度台和配置相应的车台和手机；二是采取动态分配空闲频道的办法实现多频道共用，从而充分利用频率资源及信道设备。

集群系统采用半双工通信方式，基站的转发器为双工方式，而移动用户为异频单工。系统具有多种呼叫类型。如组呼、选呼、全呼及优先呼叫等。除此之外，系统还可与公用电话交换网（PSTN）或专用电话交换机（PABX）互连，以供移动用户与有线用户建立通信。

除了上述几种典型的移动通信系统之外，近年来出现的无中心控制移动通信系统也引起了人们的广泛注意。它把控制功能分散到各移动台中，系统内各移动台都具有自动选择空闲频道、发送和接收控制信令以及自动选呼等功能，因此系统具有机动灵活的特点，免去了基站的投资及维护管理。但这一系统的移动台稍复杂，控制功能也受到一定的约束。随着微电子技术的发展，移动台的体积、重量及成本可望进一步减小。因此，无中心控制移动通信系统是一种颇有发展前途的移动通信系统。同样，分组无线电通信系统也是一种待发展的移动通信系统，目前以数据传输为主，未来将向宽带、多种业务综合传输发展。

1.5　无线电频谱的管理与使用

1.5.1　无线电频谱管理

无线电频谱是一种有限的自然资源，它广泛地应用于通信及其他一些领域中。由于无线电频谱是有限的，而电台的数量却飞速增加，因此必然形成频率不够分配的局面。而频率短缺又限制了无线电业务的发展，所以如何从技术上挖掘无线电频谱的潜力以及科学地管理和使用无线电频率已经引起相关部门的重视并努力地去解决它。移动通信主要是无线通信，所以对频谱使用的依赖性很大。特别是近十余年来，移动通信已从过去的点对点通信或简单的调度网发展到多种手段的通信系统和复杂的综合网，对无线电频率的使用越来越多，若不严格管理将会出现混乱。

世界各国早就开始重视频谱管理，1927 年在华盛顿召开的电联代表大会上首次给各类无线电业务划分了专用频带，以防止和减少相互的干扰；随后又制定出无线电规则，并在以后多次的无线电行政大会上进行修改，一直沿用至今。国际电联设有相关的常设机构，其中，国际无线电咨询委员会（CCIR）和国际频率登记委员会（IFRB）对频谱管理更是做了大量的研究工作，并负责主持日常业务工作。许多国家对无线电频率的管理和开发也十分重视，并对频谱管理制定了一些十分严格的法则和规定，设立了专门机构，并在政府直接领导下实行统一集中管理。如美国早在 1934 年就制定了通信法，负责无线电管理的机构是国家电信和信息总局（NTIA）及联邦通信委员会（FCC）。这两个机构分别管理联邦政府部门和非联邦政府部门使用的无线电频谱，而有关国际上的频率协调则由美国国务院负责。美国已先后编制了 SHADOW（进行视距内地形范围的计算）、INMOD（计算互调产物）和 FOR/FD（计算频率相关抑制和频率距离）等软件作为管理的技术手段。英国、法国、日本、俄国和加拿大等国家也在 20 世纪 70 年代先后成立了相应的管理无线电频谱的机构，制定了管理方法。我国于 1962 年成立了全国无线电管理委员会和各省市无线电管理委员会（或管理局），它们对指导国内和各地区、各部门合理地利用无线电频谱，防止各类无线电业务和无线电设备间的相互干扰等都起到了重要的作用。

实践证明，对频谱进行科学管理和分配是十分有效的。以美国为例，20 世纪 70 年代初已拥有几百万台陆上移动电台，若按原来的频谱管理和使用方法，陆上移动电台数量已经饱和，因此数量不可能再有明显增加；但采用新的频谱管理方法后，能使容纳的移动电台数量增加几百倍。

近几年来，我国全民对无线电频谱作为一种国家资源的认识已大大提高。国家和各省市无线电管理部门已在技术管理、技术监测和编制先进的应用软件等方面做了许多工作，对无线电频谱的管理能力也大大提高。

长期以来，人们在开发新频段的同时，还在努力缩小频谱间隔（如从 50kHz 到 25kHz，再到 12.5kHz，甚至到 5kHz）和提出新的调制方式以提高频率利用率。尽管在单个信道的信息容量方面做了大量努力，但仍未解决问题。因此采用常规的方法已无法满足电台数量急剧增长的要求。从理论上分析，无线电频谱使用效率 η 应由频段所携带的信息量 M、通信时间 t、使用的频段 Δf 和占据的立体空间 V 等来衡量，公式表示为

$$\eta = M/(t \cdot \Delta f \cdot V)$$

所以不能用通常那种简单的网络规划来进行频率指配，而要在指配前进行电磁兼容分析。这就要求对整个频谱传播的物理特性进行详尽的了解，采用一种新的频谱管理方法。

为了促进无线通信事业，乃至整个通信事业更快更好地发展，满足无线用户，尤其是移动用户急剧增加、无线业务种类不断增加的需求，人类必须充分利用频率资源。根据无线电频率资源的特点和性质，对它的充分利用，不外乎从三个方面做工作：

（1）对频率实施严格的管理与协调。国际上已由专门的部门对各种无线电业务所使用的频率、频率容限、必要带宽等内容以规则形式做了详尽的规定，而且不断地进行修正和补充，如国际无线电大会（WARC 或 WRC 等）经常开会分析和讨论，并不断提出新的办法、措施和规定。相应地，我们国家及各省、市的各级无线电管理局（或委员会）也不断改进和提高了各自的管理方法和水平，对频率资源的指配、监测和监理等管理工作都取得了比较明显的成绩。

据了解，目前我国各级无线电管理局（或委员会），尤其是国家无线电监测中心的无线电检测设备已经比较完善，手段也比较先进，监理工作业已开展，加大了频率管理工作的力度。

（2）开发新频段。这是一项十分艰巨的开拓性工作。目前已有关于极高频（30～300GHz）的开发报道。

（3）研究并采用各种频率的有效利用技术。这方面的研究一直很活跃。归纳起来，大致可分为两大类。一类是提高无线电波的频谱利用率，使每个信道所占用的频谱尽可能减少，如采用高效调制技术，或者采用扩频技术等使实际占用的频谱减少。另一类是提高无线电信

道的利用率，在服务等级（GOS）一定、给定信道间隔的条件下，就统计而言，使每一个信道所能容纳的用户数为最大，或者说能承载和完成的话务量为最大。用通俗的话来说，即使信道空闲时间最小。关于有效利用频率的各种技术如图1.7所示。

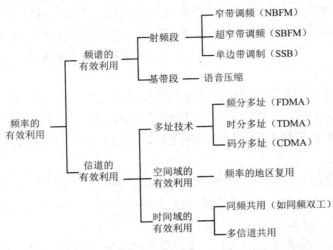

图 1.7　无线电频率有效利用示意图

1.5.2　移动通信的频谱特性和管理

移动通信使用的频谱要考虑以下几个方面的因素：

- 无线电管理局（或管理委员会）的规定和指配。
- 电波传播特性。
- 环境噪声及各种干扰情况（要进行电测）。
- 覆盖区域范围。
- 区域内地形、地物及各种障碍情况。
- 设备特性。
- 经济成本。

移动通信是移动用户与基地台之间的通信，除海上和航空以及高频远距离移动通信外，通常多用直射波传播或视距内传播，因此甚高频、特高频以及超高频频段用得较多。这几个频段的波长较短，相应的天线物理尺寸小，设备的尺寸也较小，比较符合移动通信的要求。这几个频段大致有以下一些特性：

（1）30～60MHz，属甚高频低端，其特点是自由空间传播损耗小，受地形、地物影响也小一些，但噪声电平较高，比较适合通信距离稍远（50～80km）、地形有些起伏，但环境噪声不大的情况使用。

（2）100～300MHz，属甚高频高端，其特点是自由空间传播损耗较大，受地形、地物影响不太大（比低端要大些），噪声电平仍较高，适合中等距离（25～50km）使用。

（3）400～600MHz，属特高频频段，自由空间传播损耗大，受地形、地物影响也较大，但环境噪声电平较低，适合城市中近距离（服务半径在30km以内）的移动通信使用。

（4）800～1000MHz，属特高频频段，自由空间传播损耗更大，但噪声小、电波穿透能力强，适合城市近距离使用。

移动通信所受的噪声干扰主要是环境噪声，而环境噪声中又以人为噪声为主。它一般以脉冲的形式出现，例如汽车发动机点火噪声、车上各种电器设备噪声（如雨刷、喇叭……），不仅是本车的，会车时别的车辆噪声也会产生干扰。车载台经过高压电站、大功率变压器和工业区等也会受到强大的噪声干扰。一般来说，城市的人为噪声比郊区要大，大城市比小城市要大，至于接收机本身的噪声，比起人为噪声来要小得多。图 1.8 所示为 ITT 手册上刊载的平均人为噪声功率曲线。

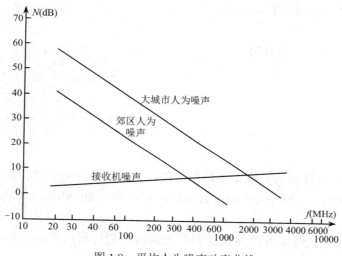

图 1.8　平均人为噪声功率曲线

由图 1.8 可见，人为噪声变化规律为每倍频程均按 7.5dB 递减，因此 400MHz 要比 100MHz 低 15dB 左右，而城市人为噪声要比郊区高 20dB 左右。故从减少干扰看，频段高显然是有利的。

噪声中还有宇宙噪声，它也随频率增高而减少。通常高于 300MHz 时，可忽略不计。

电波传播损耗量随频段增高而增加，有许多公式可以计算出来。通常传播损耗按每倍频程增加 6dB 左右，所以在图 1.8 中 400MHz 平均人为噪声功率曲线比 100MHz 要增加 12dB 左右的传播损耗。

设备特性和经济成本也是必须考虑的，因为频段高也造成了元器件的价格增高。

从近几年发展来看，移动通信使用的频段已由 800～1000MHz 升高到 2000MHz 以上，随着移动通信发展到第四代，还将升高到 5000～6000MHz 或更高。根据国际电联 1979 年的规定，划分给移动通信的主要频段（MHz）如下：

29.7～47.0

47.0～50.0（此部分和广播共用）

54.0～68.0（此部分和广播共用）

68.0～74.8

75.2～87.0

87.0～100.0（此部分和广播共用）

138.0～144.0

148.0～149.9

150.05～156.7625

156.8375～174.0

174～223（此部分和广播共用）

223～328.6

335.4～399.9

406.1～430（此部分以陆上移动为主）

440～470

470～960（此部分和广播共用）

1427～1525

1668.4～1690

1700～2690

3500～4200

4400～5000

可见，移动通信可使用的频段范围是很广的，而且频率分配必须能预见到未来发展。目前，陆上移动通信的频率主要是 40MHz、150MHz、450MHz、800MHz、900MHz 和 1.8～2.0GHz 等频段。

1980 年我国国家无线电管理委员会根据我国国情划给移动通信的频段和国际规定的相仿，但略有不同，分配如下（单位为 MHz）：

29.7～48.5

64.5～72.5（与广播共用）

72.5～74.6

75.4～76.0

138.0～149.9

150.05～156.7625

156.8375～167.0

223.0～235.0

335.4～399.9

406.1～420

450～470

560～606

798～960（与广播共用）

1427～1535

1668.4～2690

4400～4990

2000 年 5 月，世界无线电大会（WRC-2000）在 IMT-2000（第三代移动通信）的 1.9GHz 核心频段基础上，又确认几段附加频段：

1710～1885MHz、2500～2690MHz 和 1GHz 以下的 806～960MHz 用作国际漫游 IMT-2000，并确认一些国家主管部门（主要指中国）计划将 2300～2400MHz 频段作为地面 IMT-2000 使用。

由此可见，并不是用户想要什么频率就可用什么频率。用户使用的频点必须要当地无线电管理局（或管理委员会）申请批准才能使用。

习题

1. 什么叫移动通信？移动通信有哪些特点？
2. 移动通信有哪些工作方式？各有何优缺点？
3. 常用的移动通信系统包括哪些类型？
4. 简述蜂窝网的结构和特点。
5. 什么是集群移动通信系统？它采用什么工作方式？
6. 概述移动通信的发展历史和发展方向。
7. 无线电频谱管理主要包括哪几个方面？
8. 移动通信频率的选择有哪些限制因素？

第 2 章　移动通信中的调制技术

📖 **知识点**

- 移动通信中的几种数字调制方式

📢 **难点**

- 各种调制信号的调制、解调方法
- 几种主要调制方式的性能比较

✍ **要求**

掌握：
- MSK 和 GMSK 调制方式及特点
- 数字相位调制几种方式的比较

了解：
- 几种调制信号的频谱特性
- TFM、GTFM 和 QAM 调制方式

2.1　概述

数字调制是使在信道上传输的信号特性与信道特性相匹配的一种技术。就语音业务而言，经过语音编码所得到的数字信号必须经过调制才能实际传输。在无线通信系统中是利用载波来携带语音编码信号的，即利用语音编码后的数字信号对载波进行调制，当载波的频率按照数字信号"1""0"变化而对应地变化，就称为移频键控（FSK）；相应地，若载波相位按照数字信号"1""0"变化而对应地变化，则称之为移相键控（PSK）；若载波的振幅按照数字信号"1""0"变化而相应地变化，则称之为振幅键控（ASK）。然而通常的 FSK 在频率转换点上的相位一般并不连续，这会使载波信号的功率谱产生较大的旁瓣分量。为克服这一缺点，一些专家先后提出了一些改进的调制方式，其中有代表性的调制方式是最小移频键控（MSK）和高斯预滤波最小移频键控（GMSK）。

众所周知，移动通信必须占有一定的频带，然而可供使用的频率资源却非常有限。因此，在移动通信中，有效地利用频率资源是至关重要的。为了提高频率资源的利用率，除了采用频率再利用技术外，通过改善调制技术而提高频谱利用率也是我们必须慎重考虑的一个问题。鉴于移动通信的传播条件极其恶劣，衰落会导致接收信号电平急剧变化，移动通信中的干扰问题也特别严重，除邻道干扰外，还有同频道干扰和互调干扰，所以移动通信中的数字调制

技术必须具有优良的频谱特性和抗干扰、抗衰落性能。

目前在数字移动通信系统中广泛使用的调制技术主要有连续相位调制技术和线性调制技术两大类。

1. 连续相位调制技术

连续相位调制技术的射频与调波信号具有确定的相位关系，而且包络恒定，故也称为恒包络调制技术。它具有频谱旁瓣分量低，误码性能好，可以使用高效率的 C 类功率放大器等特点。属于这一类的调制技术有平滑调频（TFM）、最小移频键控和高斯预滤波最小移频键控（GMSK）。其中高斯预滤波最小移频键控的频谱旁瓣低，频谱利用率高，而其误码性能与差分移相键控（DPSK）差不多，因而得到了广泛的应用。

2. 线性调制技术

线性调制技术包括二相移相键控（BPSK）、四相移相键控（QPSK）和正交振幅调制（QAM）等。这类调制技术频谱利用率较高但对调制器和功率放大器的线性要求非常高，因此设计难度和成本较高。近年来，由于放大器设计技术的发展，可设计制造出高效实用的线性放大器，才使得线性调制技术在移动通信中得到实际应用。

上述两类调制技术在数字移动通信中都有应用，欧洲的 GSM 系统采用的是 GMSK 技术；而美国和日本的数字移动通信系统则采用了 QPSK 调制技术。

2.2　数字频率调制

2.2.1　移频键控（FSK）调制

1. 基本原理

用基带数据信号控制载波频率，称为移频键控（FSK），二进制移频键控记为 2FSK。2FSK 信号便是 0 符号对应于载频 ω_1，1 符号对应于载频 ω_2（$\omega_1 \neq \omega_2$）的已调波形，而且 ω_1 与 ω_2 之间的改变是瞬时完成的。根据前后码元的载波相位是否连续，分为相位不连续的移频键控和相位连续的移频键控。

2FSK 调制的实现非常简单，一般采用键控法，即利用受矩形脉冲序列控制的开关电路对两个不同的独立频率源进行选通。2FSK 信号的产生方法和波形如图 2.1 所示。

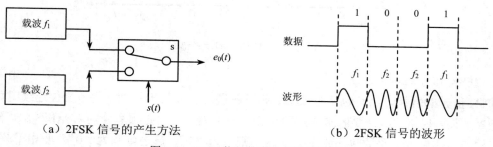

（a）2FSK 信号的产生方法　　　　（b）2FSK 信号的波形

图 2.1　2FSK 信号的产生方法和波形

根据以上对 2FSK 信号的产生原理的分析，已调信号的数学表达式可以表示为

$$e_0(t) = \left[\sum_n a_n g(t - nT_s)\right]\cos(\omega_1 t + \varphi_n) + \left[\sum_n \overline{a}_n g(t - nT_s)\right]\cos(\omega_2 t + \theta_n) \qquad (2\text{-}1)$$

式中，$g(t)$ 为单个矩形脉冲，脉宽为 T_s

$$a_n = \begin{cases} 0, & \text{概率为} P \\ 1, & \text{概率为} (1-P) \end{cases} \qquad (2\text{-}2)$$

$\overline{a}_n$ 是 a_n 的反码，若 $a_n = 0$，则 $\overline{a}_n = 1$；若 $a_n = 1$，则 $\overline{a}_n = 0$，于是

$$\overline{a}_n = \begin{cases} 0, & \text{概率为} (1-P) \\ 1, & \text{概率为} P \end{cases} \qquad (2\text{-}3)$$

φ_n、θ_n 分别是第 n 个信号码元的初相位。

令 $g(t)$ 的频谱为 $G(\omega)$，a_n 取 1 和 0 的概率相等，则 $e_0(t)$ 的功率谱表达式为

$$\begin{aligned}
P_S(f) = {}& \frac{1}{16} f_s \left[|G(f + f_1)|^2 + |G(f - f_1)|^2\right] \\
& + \frac{1}{16} f_s^2 |G(0)|^2 [\delta(f + f_1) + \delta(f - f_1)] \\
& + \frac{1}{16} f_s \left[|G(f + f_2)|^2 + |G(f - f_2)|^2\right] \\
& + \frac{1}{16} f_s^2 |G(0)|^2 [\delta(f + f_2) + \delta(f - f_2)] \qquad (2\text{-}4)
\end{aligned}$$

第一、二项表示 FSK 信号功率谱的一部分由 $g(t)$ 的功率谱从 0 搬移到 f_1，并在 f_1 处有载频分量；第三、四项表示 FSK 信号功率谱的另一部分由 $g(t)$ 的功率谱从 0 搬移到 f_2，并在 f_2 处有载频分量。FSK 信号的功率谱如图 2.2 所示。可以看到，如果 $(f_2 - f_1)$ 小于 f_s（$f_s = 1/T_s$），则功率谱将会变为单峰。FSK 信号的带宽约为

$$B = |f_2 - f_1| + 2f_s$$

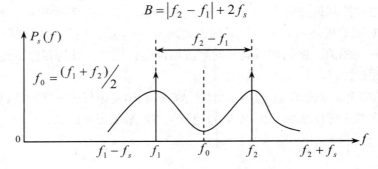

图 2.2　FSK 信号的功率谱

2. 2FSK 信号的解调方法

2FSK 信号的解调方法有包络检波法、相干解调法和非相干解调法等。相位连续时可以采用鉴频器解调。包络检波法是收端采用两个带通滤波器，其中心频率分别为 f_1 和 f_2，其输出经过包络检波。如果 f_1 支路的包络强于 f_2 支路，则判为"1"；反之则判为"0"。非相干解调时，输入信号分别经过对 $\cos\omega_1 t$ 和 $\cos\omega_2 t$ 匹配的两个匹配滤波器，其输出再经过包络检波和比较

判决。如果 f_1 支路的包络强于 f_2 支路，则判为"1"；反之则判为"0"。相干解调的原理框图如图 2.3 所示。

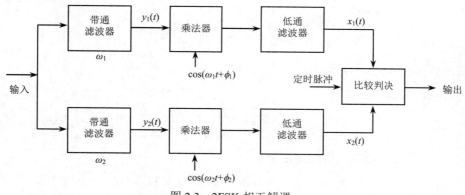

图 2.3 2FSK 相干解调

2.2.2 最小移频键控（MSK）调制

1. 基本原理

（1）问题的提出。在实际应用中，有时要求发送信号具有包络恒定、高频分量较小的特点。移相键控信号 PSK（4PSK、8PSK）的缺点之一是，没能从根本上消除在码元转换处的载波相位突变，使系统产生强的旁瓣功率分量，造成对邻近波道的干扰；若将此信号通过带限系统，由于旁瓣的滤除而使信号包络起伏变化，为了不失真传输，对信道的线性特性要求就过于苛刻。

两个独立信源产生的 2FSK 信号，一般来说在频率转换处相位不连续，同样使功率谱产生很强的旁瓣分量，若通过带限系统也会产生包络起伏变化。

OQPSK 虽然消除了 QPSK 信号中的 180° 相位突变，但也没能从根本上解决消除信号包络起伏变化的问题。

为了克服以上缺点，需控制相位的连续性，这种形式的数字频率调制方式称为相位连续变化的（恒定包络）移频键控（CPFSK）。其特例为最小（调制指数）移频键控（MSK）。每个码元持续时间 T_s 内，频率恰好引起 $\pi/2$ 相移变化，而相位本身的变化是连续的。

（2）MSK 信号可表示为

$$S_{MSK}(t) = \cos\left(\omega_c t + \frac{\pi a_k}{2T_s}t + \phi_k\right) \qquad kT_s \leqslant t < (k+1)T_s \qquad (2\text{-}5)$$

式中，ω_c 为载频；$\dfrac{\pi a_k}{2T_s}$ 为频偏；ϕ_k 为第 k 个码元中的相位常数。$a_k = \begin{cases} +1 \\ -1 \end{cases}$ 为第 k 个码元的数据，分别表示二进制信息 1 和 0，当 $a_k = +1$ 时，信号频率

$$f_2 = \frac{1}{2\pi}\left(\omega_c + \frac{\pi}{2T_s}\right)$$

当 $a_k = -1$ 时，信号频率

$$f_1 = \frac{1}{2\pi} \left[\omega_c - \frac{\pi}{2T_s} \right]$$

最小频差（最大频偏）

$$\Delta f = f_2 - f_1 = \frac{1}{2T_s} \qquad （2\text{-}6）$$

即最小频差 Δf 等于码元速率的一半。

设 $1/T_s = f_s$，则调制指数为

$$h = \frac{\Delta f}{f_s} = \frac{1}{2T_s} \cdot T_s = \frac{1}{2}$$

（3）第 k 个码元期间内相位变化为

$$\theta_k(t) = a_k \cdot \frac{\pi t}{2T_s} + \phi_k \qquad kT_s \leqslant t < (k+1)T_s \qquad （2\text{-}7）$$

根据相位连续条件，要求在 $t = kT_s$ 时刻满足

$$\theta_{k-1}(kT_s) = \theta_k(kT_s) \qquad （2\text{-}8）$$

即

$$a_{k-1} \frac{\pi kT_s}{2T_s} + \phi_{k-1} = a_k \frac{\pi kT_s}{2T_s} + \phi_k \qquad （2\text{-}9）$$

可得

$$\phi_k = \phi_{k-1} + (a_{k-1} - a_k)\frac{\pi k}{2} \qquad （2\text{-}10）$$

取 $\phi_k = 0$，则式（2-10）可表示为

$$\phi_k = (a_0 - a_1)\frac{\pi}{2} + (a_1 - a_2)\frac{2\pi}{2} + (a_2 - a_3)\frac{3\pi}{2} + \cdots + (a_{k-1} - a_k)\frac{\pi k}{2}$$

例如

$$
\begin{array}{ccccccc}
k & 0 & 1 & 2 & 3 & 4 & 5 & \cdots \\
a_k & +1 & +1 & -1 & +1 & -1 & -1 & \cdots \\
\phi_k & 0 & 0 & 2\pi & -\pi & 3\pi & 3\pi & \cdots
\end{array}
$$

注意，这里的 ϕ_k 不是每个码元相位变化的终了值，而是线性变化的截距。

由式（2-5）可知

$$S_{MSK} = \cos\left[\omega_c t + \frac{\pi a_k}{2T_s} + \theta(0) \right] \qquad （2\text{-}11）$$

式中，$a_k = \pm 1$；$\theta(0) = 0$。

式（2-11）说明，每个信息比特间隔（T_s）内载波相位变化为 $\pm \pi/2$；而 $\theta_k(t) - \theta(0)$ 随 t 的变化规律，如图 2.4 所示。

图中正斜率直线表示传"1"码时的相位轨迹，负斜率直线表示传"0"码时的相位轨迹，这种由相位轨迹构成的图形称为相位网格图（phase trellis）。在每一码元时间内，相对于前一码元载波相位不是增加 $\pi/2$，就是减少 $\pi/2$，因此累计相位 $\theta_k(t)$ 在每码元结束时必定为 $\pi/2$ 的

整倍数，在 T_s 的奇数倍时刻相位为 $\pi/2$ 的奇数倍，在 T_s 的偶数倍时刻相位为 $\pi/2$ 的偶数倍。

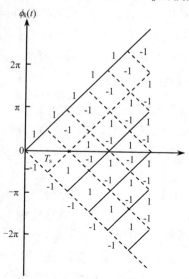

图 2.4　MSK 的相位网格图

（4）MSK 调制器原理框图如图 2.5 所示。其工作过程为：

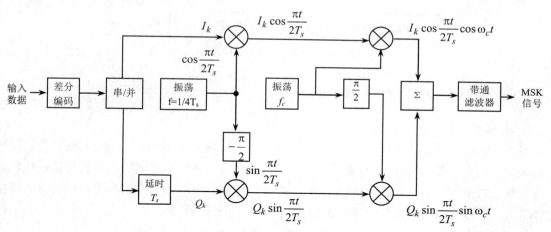

图 2.5　MSK 调制器原理框图

1）对输入的二进制数据信号进行差分编码。

2）经串/并转换，分成相互交错一个码元宽度的两路信号 I_k 和 Q_k。

3）用加权函数 $\cos(\pi t/2T_s)$ 和 $\sin(\pi t/2T_s)$ 分别对两路数据信号 I_k 和 Q_k 进行加权。

4）加权后的两路信号再分别对正交载波 $\cos\omega_c t$ 和 $\sin\omega_c t$ 进行调制。

5）将所得到的两路已调信号相加，通过带通滤波器，就得到 MSK 信号。

MSK 解调，可用相干、非相干两种方式，具体过程从略。

2. MSK 信号特点

1）已调信号振幅是恒定的。

2）信号频率偏移严格符合±1/4T_s，相位调制指数 h=1/2。

3）以载波相位为基准的信号相位，在一个码元期间内准确地按线性变化±$\pi/2$。

4）在一个码元（T_s）期间内，信号应是四分之一载波周期的整数倍。

5）码元转换时刻，信号的相位是连续的，即信号波形无突变。

2.2.3　高斯最小移频键控（GMSK）调制

实际上，MSK 是由二电平矩形基带信号进行调频得到的，MSK 信号在任一码元间隔内，其相位变化（增加或减小）为 $\pi/2$，而在码元转换时刻保持相位是连续的。但 MSK 信号相位变化是折线，在码元转换时刻产生尖角，从而使其频谱特性的旁瓣滚降不快，带外辐射还相对较大。

为了解决这一问题，可将数字基带信号先经过一个高斯滤波器整形（预滤波），得到平滑的某种新的波形，之后再进行调频，可得到良好的频谱特性，调制指数仍为 0.5。

由于高斯滤波器 $G(f)$ 的冲激响应 $g(t)$ 仍是高斯函数，并且 $g(t)$ 的导数在（$-\infty$，$+\infty$）都是连续的。将高斯波形进行调频，就可使功率谱高频分量滚降变快。因此，将输入端接有高斯低通滤波器的 MSK 调制器称为高斯滤波最小移频键控。图 2.6 为 GMSK 调制器的原理图。GMSK 信号的产生可用简单的高斯低通滤波器及 FM 调制器来实现。GMSK 信号的解调可采用正交相干解调，也可采用鉴相器或差分检测器。

图 2.6　GMSK 调制器的原理图

2.2.4　MSK 类调制的性能比较

1. 已调信号的相位转移轨迹

图 2.7 给出了 MSK 类信号的相位转移轨迹，它包括 MSK、SFSK（正弦移频键控）、TFM 和 GMSK。由图可知，MSK 信号在码元转换的时刻，虽然相位是连续的，但其相位转移轨迹呈锯齿状；TFM 信号的相位最为平滑，因此而得名平滑调频；GMSK 信号的相位转移轨迹也比较平滑，所以，它的频谱特性要比 MSK 好得多，也优于 SFSK。

2. 已调信号的频谱

对数字移动通信来说，调制方式的主要性能要求是节约频带和减少差错概率。因此，要求调制信号的能量集中在频谱主瓣内，旁瓣的功率要小，且滚降要快。图 2.8 所示为 MSK、GMSK 与 QPSK 和 DQPSK 的功率谱。图中 B_b 为高斯滤波器的 3dB 带宽，T_b 为码元宽度，参变量 B_bT_b 称为高斯滤波器的 3dB 归一化带宽。由图可知，B_bT_b 越小频谱越集中。B_bT_b=$+\infty$ 时的 GMSK 就是 MSK，它的主瓣宽于 QPSK/DQPSK，但带外高频滚降要快一些。至于 GMSK，滚降特性大为改善。若信道带宽为 25kHz，数据速率为 16kb/s，当取 B_bT_b=0.25 时，带外辐射功率可比总功率小 60dB。

在 GSM 系统中所使用的调制是 B_bT_b=0.25 的 GMSK 技术，其调制速率是 270.833kb/s，使用 Viterbi（维特比）算法进行解调。

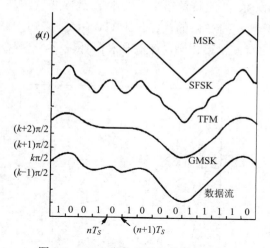

图 2.7　MSK 类信号的相位转移轨迹

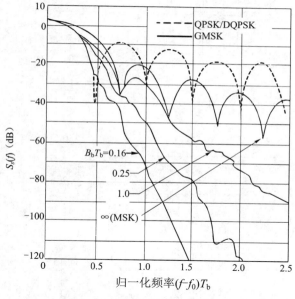

图 2.8　MSK 信号的功率谱密度

3．误码率

（1）MSK 相干解调

$$P_b = \frac{1}{2}\mathrm{erfc}\sqrt{\frac{E_b}{N_0}} \tag{2-12}$$

（2）GMSK 相干解调

$$P_b = \frac{1}{2}\mathrm{erfc}\frac{d_{\min}}{2\sqrt{N_0}} \tag{2-13}$$

式中，$d_{\min}$ 是传号信号与空号信号的最小距离。

　　图 2.9 为 MSK 与 GMSK 的比特差错率。图中 f_D 是参变量，表示衰落速度。从图中可以看出，在瑞利衰落信道环境下，MSK 的性能优于 GMSK。若与 QPSK 类信号相比，如图 2.10 所示，MSK 与 QPSK 的比特差错率相同。在瑞利衰落环境下，π/4-QPSK 的性能优于 GMSK。

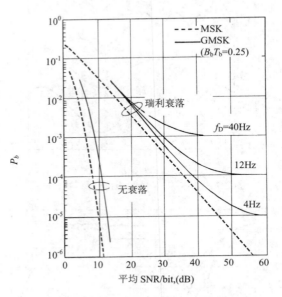

图 2.9　MSK 与 GMSK 信号的比特差错率

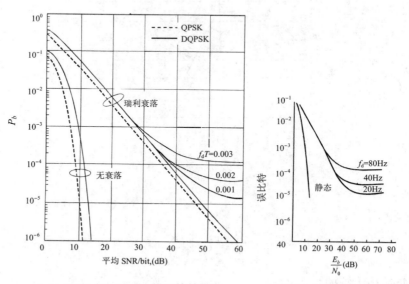

（a）QPSK 与 DQPSK 的比特差错率　　　　（b）π/4-QPSK 比特误码率

图 2.10　QPSK 类信号的比特差错率

2.3　数字相位调制

2.3.1　绝对移相键控（BPSK）和相对移相键控（DPSK）调制

在移动通信中由于很难得到一个和载波相位一致的参考波进行调制，所以不能用绝对移相键控，否则会产生较大的误码。BPSK 就是绝对移相键控，亦称二相移相键控。DPSK 则是差分移相键控，亦称相对移相键控。BPSK 和 DPSK 都是二相制，它们的原理比较简单，用二进制数字信号控制载波的相位。例如信号为"0"时，载波相位不变，而信号为"1"时，载波相位反转，即移相 180°，当然也可以是相反的规定。BPSK 和 DPSK 波形如图 2.11 所示。从图中可以看出，在数字信号"1""0"转换时，BPSK 相位变化 180°，相位是不连续的，这种键控称为不连续相位键控。BPSK 频谱波形如图 2.12 所示。从图中可以看出：它的主瓣宽度为 $2/T_b$，并有较大和较多的旁瓣，这是不连续相位调制波形的特点，由于在信号"1""0"交替转换处，相位有突变（或叫突跳），因此旁瓣大。

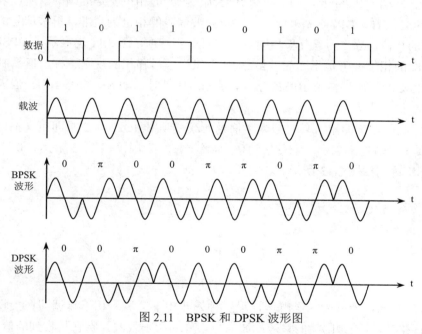

图 2.11　BPSK 和 DPSK 波形图

可以计算这种调制的频谱效率，所谓频谱效率是指信号传输速率与所占带宽之比。在BPSK 中，信号码元为 T_b，故信号传输速率为 $f_b = 1/T_b$，以频谱的主瓣宽度为其传输带宽，忽略旁瓣的影响，则射频带宽为 $2/T_b$，频谱效率为

$$信号传输速率/带宽 = \frac{1}{T_b} \bigg/ \frac{2}{T_b} = 0.5 \text{b/(s·Hz)}$$

即每赫兹带宽传输 0.5b/s。注意，这里是以射频带宽计算的。若以基带带宽来计算，那就是每赫兹 1b/s。

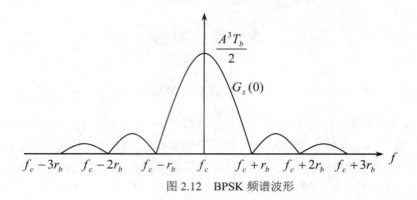

图 2.12　BPSK 频谱波形

BPSK 在解调时存在相位模糊问题，实际运用较少，常用的是 DPSK 调制。

DPSK 检测是根据后一码元对前一码元的相位差进行的，即以前一码元的相位为参考点。这样，在一个码元的时间内，汽车移动的距离很短，可认为多径时延没有变化。如在 8kb/s 传输速率时每个码元时间为 0.125ms，或汽车速度为 60km/h，即 16.6m/s，这样在 0.125ms 的码元时间内只不过移动了 2.08mm，因而可以认为前后码元的相位差是准确的。所以，移动通信可以采用 DPSK。这样，DPSK 先以前一个比特载波信号的相位为基准，再按信号的"0""1"来确定应移动的相位，故称为差分移相键控或相对移相键控。图 2.11 也显示了 DPSK 的波形。DPSK 和 BPSK 的相位参考是不同的，虽然"0""1"信号移相的规则一样，但调制后的波形是不同的。DPSK 的误码性能比 BPSK 略差，在 $p_e=10^{-4}$ 时，DPSK 约差 1dB，但因其电路简单又没有相位模糊，为人们广泛使用。

BPSK 的调制器非常简单，只要把数字信号与载波频率 $A\cos\omega_0 t$ 相乘即可。不过这里数字信号的"0"要用"−1"来表示（在数字通信中，符号"1"用"+1"来表示，"0"则用"−1"来表示）。BPSK 调制如图 2.13 所示。

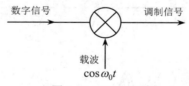

图 2.13　BPSK 调制

解调有两种方法，一种为相干解调，另一种为非相干解调。相干解调即在接收机中产生一个与收到的载波信号同频同相的参考载波信号，称为相干载波。将它与收到的信号相乘后，再积分采样判决。如果收到的信号与载波信号同相，则相乘为正值，积分后采样必为一大于 0 的值，即可判为"1"。如果收到的信号与参考信号相反，则相乘之后必为负值，积分采样后判为"0"，因此解调完成。但此时从信号中提取的参考载波相位有可能不是真正与发送方载波同相，而正好是相反的，故存在相位模糊的问题。

DPSK 的调制规则和 BPSK 一样，只是它以前一比特的相位为参考，因此只要在 BPSK 的调制器前加一个差分编码器即可。这个差分编码器符合如下规则：

$$d_k = b_k \oplus d_{k-1}$$

式中，d_k 为差分编码器输出，d_{k-1} 为差分编码器前一比特的输出，b_k 为调制信号的输入。

数字调制的带宽通常是指频谱主瓣的带宽，即第一零点的宽度。对于 2DPSK 来说，主瓣宽度为 $\dfrac{1}{码元宽度}$，即为 $\dfrac{1}{\tau}$，而 $\dfrac{1}{\tau}=f_b$，f_b 为码元传输速率，所以以 8kb/s 的速率传输时，对 2DPSK 来说，基带宽度刚好为 8kHz；而用 4DPSK（或 4PSK）传输同样的信息，码元宽度可加长一倍，带宽可缩小一倍，即 4kHz，所以至少可采用 12.5kHz 的信道间隔。为了节约带宽，很少采用 2DPSK，而是采用 4DPSK，它相当于只传输 $1/2f_s$ 的信息流。对于 8kb/s 的传输速率来说，只要采用 12.5kHz 的信道宽度就可以了，再高的进制会使误码性能变坏，所以一般不采用。

对于移动通信系统来说，还不能只考虑基带，因为任何一种信号，在基带以外仍有辐射会对邻道造成干扰。在移动通信系统中，一般要求对邻道干扰的带外辐射低至-70dB。这个要求对于 FSK 和 PSK 来说都不能满足，因此一些新的数字调制方式就出现了。

2.3.2　QPSK、OQPSK、π/4-QPSK 和 π/4-DQPSK 调制

1. 正交移相键控调制

正交移相键控（QPSK）调制，也称四相移相键控（4PSK）调制。它具有 4 种相位状态，各对应于四进制的 4 组数据，即 00，01，10，11，如图 2.14（a）所示。

从图 2.14（b）可知，QPSK 实际上是两个互相正交的 BPSK 之和。输入数据经串/并电路之后分为两个支路，一路为奇数码元，一路为偶数码元。这时每个支路的码元宽度为原码元宽度 T_b 的两倍。每个支路再按 BPSK 的方法进行调制。然而由于两个支路的载波相位不同，互为正交，即相差 90°，其中一个称为同相支路，即 I 支路；另一个称为正交支路，即 Q 支路。这两个支路分别调制，再将调制后的信号合并相加，就得到 QPSK 或 4PSK。QPSK 的四相各相差 90°，但它们仍然是不连续的相位调制，它的频谱形状和二相调制的一样，仍是 $(\sin x/x)^2$ 的形式，只是四相调制中经串/并变换后，每一符号宽度已变为 $2T_b$，频谱的第一零点在 $f/f_b=0.5$ 处，而不是像二相在 $f/f_b=1$ 处（$f_b=1/T_b$，为信码传输的比特速率），因而在 f_b 码速相同的条件下，四相的频谱占用宽度只是二相的一半，频谱效率提高一倍，即 1b/(s·Hz)。但同样存在相位模糊问题。实际上大都采用差分编码，即 I、Q 支路分别采用 DPSK 方法编码，再合成输出就是 DQPSK。

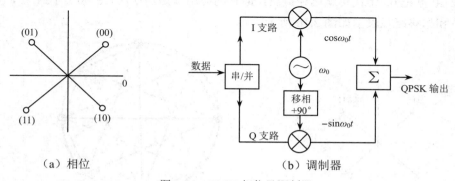

（a）相位　　　　　　　　　　　　（b）调制器

图 2.14　QPSK 相位及调制器

2. 交错正交（或四相）移相键控调制

交错正交移相键控（OQPSK）调制是 I、Q 两支路在时间上错开一个码元的时间 T_b 进行

调制，这样可以避免在 QPSK 两支路中码元转换总是同时的，而使载波可能会产生±π 的相位跳变。在 OQPSK 中，两支路码元不可能同时转换，因而它最多只能有±π/2 的相位跳变。相位跳变小，频谱特性比 QPSK 好，即旁瓣的幅度要比 QPSK 小一些，其他特性均与 QPSK 差不多。图 2.15 所示为 QPSK 和 OQPSK 的星座图和相位转移图，从图中可以看出 OQPSK 只能产生±π/2 的相位跳变，而 QPSK 有可能产生±π 的相位跳变。

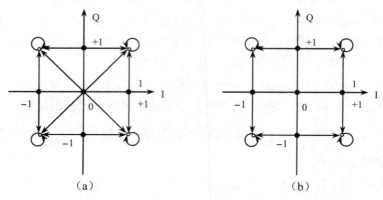

图 2.15　QPSK 和 OQPSK 的星座图和相位转移图

3.　π/4 四相移相键控调制

π/4 四相移相键控调制（π/4-QPSK）调制是在移动通信上获得较多应用的一种调制，是相位只有±π/4、±3π/4 的四相调制。在相位上虽然只是 QPSK 的旋转 π/4，但它并不是简单地把 QPSK 的载波相位移相 π/4，因为旋转 π/4 仍是 QPSK，这可以从图 2.14 中 QPSK 的相位看到。它们主要的不同之处在于相移路径不同。在 QPSK 中，相位跳变±π，故频谱特性差；而 π/4-QPSK 的相移路径即使要从+π/4 变到+3π/4，其路径也不是按 π 直接跳变的，而是经过两段的变化，这样就缓和了相位的跳变，因而频谱特性就好得多。这一点和 OQPSK 相似（按±π/2 跳变）。同时在解调时不像 OQPSK 只能用相干解调，还可以用非相干解调，也可以用非线性放大器，得到高效率的功放。因此在卫星通信及陆上移动通信系统中应用较多。π/4-QPSK 调制虽然在 20 世纪 60 年代初就已经提出，但它的应用却是在 20 世纪 80 年代末。π/4-QPSK 调制的相位和相移路径表示如图 2.16 所示。

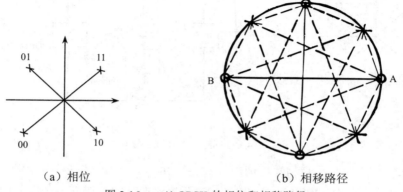

（a）相位　　　　　　　　　　　（b）相移路径

图 2.16　π/4-QPSK 的相位和相移路径

π/4-QPSK 调制器的简化方框图如图 2.17 所示。

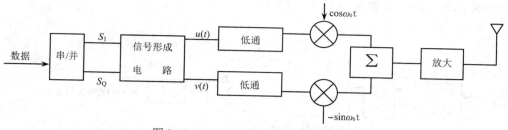

图 2.17　π/4-QPSK 调制器的简化方框图

首先二进制的数据经串/并变换为两个并行的数据流，此并行数据流通常各自经过差分编码器以构成差分 π/4-QPSK，或叫 π/4-DQPSK。并行的两个信号流 S_I 及 S_Q 通过信号形成电路，输出 u_k 与 v_k 在信号的每一比特周期中，除和 S_I 和 S_Q 有关外，还和前一比特状态 u_{k-1} 与 v_{k-1} 有关，即

$$\begin{cases} u_k = u_{k-1}\cos\theta_k - v_{k-1}\sin\theta_k \\ v_k = u_{k-1}\sin\theta_k - v_{k-1}\cos\theta_k \end{cases} \tag{2-14}$$

式中的 θ_k 则由当前的符号 S_I 及 S_Q 的信息按下列关系确定，即

当 $S_I S_Q$ 为 "11" 时，$\theta_k = \pi/4$

当 $S_I S_Q$ 为 "01" 时，$\theta_k = 3\pi/4$

当 $S_I S_Q$ 为 "00" 时，$\theta_k = -3\pi/4$

当 $S_I S_Q$ 为 "10" 时，$\theta_k = -\pi/4$

这就是最后 π/4-QPSK 调制所应达到的相位。从图 2.16（b）可以看出，图中有 8 个相位，4 个标有 "×" 符号的相位是调制应达到的相位。调制过程中相移的路径先要经过图中 4 个标记为 "○" 的相位之一。但是经过哪一个，还要看前一符号的位置和要达到的相位，就是要使它的相位变化路径最小。例如信号从 "10" 变至 "11"，则相移路径从 "10" 先到 A 点（旋转 45°），再到 "11" 点（又旋转 45°）。如信号从 "10" 变至 "01"，则相移路径从 "10" 先到 B 点（旋转 135°），再从 B 点旋转 45° 到 "01" 点。总之，在调制时相位路径避免了 QPSK 中 180° 的不连续相位变化。因此它的频谱特性较 QPSK 有所改善，经过实际测试，在距载波 20kHz 处的辐射比 QPSK 低 10dB 左右。经过低通滤波器之后，性能还会更好一些。

4. π/4 差分四相移相键控调制

π/4 差分四相移相键控（π/4-DQPSK）调制是对 QPSK 信号特性改进后的一种调制方式。主要是将 QPSK 的最大相位跳变由 ±π 降为 ±3π/4，这样就改善了 π/4-DQPSK 的频谱特性。同样还改进了解调方式，QPSK 只能用相干解调，而 π/4-DQPSK 既可以用相干解调也可以用非相干解调。目前 π/4-DQPSK 已应用于较多的系统中，如美国的 DAMPS（IS-136）数字蜂窝通信系统、美国的个人接入通信系统（PACS）、日本的（个人）数字蜂窝系统（PDC）等，此外，TETRA 数字集群通信系统的数字调制也采用了这种方式。

π/4-DQPSK 调制器的原理框图如图 2.18 所示，输入数据经串/并变换后得到同相信道 I 和正交信道 Q 的两种不归零脉冲序列 S_I 和 S_Q。通过差分相位编码，使得在 $kT_s \leqslant t < (k+1)T_s$ 时

间内 I 信道的信号 U_k 和 Q 信道的信号 V_k 发生相应的变化，再分别进行正交调制之后合成为 $\pi/4$-DQPSK 信号（T_s 是 S_I 和 S_Q 的码宽，$T_s = 2T_b$）。

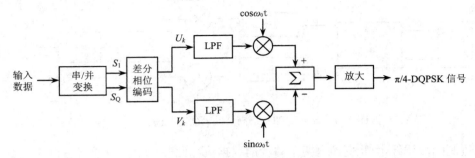

图 2.18　$\pi/4$-DQPSK 调制器的原理框图

$\pi/4$-DQPSK 的相位关系如图 2.19 所示，$\pi/4$-DQPSK 的相位跳变规则如表 2.1 所示。

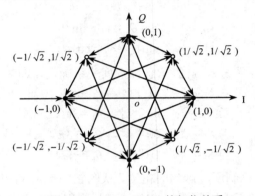

图 2.19　$\pi/4$-DQPSK 的相位关系

表 2.1　$\pi/4$-DQPSK 的相位跳变规则

S_I	S_Q	$\Delta\theta_k$	$\cos\Delta\theta_k$	$\sin\Delta\theta_k$
1	1	$\pi/4$	$1/\sqrt{2}$	$1/\sqrt{2}$
-1	1	$3\pi/4$	$-1/\sqrt{2}$	$1/\sqrt{2}$
-1	-1	$-3\pi/4$	$-1/\sqrt{2}$	$-1/\sqrt{2}$
1	-1	$-\pi/4$	$1/\sqrt{2}$	$-1/\sqrt{2}$

　　上述规则决定了在码元转换时刻的相位跳变量只有 $\pm\pi/4$ 和 $\pm 3\pi/4$ 这 4 种取值。而从 $\pi/4$-DQPSK 的相位关系图中可看出信号的相位跳变必定在的"○"组和"●"组之间跳变。在相邻码元，仅会出现从"○"组到"●"组相位点（或从"●"组到"○"组）的跳变，而不会在同组内跳变。同时也可以看到 U_k 和 V_k 只可能有 0、$\pm 1/\sqrt{2}$ 和 ± 1 等 5 种取值，它们分别对应于图 2.19 中的 8 个相位点的坐标值。

　　由于 $\pi/4$-DQPSK 是一种线性调制，所以它具有较高的频谱利用率，但其包络不恒定。若在发射中采用非线性功率放大器，就会使已调信号的频谱展宽，从而降低了频谱利用率，而且不能满足邻道干扰功率电平比本信道的功率电平低 60～70dB 的要求。若采用线性功率放大器，则其功率效率较差。为改善功率放大器的动态范围，一些实用的 π/4-DQPSK 发射机已经研制出来，可供使用。如采用笛卡儿坐标负反馈控制和 AB 类功率放大器等，已使带外辐射降低到-60dB。因此，只要合理地设计发射机结构，就可以使 π/4-DQPSK 发射信号的功率谱满足移动通信系统的要求。

由以上内容可知，π/4-DQPSK 与其余几种 QPSK 方式比较具有明显优点。

首先，π/4-DQPSK 是在 QPSK 和 DQPSK 基础上发展起来的一种调制方式。它综合了这两种调制方式的优点，降低了 QPSK 的包络波动，并可以进行有效的非相干解调（差分检测和限幅鉴频）。π/4-DQPSK 是线性调制，与恒定包络的数字调制 GMSK 及 TFM 相比，具有更高的频谱效率，实现起来比较简单。π/4-DQPSK 中的载波相移限制为±π/4 和±3π/4，信号星座的转换不经过原点，相位没有瞬间的±π 变换（如在 QPSK 中有），因此其包络波动大大降低，具有更好的输出频谱特性。其次，在快衰落信道中，差分检测或鉴频器检测差错比特速率比相干检测低，相干系统在静态加性高斯白噪声（AWGN）环境下的性能较好。理论上功率效率在 Rayleigh 和 Rician 衰落移动系统中较高，但其性能在受到多径衰落、多普勒频移和其他形式的相位噪声干扰时会急剧下降。这些效应在设计窄带的数字无线移动通信系统时受到越来越多的重视。第三，π/4-DQPSK 差分检测避免了载波恢复的要求，达到了快速同步，对需要快速同步的窄带 TDMA 信道和突发工作模式的 TDMA 系统差分检测都非常合适。第四，用鉴频器检测可以容易实现双模接收机。由于鉴频器既可以用于模拟 FM 也可以用于数字 π/4-DQPSK 的解调，所以可以从模拟系统平滑地过渡到数字系统。

2.4　平滑调频和通用平滑调频

前面已经提到 TFM 和 GTFM 都是属于连续相位调制（CPM）方式，因此在一段时间内人们进行了许多研究，并取得了不少成果。

2.4.1　平滑调频（TFM）

新的数字调制方法中使用较早的是平滑调频，它是从最小移频键控发展来的。TFM 的发明是对 MSK 的进一步改进，MSK 虽然有较窄的主瓣和较小的旁瓣，但有些情况仍然满足不了要求。原因是它在码元交替处的相位虽是连续的，但它仍然有一个锐转折点。平滑调频的改进思想是将相位的锐转折处加以平滑，这种平滑与 GMSK 的滤波方法不同，除了减小锐转折以外，还减小相位的变化率。因为在移相键控中信号从"0"变到"1"，已调信号相应地从 π 变到 0，或从 0 变到 π（指二相）；四相时，则可以有 4 种最终相位（即 90°、180°、270°和 360°）。对于正弦信号，相位的时间微分就是频率的变化。当相位成直线变化时，频移是常数，且频率移动最小，故称这种 DPSK 为 MSK 或 FFSK。由于 FFSK 的相位在转折处仍有不连续，如图 2.20 所示虚线部分，这些不连续处是发散点，也就是频率急剧变化的点，因而会产生较大的带外辐射，形成较严重的邻道干扰。有资料计算，对于 16kb/s 的码元，它对 25kHz 邻道间隔的中频通带边缘的功率密度为-14dB。

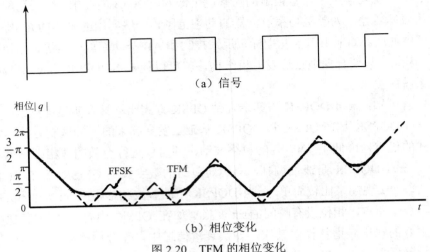

（a）信号

（b）相位变化

图 2.20　TFM 的相位变化

　　TFM 是把 FFSK 的相位转折处加以平滑，如图 2.20 所示的实线部分，这样就使带外辐射大为减小。根据计算，此时相同传输速率的邻道通带边缘的功率密度降至-67dB，使用非线性放大器时，TFM 的频谱不仅不受影响，而且还可以使用与模拟调频同样的射频和中频电路。另外，接收机的灵敏度和在有、无衰落条件下的误码性能都是良好的。因此，TFM 适用于窄带数字语音调制方式。TFM 信号产生示意图如图 2.21 所示，几种调制的频谱比较如图 2.22 所示，可见，MSK 的带外辐射最大。

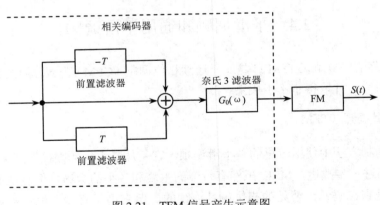

图 2.21　TFM 信号产生示意图

2.4.2　通用平滑调频（GTFM）

　　通用平滑调频是 TFM 的一种延伸或通用化，它与 TFM 的不同是对前置滤波器中的相干编码器选择了不同参数的组合，如图 2.23 所示。其相干编码器中有 α 和 β 两个参数，只要选择不同的 α 和 β 就可得到 GTFM 信号，而 α 和 β 取值范围为 0～1，当 $\alpha=0.25$，$\beta=0.5$ 时，GTFM 就是 TFM 信号，即 TFM 是 GTFM 的一种特例。

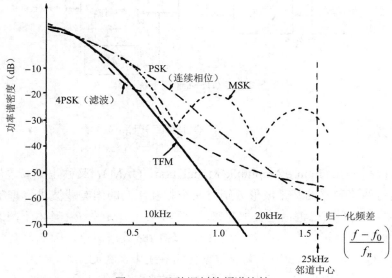

图 2.22 几种调制的频谱比较

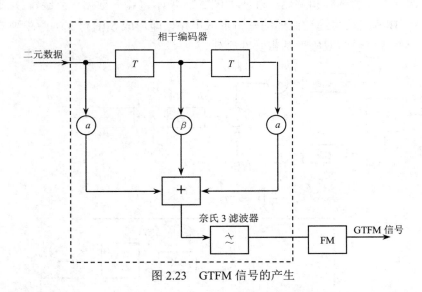

图 2.23 GTFM 信号的产生

采用 GTFM 可使频带利用与抗干扰性能得到折衷,以做到非相干检测时误码率性能达到优化,还能使频谱特性保持和 TFM 类似。

GTFM(包括 TFM)可用相干解调,也可用非相干解调,它的非相干解调如图 2.24 所示,中频信号输入经鉴频滤波后,再通过解码器就得到原数据。

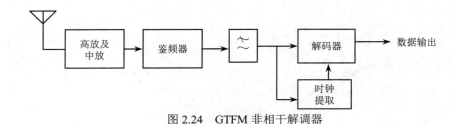

图 2.24　GTFM 非相干解调器

2.5　正交振幅调制

正交振幅调制（Quadrature Amplitude Modulation，QAM），又称正交双边带调制或正交幅度调制，它是将两路独立的基带波形分别对两个相互正交的同频载波进行抑制载波的双边带调制，并将所得到的两路已调信号叠加起来的过程。在 QAM 系统中，由于两路已调信号在相同的带宽内频谱正交，可以在同一频带内并行传输两路数据信息，因此，其频带利用率和单边带系统相同，QAM 方式一般用于高速数据传输系统中。在 QAM 方式中，基带信号可以是二电平的，又可以是多电平的，若为多电平时，就构成多进制正交振幅调制。

正交振幅调制信号的调制和解调原理图如图 2.25 所示。输入数据序列经串/并变换得 A、B 两路信号，A、B 两路信号通过低通的基带形成电路，即形成 $S_1(t)$ 和 $S_2(t)$ 两路独立的基带波形，它们都是无直流分量的双极性基带脉冲序列。

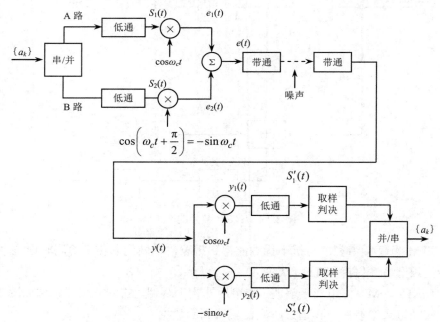

图 2.25　正交振幅调制信号的调制和解调

A 路的基带信号 $S_1(t)$ 与载波 $\cos\omega_c t$ 相乘，形成抑制载波的双边带调幅信号

$$e_1(t) = S_1(t)\cos\omega_c t \qquad\qquad (2-15)$$

B 路基带信号 $S_2(t)$ 与载波 $\cos\left(\omega_c t + \dfrac{\pi}{2}\right) = -\sin\omega_c t$ 相乘，形成另一路抑制载波的双边带调幅信号

$$e_2(t) = -S_2(t)\sin\omega_c t \tag{2-16}$$

于是两路合成的输出信号为

$$\begin{aligned}
e(t) &= e_1(t) + e_2(t)\\
&= S_1(t)\cos\omega_c t - S_2(t)\sin\omega_c t
\end{aligned} \tag{2-17}$$

由于 A 路的调制载波与 B 路的调制载波相位相差 90°，所以形成两路正交的频谱，故称为正交调幅。正交调幅系统的功率谱示意图如图 2.26 所示。由图 2.26 可以看出，这种调制方法的 A、B 两路都是双边带调制，但两路信号同处于一个频段之中，所以可同时传输两路信号，故频带利用率是双边带调制的两倍，即与单边带方式或基带传输方式的频带利用率相同。

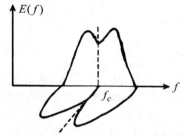

图 2.26　正交调幅系统的功率谱示意图

正交幅度调制信号的解调必须采用相干解调方法，解调原理如图 2.25 所示。

假定相干载波与信号载波完全同频同相，且假设信道无失真、带宽不限、无噪声，则两个解调乘法器的输出分别为

$$\begin{aligned}
y_1(t) &= [S_1(t)\cos\omega_c t - S_2(t)\sin\omega_c t]\cos\omega_c t\\
&= \frac{1}{2}S_1(t) + \frac{1}{2}[S_1(t)\cos 2\omega_c t - S_2(t)\sin 2\omega_c t]
\end{aligned}$$

$$\begin{aligned}
y_2(t) &= -[S_1(t)\cos\omega_c t - S_2(t)\sin\omega_c t]\sin\omega_c t\\
&= \frac{1}{2}S_2(t) - \frac{1}{2}[S_1(t)\sin 2\omega_c t + S_2(t)\cos 2\omega_c t]
\end{aligned}$$

经低通滤波器滤除高次谐波分量，上、下两个支路的输出信号分别为

$$S_1'(t) = \frac{1}{2}S_1(t)$$

$$S_2'(t) = \frac{1}{2}S_2(t)$$

经判决合成后即为原数据序列。这样，就可以实现无失真的波形传输。

为了更进一步说明正交调幅信号的特点，我们还可以从已调信号的相位矢量表示方法来讨论。为了讨论方便，我们将正交调幅信号产生电路框图重画于图 2.27。图中，正交幅度 A 路的"1"对应于 0°相位，A 路的"0"则对应于 180°相位，而 B 路载波与 A 路相差 90°，则

B 路的"1"对应于 90°相位，B 路的"0"则对应于 270°相位。A、B 两路调制输出经合成电路合成，则输出信号可有四种不同相位，各代表一组 AB 的组合，即 AB 二元码。AB 二元码共有四种组合，即 00、01、11、10。这四种组合所对应的相位矢量关系如图 2.28（a）所示，图中所示的对应关系是按格雷码规则变换的，这种变换的优点是相邻判决相位的码组只有一个比特的差别，相位判决错误时只造成一个比特的误码，所以这种变换有利于降低传输误码率。

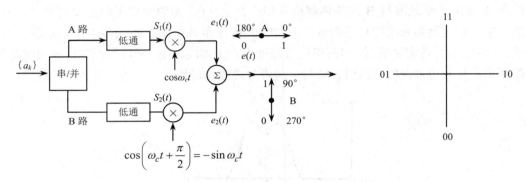

图 2.27　正交振幅调制信号产生的矢量表示

上面我们是用矢量表示 QAM 信号。如果只画出矢量端点，则如图 2.28（b）所示，称为 QAM 的星座图表示。星座图上有四个星点，则称为 4QAM。

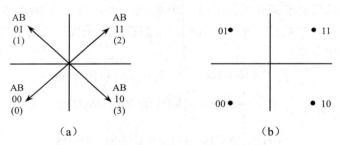

图 2.28　4QAM 信号的矢量和星座图

从星座图上很容易看出：A 路的"1"码位于星座图的右侧，"0"码在左侧；而 B 路的"1"码则在上侧，"0"码在下侧。星座图上各信号点之间的距离越大抗误码能力越强。

对前述讨论的 4QAM 方式是 A、B 各路传输二电平码的情况。如果采用二路四电平码传输到 A、B 的调制器，就能更进一步提高频谱利用率。由于采用四电平基带信号，所以每路在星座上有 4 个点，于是 4×4=16，组成 16 个点的星座图，如图 2.29 所示。这种正交调幅称为 16QAM。同理，将二路八电平码传输到 A、B 调制器，可得 64 点星座图，称为 64QAM，更进一步的还有 256QAM 等。

QAM 方式的主要特点是有较高的频谱利用率。现在来分析如何考虑 MQAM 的频谱利用率，首字母 M 为星点数。设输入数据序列的比特率，即 A、B 两路的总比特率为 f_b，信道带

宽为 B，则频谱利用率为

$$\eta = \frac{f_b}{B} \quad \text{b}/(\text{s} \cdot \text{Hz}) \tag{2-18}$$

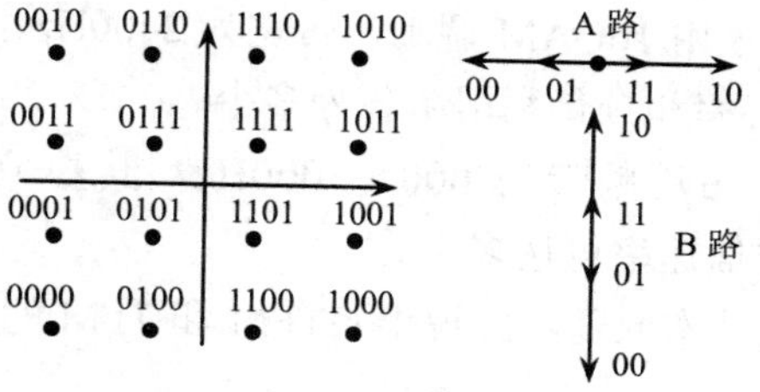

图 2.29　16QAM 星座图

由前述讨论可知，对 MQAM 系统，A、B 各路基带信号的电平数应是 $M^{1/2}$，如 4QAM 时每路的基带信号是二电平，对 16QAM，则每路的基带信号是四电平。按多电平传输分析，A 路和 B 路每个符号（码元）含有的比特数应为 $\log_2 M^{1/2} = 1/2\log_2 M$。如令 $k = \log_2 M$，则相当于 $k/2$ 个二元码组成一个符号。设符号间隔（即符号周期）为 $T_{\frac{k}{2}} = \frac{1}{f_s \cdot \frac{k}{2}}$，$f_s \cdot \frac{k}{2}$ 为符号速率（Bd）。

因为总速率为 f_b，则 A、B 各路的比特率为 $f_b/2$，并有

$$\frac{f_b}{2} = f_s \cdot \frac{k}{2} \cdot \log_2 M^{\frac{1}{2}} = f_s \cdot \frac{k}{2} \cdot \frac{1}{2}\log_2 M \tag{2-19}$$

如果基带形成滤波器采用滚降特性，则有

$$(1+\alpha)f_N = (1+\alpha)\frac{1}{2T_{\frac{k}{2}}} = \frac{1+\alpha}{2}f_s \cdot \frac{k}{2} \tag{2-20}$$

由于正交调幅是采用双边带传输，则调制系统带宽应为

$$B = 2(1+\alpha)f_N = (1+\alpha)f_s \cdot \frac{k}{2} \tag{2-21}$$

将式（2-19）、式（2-21）代入式（2-18）则有

$$\eta = \frac{\log_2 M}{1+\alpha} \tag{2-22}$$

可见 M 值越大，星点数越多，其频谱利用率就越高。目前可以做到 $M=64$，甚至更高，故正交幅度调制方式一般应用于高速数据传输系统中。

习题

1．移动通信对调制技术有什么要求？为什么？
2．目前的移动通信系统中主要使用哪几类数字调制方式？
3．简述 FSK 信号的产生和解调方法。
4．简述 MSK 和 FSK 调制的区别及联系。

5．与 MSK 相比，GMSK 的功率谱为什么可以得到改善？

6．BPSK 和 2DPSK 有何异同？

7．BPSK、OQPSK 和 π/4-DQPSK 的星座图和相位转移图有何异同？

8．一个正交调幅系统采用 16QAM 调制，带宽为 2400Hz，滚降系数α=1，试求每路有几个电平，调制速率、总比特率和频带利用率各为多少。

9．某一 QAM 系统，占用频带为 600～3000Hz，其基带形成滚降系数α=0.5，若采用 16QAM 方式，求该系统传信速率可达多少？

10．简述 TFM 调制的基本原理，并说出 GTFM 和 TFM 的异同点。

第 3 章　移动通信的电波传播与干扰

📖 **知识点**

- 移动通信电波传播方式
- 陆地移动通信的场强计算
- 噪声与各种干扰
- 分集接收

📣 **难点**

- 电波传播特性计算
- 互调干扰的计算

✎ **要求**

掌握：
- 陆地移动通信场强计算方法
- 电波传播的方式

理解：
- 人为噪声及各种干扰

了解：
- 分集合并技术

3.1　移动通信的电波传播

3.1.1　电波传播方式及特点

电磁波从发射机发出，传播到接收天线，可以有不同的传播方式，主要的传播方式有地波、天波、直射波和散射波传播四种，如图 3.1 所示。

地波传播：是一种沿着地球表面传播的电磁波，称为地面波或表面波传播，简称地表波。

天波传播：电波向天空辐射并经电离层反射回到地面的传播方式称为天波传播，也称电离层传播。

直射波传播：电波从发射天线直射到接收天线的传播方式，称为直射波传播，有时也称视距传播或视线传播。

散射波传播：这种传播主要是由于电磁波投射到大气层（如对流层）中的不均匀气团时

产生散射，其中一部分电磁波到达接收地点。

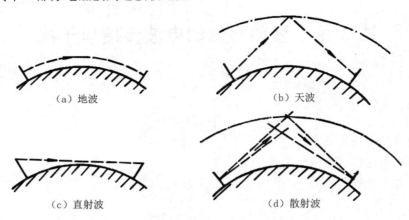

（a）地波　　　　　　　　　（b）天波

（c）直射波　　　　　　　　（d）散射波

图 3.1　无线电波的几种主要传播方式

电磁波的波长不同，传播方式与特点也不一样。电磁波在传播过程中主要有下列几点特性：

（1）电波在均匀媒质中沿直线传播。一般辐射到空间的电磁波都是球面波，即以场源为中心的球面上电场的大小、相位都相同。但是当我们仅考虑离开场源很远的一小部分空间范围内的波面时，可以近似地看成均匀平面波。在均匀媒质中，电波的各射线的传播速度相同，传播过程中各射线互相平行，电磁场方向不变，所以传播方向不变，即按原先的方向直线向前传播。

（2）能量的扩散与吸收。当电磁波离开天线以后，向四面八方扩散，随着传播距离的增加，电磁波能量分布在越来越大的面积上，由于天线辐射的总能量一定，因此分布的面积越大，则通过单位面积上的能量就越小。所以离开天线的距离越远，空间的电磁场就越弱。

假若发射天线置于自由空间（一个无任何能反射或吸收电磁波物体的无穷大空间）中，若此天线无方向性，辐射功率为 P_r W，则距辐射天线 d m 处的电场强度 E_0 为

$$E_0 = \frac{\sqrt{30P_r}}{d} \text{（V/m）} \tag{3-1}$$

式（3-1）表明，电场强度与传播距离成反比，这种随着传播距离的增加而电场强度逐渐减弱的现象，完全是由电波在自由空间中能量的扩散而引起的。

实际情况下，电磁波在大气中传播时，会遇到各种有损耗的介质、导体或半导体，因而损耗了一部分能量。这种现象叫做电磁波能量吸收。因此当考虑了电波吸收后，空间任一点场强的大小将小于（3-1）式计算的值。

（3）反射与折射。当电波由一种媒质传到另一种媒质时，在两种媒质的分界面上，传播方向要发生变化，产生反射与折射现象。

当电波在两种媒质分界面上改变传播方向以后，又返回到原来的媒质，这种现象称为反射，如图 3.2（a）所示。电磁波的反射和光的反射一样，符合反射定律，即入射角等于反射角。当电波在分界面改变传播方向进入第二种媒质中传播，这种现象称为折射，如图 3.2（b）所示，它同样遵守光学折射定理，即

$$\frac{\sin \theta_1}{\sin \theta_2} = \frac{v_1}{v_2}\sqrt{\frac{\varepsilon_2}{\varepsilon_1}} \qquad\qquad (3\text{-}2)$$

式中，v_1、v_2 分别为电波在媒质 1 和媒质 2 中的传播速度，ε_1 和 ε_2 是媒质 1 和媒质 2 的介电常数。

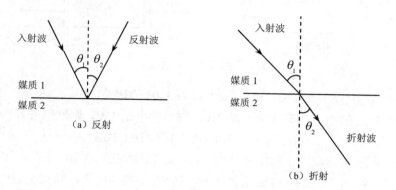

图 3.2　电波的反射与折射

因此，当两种媒质的介电常数相差越大时，电波在它们中传播速度相差也就越大，引起的电波传播方向的变化也就越大。

（4）电波的干涉。由同一波源所产生的电磁波，经过不同的路径到达某接收点，则该接收点的场强由不同路径来的电波合成。这种现象称为波的干涉，也称作多径效应。如图 3.3 所示，接收点 C 的场强是由直射波和地面反射波合成的，形成干涉。

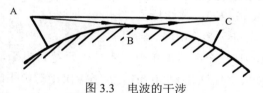

图 3.3　电波的干涉

合成电场强度与各射线电场的相位有密切关系，当它们同相位时，合成场强最大；当它们反相时，合成场强最小。所以当接收点不同时，合成场强也是变化的。

（5）电波的绕射。电波在传播过程中有一定绕过障碍物的能力，这种现象称为绕射。由于平面波有一定的绕射能力，所以能够绕过高低不平的地面或有一定高度的障碍物，然后到达接收点。这也就是在障碍物后面有时仍能收到无线电信号的原因。电波的绕射能力与电波的波长有关，波长越长，绕射能力越强；波长越短，则绕射能力越弱。

3.1.2　几个常用名词的含义

1. 分贝（dB）

分贝（dB）是一个相对计量单位。其实，其基本单位是贝尔，它是一个以 10 为底的对数，但由于其单位较大，故我们常以它的 1/10 的值来作常用单位，这就是分贝。首先来讨论功率分贝。如图 3.4（a）所示的网络，它的输入功率 P_i 为 1W，输出功率 P_o 为 2W，即功率放大倍

数为 2，以贝尔表示的增益则为

$$增益=\lg(P_o/P_i)=\lg(2/1)=0.30103（贝尔）$$

由于 1 贝尔=10 分贝，故

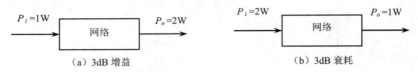

（a）3dB 增益　　　　　　　　　　　　　（b）3dB 衰耗

图 3.4　网络增益与衰耗

增益（dB）=10lg(P_o/P_i)=3.0103（dB）或近似为 3 dB 的增益。

如图 3.4（b）所示的网络，输入功率是 2W，输出功率是 1W，则网络衰耗为

$$衰耗（dB）=10\lg(P_i/P_o)=3.0103（dB）$$

在图 3.4（b）所示的情况下，网络衰耗约 3 dB 或者说增益为-3 dB。

由于功率 $P=U^2/R$，所以增益=10lg(P_o/P_i)=20lg(U_o/U_i)。推而广之，此式也适用于任何两点上的电压，上式可写成

$$\left.\begin{array}{l}分贝(电压)=20\lg\dfrac{U_2}{U_1}\\[2mm]分贝(电流)=20\lg\dfrac{I_2}{I_1}\end{array}\right\}\qquad（3\text{-}3）$$

需要指出的是：当使用上面的公式时，应记住它们必须在相同阻抗的情况下才有意义，也就是说，这两式虽以电压或电流的形式出现，但其本质上还是表示了两点的功率差异。因为其分子、分母中的电阻 R 值相同，被约掉了。

2. 分贝毫瓦（dBm）与分贝瓦（dBW）

前面所述的分贝（dB）是一个相对的单位，不能表示绝对电平，例如不能说一个放大器的输出是 20 dB，但可以说放大器增益为 20 dB。为了给出绝对电平的概念，采用了分贝毫瓦（dBm）和分贝瓦（dBW）的单位。

dBm 为相对于 1mW 的功率电平，即以 1 毫瓦的功率为参考的分贝，10lgP_o/P_i 中的 P_i 固定等于 1mW，故 dBm 公式可写为

$$功率（dBm）=10\lg\frac{P(\text{mW})}{1(\text{mW})}\qquad（3\text{-}4）$$

若 P_o 为 lmW，以 dBm 表示时即为 0dBm。

有时也采用分贝瓦（dBW），它定义为以 1W 为参考的分贝值，dBW 公式可写为

$$功率（dBW）=10\lg\frac{P(\text{W})}{1(\text{W})}\qquad（3\text{-}5）$$

3. 分贝毫伏（dBmV）与分贝微伏（dBμV）

分贝毫伏（dBmV）是绝对分贝计量单位，广泛用在视频传输中。一个电压可以用高于或低于 1 毫伏电压的分贝数来表示，此分贝数可以说成是以分贝毫伏（dBmV）计的电平。需要指出的是该电压是在标准电阻 75Ω 上测得的电压有效值，即

$$电压电平（dBmV）=20\lg\frac{U(mV)}{1(mV)} \tag{3-6}$$

或 dBmV=20lg$U$，U 是 75Ω 上以 mV 伏表示的电压。

在高频传输中，有时用分贝微伏（dBμV）来表示电压电平，用公式可写成

$$电压电平（dBμV）=20\lg\frac{U(\mu V)}{1(\mu V)} \tag{3-7}$$

或 dBμV =20lg$U$，U 是 75Ω 上以 μV 表示的电压。

4. 接收机输入电压与输入功率

如图 3.5 所示，若把内阻为 R_s 的高频信号发生器接到接收机输入端，若接收机输入电阻 R_i 与 R_s 相等，即 $R_s=R_i=R$，则接收机输入端上的实际电压为信号源电压 U_s 之半。但是接收机输入电压却定义为 U_s，亦即信号发生器输出端的开路电压。在信道计算中，常以 dBμV 来表示电压，如果图中 U_s 单位为 V，以 dBμV 表示时为

$$U_s(dBμV)=20\lg\frac{U_s(V)}{1(\mu V)}$$

$$=20\lg U_s +120 \tag{3-8}$$

而接收机输入功率 P_R 为

$$P_R = \frac{(U_s/2)^2}{R} = \frac{U_s^2}{4R} \tag{3-9}$$

若以 dBm 表示则为

$$P_R(dBm)=10\lg\frac{U_s^2}{4R}=20\lg U_s -10\lg R-10\lg 4+30 \tag{3-10}$$

式中，U_s 的单位是伏（V），R 的单位是欧姆（Ω）。

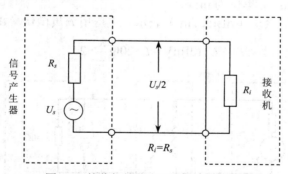

图 3.5　接收机输入电压与输入功率含义

5. 电场强度与电压

移动通信系统中大多采用天线，其接收的电场强度是指有效长度为 1 米的天线所感应的电压值，单位为 V/m。为了求出半波振子所产生的电压，必须先求出其天线的有效长度。半波振子天线上的电流分布如图 3.6 所示，呈余弦分布（点划线所示），中心馈电点电流最大。如果另有一个假设天线，它的电流分布是均匀的，而且等于半波振子天线电流的最大值，它形成图中虚线所示的矩形。如令矩形面积等于半波振子天线余弦曲线围绕的面积，则这个假

设天线的长度就是半波振子天线的有效长度，计算结果等于 λ/π。由此可得半波振子感应电压 U_s 等于天线有效长度与电场强度之乘积，即

$$U_s = E \cdot \frac{\lambda}{\pi} \tag{3-11}$$

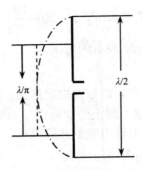

图 3.6　半波振子天线上的电流分布

因为半波振子的阻抗是 73.1Ω，所以半波振子天线（简称半波天线）可以与一个电压为 U_s，内阻为 73.1Ω 的信号源等效。而接收机的输入阻抗通常是 50Ω，它们并不完全匹配，为此要加入一个阻抗匹配网络，如图 3.7 所示。接收机输入端电压为 $\frac{1}{2} \cdot U_s \sqrt{\frac{50}{73.1}}$，用开路电压表示为 $U_s \sqrt{\frac{50}{73.1}}$，即

$$U_s' = U_s \sqrt{\frac{50}{73.1}} = E \cdot \frac{\lambda}{\pi} \sqrt{\frac{50}{73.1}} \quad (\text{V}) \tag{3-12}$$

式中，E 单位为 V/m，λ 单位为 m。

如果场强用每米分贝微伏（dBμV/m）表示，电压用分贝微伏（dBμV），则

$$U_s \, (\text{dBμV}) = E + 20\lg\frac{\lambda}{\pi} - 2 \tag{3-13}$$

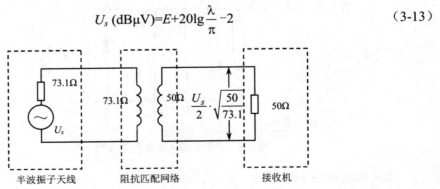

图 3.7　使用半波天线时接收机的输入电路

6. 场强中值

场强中值在移动信道计算或场强测试中非常有用，因为接收信号的场强是随机变化的，即使是在同一地点接收同一信号，场强瞬时值也是变化的，如图 3.8 所示。图中 E_0 为场强中

值，即高于 E_0 的时间总和与低于 E_0 的时间总和相等，即满足

$$T_1 + T_3 + T_5 + T_7 + T_9 = T_2 + T_4 + T_6 + T_8 + T_{10}$$

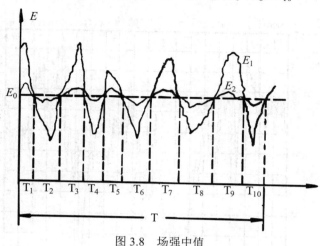

图 3.8　场强中值

这样，在观察时间 T 足够长时，E_0 为 E_1 或 E_2 场强中值，即具有 50% 概率的场强值称为场强中值。

7. 衰落深度

仅用场强中值不足以反映电场强度随机起伏的情形，例如，图 3.8 中 E_1 和 E_2 两条曲线，它们中值相等，但起伏的高度不同，很明显，E_1 比 E_2 起伏大，也称 E_1 衰落深度较大。通常定义接收场强值与中值电平之差为衰落深度，即以中值为参考电平，实际中常用分贝数表示，用公式表示为

$$衰落深度(dB) = 20 \lg \frac{E_1}{E_0} \qquad (3\text{-}14)$$

式中，E_1 为接收场强值、E_0 为场强中值。一般在移动信道中，衰落深度达 20～30dB。

3.1.3　移动环境中电波的传播特点

移动通信与固定通信的不同之处在于通信时电台所处的环境是移动的，这时电台天线所收到的电磁波场强有着严重的衰落和相当大的多径时延以及多普勒频移，这对移动通信影响很大。

1. 电波信号的衰落

通过实际测量，可以发现所收到的场强振幅有着迅速的、随机变化的特点，它的变化速率与车速及电波波长有关，其变化范围可达到数十分贝，如图 3.9 所示。

图中的信号是移动台工作于 900MHz，在 1 秒内行进 10.7 米时所收到的情况，这种起伏称为信号的衰落。振幅每起伏一次称为衰落一次，衰落的平均速度为 $2v/\lambda$（v 为车速，λ 为波长），衰落一次的平均距离为 $\lambda/2$，这种衰落称为快速衰落。从图 3.9 中可以看出衰落的幅度（起伏的差值）可达 10dB 以上，在某些环境甚至可高达 30dB。

快衰落是由于接收天线收到来自同一发射源，但经周围地形地物的反射或散射而从各方

向来的不同路径的电波，当天线移动时，这些电波之间的相对相位（即相位差）要发生变化，因而总合成的振幅就发生了起伏，所以也称为多径衰落。

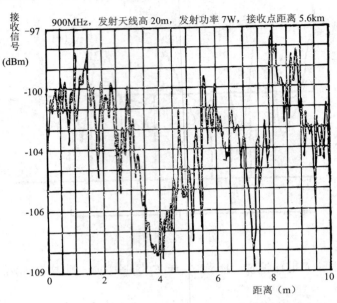

图 3.9　移动台天线所接收的信号振幅

　　在车辆行进时，还会发现，信号的振幅除了快衰落以外，还有一种较缓慢地起伏，即快衰落叠加于这一缓慢起伏之上。这种慢起伏称为慢衰落。它是由于地形、地物的沿途变化，车行到某处，电波的一部分受到遮挡，或由于某些强烈的反射出现或消失而产生的。因此这种慢衰落又称为阴影衰落。它们对移动通信的影响是很大的，不论模拟信号或数字信号都必须考虑这两种衰落的影响。

　　2. 电波信号的多径时延

　　移动台所收到的是多径信号，它是同一信号通过不同路径而到达接收天线的，因而它到达的时间先后和强度会有所不同（电波走的路程长短不同，所以到达时间有先后，遭到的衰减也不同）。当发射台发送一个脉冲信号时，收到的可以是多个脉冲的综合结果，如图 3.10 所示。不同路径传来的脉冲到达接收天线时，相对于路径最短的那个脉冲（往往也是最强的）有着不同的时间差，这个差值称为多径时延，或叫差分时延。多个不同的时延构成了多径时延的扩展 Δ，如图 3.10（b）所示。这里的多径时延扩展只是概念上的，后面还将讨论它的严格定义。时延扩展 Δ 的数值在陆地环境下约为数微秒，随环境地形、地物的不同状况而不同，一般它与频率无关，对数字移动通信有着极其重要的影响。

　　3. 多普勒效应

　　当移动台对于基站有相对运动时，收到的电波将发生频率的变化，此变化称为多普勒频移。其值 $\Delta f=(v/\lambda)\cos\theta$，它与车速 v 成正比，与波长 λ 成反比，θ 为车运动的方向与指向基站的直线所成的夹角。当运动方向朝向基站时，Δf 为正；反之为负。Δf 的最大值为 v/λ，记为 f_m，称为最大多普勒频偏。如果车速不快，则此值不大，一般小于设备的频率稳定度，影响可以忽略。但对于一些高速的移动体，例如在航空移动通信中飞机速度很高，因此必须考虑它的一些影响。

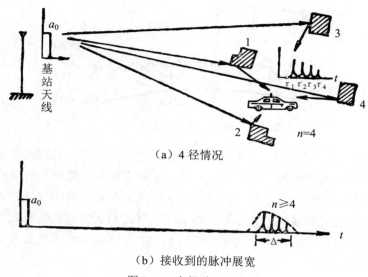

（a）4 径情况

（b）接收到的脉冲展宽

图 3.10　多径时延示意图

需指出的是：以上叙述虽然是基站发射、移动台接收的情况，但根据互易原理，当移动台发射、基站接收时，所讨论的结果是一样的。

还需指出的是：当固定通信时（或移动台静止时通信），虽然多径传播仍然存在，但由于静止，所收到的信号没有快衰落的现象，只有由于大气参数（如温度、湿度、压力等）的缓慢变化而引起折射的变化，也可能构成电波幅度对时间做缓慢地慢衰落。唯一的例外是当有强烈反射的移动体（例如，会反射电波的车辆或飞机等）经过附近，且干扰到接收机的电波时，会有短暂的快衰落。多径时延扩展在固定通信时当然存在，但它这时是固定数值而不再随机变化了；而多普勒频移则不再存在。因此固定通信的情况比移动通信的简单得多。

3.1.4　陆地移动通信的场强计算

1. 地形、地物分类

（1）地形的分类与定义。为了计算移动信道中信号电场强度中值（或传播损耗中值），可将地形分为两大类，即中等起伏地形和不规则地形，并以中等起伏地形作为传播基准。所谓中等起伏地形是指在传播路径的地形剖面图上，地面起伏高度不超过 20m，且起伏缓慢，峰点与谷点之间的水平距离大于起伏高度。其他地形，如丘陵、孤立山岳、斜坡和水陆混合地形等，统称为不规则地形。

由于天线架设在高度不同的地形上，其有效高度是不一样的。例如，把 20m 的天线架设在地面上和架设在几十层的高楼顶上，通信效果自然不同。因此必须合理规定天线的有效高度，其计算方法如图 3.11 所示。若基站天线顶点的海拔高度为 h_{ts}，从天线设置地点开始，沿着电波传播方向 3km～15km 之内的地面平均海拔高度为 h_{ga}，则定义基站天线的有效高度为

$$h_b = h_{ts} - h_{ga} \qquad (3\text{-}15)$$

若传播距离不到 15km，h_{ga} 是 3km 到实际距离之间的平均海拔高度。

移动台天线的有效高度 h_m 总是指天线在当地地面上的高度。

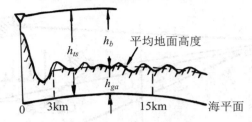

图 3.11　基站天线有效高度（h_b）

（2）地物（或地区）的分类。不同地物环境其传播条件不同，按照地物的密集程度不同可分为三类地区：①开阔地，在电波传播的路径上无高大树木、建筑物等障碍物，呈开阔状地面，如农田、荒野、广场、沙漠和戈壁滩等；②郊区，在靠近移动台处有些障碍物但不稠密，例如，有少量的低层房屋或小树林等；③市区，有较密集的建筑物和高层楼房。当然，上述三种地区之间都是有过渡区的，但在了解以上三类地区的传播情况之后，过渡区的传播情况就可以大致地估计出来。

2. 中等起伏地形上的传播损耗中值

（1）市区传播损耗中值。在计算各种地形、地物上的传播损耗时，均以中等起伏地形上市区的损耗中值或场强中值作为基准，因而，把它们称作基准中值或基本中值。

由电波传播理论可知，传播损耗取决于传播距离 d、工作频率 f、基站天线高度 h_b 和移动台天线高度 h_m 等。在大量实验、统计分析的基础上，可做出传播损耗基本中值的预测曲线。图 3.12 给出了典型中等起伏地形上市区的基本损耗中值 $A_m(f, d)$ 与频率、距离的关系曲线。图上，纵坐标刻度以 dB 计，是以自由空间的传播损耗为 0dB 的相对值。换言之，曲线上读出的是基本损耗中值大于自由空间传播损耗的数值。由图可知，随着频率升高和距离增大，市区传播的基本损耗中值都将增加。图中曲线是在基准天线高度情况下测得的，即基站天线高度 h_b=200m，移动台天线高度 h_m=3m。

如果基站天线的高度不是 200m，则损耗中值的差异用基站天线高度增益因子 $H_b(h_b, d)$ 表示。图 3.13（a）给出了不同通信距离 d 时，$H_b(h_b, d)$ 与 h_b 的关系。显然，当 h_b>200m 时，$H_b(h_b, d)$>0dB；反之，当 h_b<200m 时，$H_b(h_b, d)$<0dB。

同理，当移动台天线高度不是 3m 时，需用移动台天线高度增益因子 $H_m(h_m, f)$ 加以修正，参见图 3.13（b）。当 h_m>3m 时，$H_m(h_m, f)$>0dB；反之，当 h_m<3m 时，$H_m(h_m, f)$<0dB。由图 3.13（b）还可知，当移动台天线高度大于 5m 以上时，其高度增益因子 $H_m(h_m, f)$ 不仅与高度、频率有关，而且还与环境条件有关。例如，在中小城市，因建筑物的平均高度较低，它的屏蔽作用较小，当移动台天线高度大于 4m 时，随天线高度增加，天线高度增益因子明显增大；当移动台天线高度在 1～4m 范围内时，$H_m(h_m, f)$ 受环境条件的影响较小，移动台天线高度增加一倍时，$H_m(h_m, f)$ 变化约为 3dB。

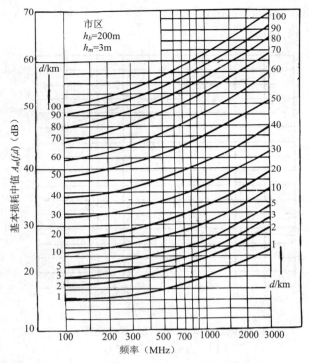

图 3.12 中等起伏地形上市区的基本损耗中值

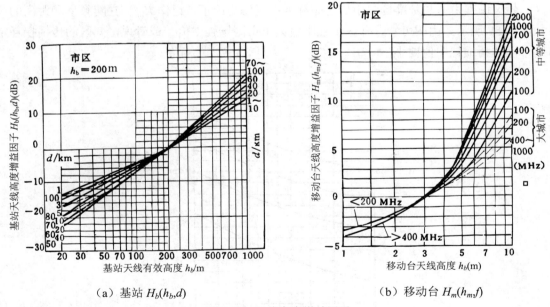

（a）基站 $H_b(h_b,d)$ （b）移动台 $H_m(h_m,f)$

图 3.13 天线高度增益因子

此外，市区的场强中值还与街道走向（相对于电波传播方向）有关。纵向路线（与电波传播方向相平行）的损耗中值明显小于横向路线（与电波传播方向相垂直）的损耗中值。这是由于沿建筑物形成的沟道有利于无线电波的传播（称为沟道效应），使得在纵向路线上的场强中值高于基准场强中值，而在横向路线上的场强中值低于基准场强中值。图 3.14 给出了它们相对于基准场强中值的修正曲线。

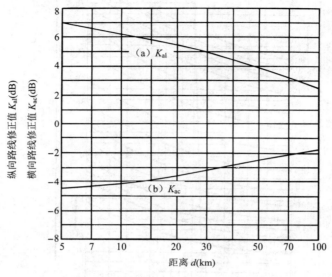

（a）纵向路线 K_{al}　　　　（b）横向路线 K_{ac}

图 3.14　街道走向修正曲线

（2）郊区和开阔地损耗中值。郊区的建筑物一般是分散、低矮的，故电波传播条件优于市区。郊区场强中值与基准场强中值之差称为郊区修正因子，记作 K_{mr}，它随频率和距离的关系如图 3.15 所示。由图可知，郊区场强中值大于市区场强中值。或者说，郊区的传播损耗中值比市区传播损耗中值要小。

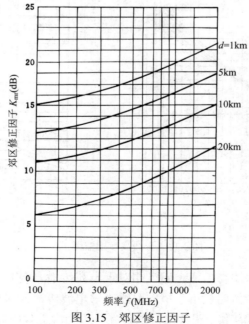

图 3.15　郊区修正因子

图 3.16 给出的是开阔地、准开阔地（开阔地与郊区间的过渡区）的场强中值相对于基准场强中值的修正曲线。Q_0 表示开阔地修正因子，Q_1 表示准开阔地修正因子。显然，开阔地的传播条件优于市区、郊区及准开阔地，在相同条件下，开阔地上场强中值比市区高达 20dB。

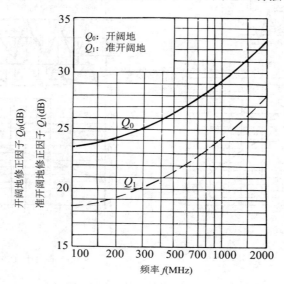

图 3.16　开阔地、准开阔地修正因子

为了求出郊区、开阔地及准开阔地的损耗中值，应先求出相应的市区传播损耗中值，然后再减去由图 3.15 或图 3.16 查得的修正因子即可。

3. 不规则地形上的传播损耗中值

对于丘陵、孤立山岳、斜坡及水陆混合等不规则地形，其传播损耗计算同样可以采用场强中值修正的方法。下面分别予以介绍。

（1）丘陵地的修正因子 K_h。丘陵地的地形参数用地形起伏高度 Δh 表征。它的定义是：自接收点向发射点延伸 10km 的范围内，地形起伏的 90% 与 10% 的高度差，参见图 3.17（a）上方，即为 Δh。这一定义只适用于地形起伏达数次以上的情况，对于单纯斜坡地形将用后述的另一种方法处理。

丘陵地的场强中值修正因子分为两项：一是丘陵地平均修正因子 K_h；二是丘陵地微小修正因子 K_{hf}。

图 3.17（a）是丘陵地平均修正因子 K_h（简称丘陵地修正因子）的曲线，它表示丘陵地场强中值与基准场强中值之差。由图可见随着丘陵地起伏高度（Δh）的增大，由于屏蔽影响的增大，传播损耗随之增大，因而场强中值随之减小。此外，可以想到在丘陵地中，场强中值在起伏地的顶部与谷部的微小修正值曲线。图 3.17（b）上方画出了地形起伏与电场变化的对应关系，顶部处修正值 K_{hf}（以 dB 计）为正，谷部处修正值 K_{hf} 为负。

（2）孤立山岳修正因子 K_{js}。当电波传播路径上有近似刀刃形的单独山岳时，若求山背后的电场强度，一般从相应的自由空间场强中减去刃峰绕射损耗即可。但对天线高度较低的陆地上的移动台来说，还必须考虑障碍物的阴影效应和屏蔽吸收等附加损耗。由于附加损耗不易计算，故仍采用统计方法给出的修正因子 K_{js} 曲线。

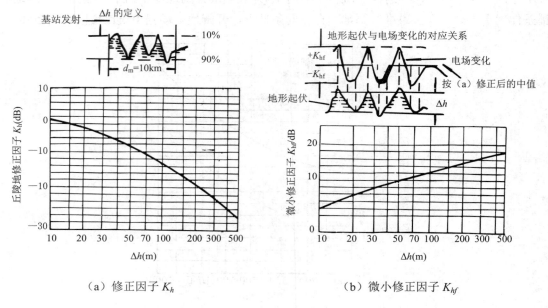

（a）修正因子 K_h　　　　　　　　（b）微小修正因子 K_{hf}

图 3.17　丘陵地场强中值修正因子

　　图 3.18 给出的是适用于工作频段为 450～900MHz、山岳高度在 110～350m 范围，由实测所得的弧立山岳地形的修正因子 K_{js} 的曲线。其中，d_1 是发射天线至山顶的水平距离，d_2 是山顶至移动台的水平距离。图中，K_{js} 是针对山岳高度 H=200m 所得到的场强中值与基准场强的差值。如果实际的山岳高度不为 200m 时，上述求得的修正因子 K_{js} 还需乘以系数 α，计算 α 的经验公式为

$$\alpha = 0.07\sqrt{H} \tag{3-16}$$

式中，H 的单位为 m。

　　（3）斜波地形修正因子 K_{sp}。斜坡地形系指在 5～10km 范围内的倾斜地形。若在电波传播方向上，地形逐渐升高，称为正斜坡，倾角为 $+\theta_m$；反之为负斜坡，倾角为 $-\theta_m$，如图 3.19 的下部所示。图 3.19 给出的斜坡地形修正因子 K_{sp} 的曲线是在 450MHz 和 900MHz 频段得到的，横坐标为平均倾角 θ_m，以毫弧度（mrad）作单位。图中给出了三种不同距离的修正值，其他距离的值可用内插法近似求出。此外，如果斜坡地形处于丘陵地带时，还必须增加由 Δh 引起的修正因子 K_h。

　　（4）水陆混合路径修正因子 K_S。在传播路径中遇到有湖泊或其他水域，接收信号的场强往往比全是陆地时要高。为估算水陆混合路径情况下的场强中值，用水面距离 d_{SR} 与全程距离 d 的比值作为地形参数。此外，水陆混合路径修正因子 K_S 的大小还与水面所处的位置有关。图 3.20 中，曲线 A 表示水面靠近移动台一方的修正因子，曲线 B（虚线）表示水面靠近基站一方时的修正因子。在同样 d_{SR}/d 的情况下，水面位于移动台一方的修正因子 K_S 较大，即信号场强中值较大。如果水面位于传播路径中间，应取上述两条曲线的中间值。

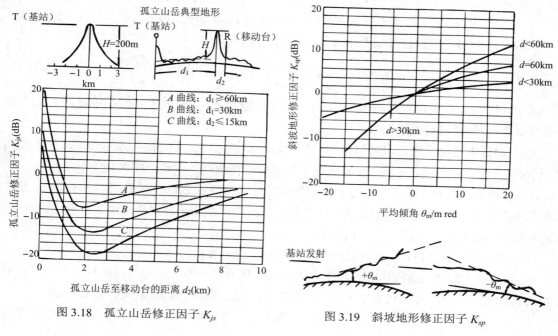

图 3.18　孤立山岳修正因子 K_{js}　　　　　　图 3.19　斜坡地形修正因子 K_{sp}

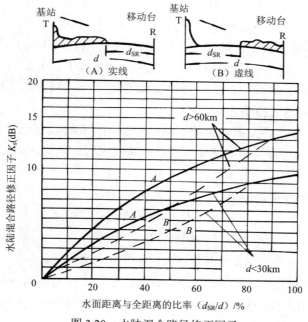

图 3.20　水陆混合路径修正因子

4. 任意地形地区的传播损耗中值

我们已经分别阐述了各种地形地区情况下信号的传播损耗中值与距离、频率及天线高度等的关系，利用上述各种修正因子就能较准确地估算各种地形、地物条件下的传播损耗中值，进而求出信号的功率中值。

（1）中等起伏地形市区中接收信号的功率中值 P_P（不考虑街道走向）可由下式确定

$$P_P = P_0 - A_m(f, d) + H_b(h_b, d) + H_m(h_m, f) \tag{3-17}$$

式中，P_0 为自由空间传播条件下接收信号的功率，即

$$P_0 = P_T \left(\frac{\lambda}{4\pi d} \right)^2 G_b G_m \tag{3-18}$$

式中，P_T 为射机送至天线的发射功率；λ 为工作波长；d 为收发天线间的距离；G_b 为基站天线增益；G_m 为移动台天线增益。

$A_m(f, d)$ 是中等起伏地形市区的基本损耗中值，即假定自由空间损耗为 0dB，基站天线高度为 200m，移动台天线高度为 3m 的情况下得到的损耗中值，它可由图 3.12 查出。

$H_b(h_b, d)$ 是基站天线高度增益因子，它是以基站天线高度 200m 为基准得到的相对增益，其值可由图 3.13（a）求出。$H_m(h_m, f)$ 是移动台天线高度增益因子，它是以移动台天线高度 3m 为基准得到的相对增益，可由图 3.13（b）查出。

若需要考虑街道走向时，式（3-17）还应再加上纵向和横向路径的修正值。

（2）任意地形地区接收信号的功率中值 P_{PC}。任意地形地区接收信号的功率中值是以中等起伏地形市区接收信号的功率中值 P_P 为基础，加上地形地区修正因子 K_T 所得，即

$$P_{PC} = P_P + K_T \tag{3-19}$$

地形地区修正因子 K_T 一般可写成

$$K_T = K_{mr} + Q_o + Q_r + K_h + K_{hf} + K_{js} + K_{sp} + K_S \tag{3-20}$$

式中，K_{mr} 为郊区修正因子，可由图 3.15 查出；Q_o、Q_r 为开阔地或准开阔地修正因子，可由图 3.16 查出；K_h、K_{hf} 为丘陵地修正因子及微小修正因子，可由图 3.17 查出；K_{js} 为孤立山岳修正因子，可由图 3.18 查出；K_{sp} 为斜坡地形修正因子，可由图 3.19 查出；K_S 为水陆混合路径修正因子，可由图 3.20 查出。

根据地形地区的不同情况，确定 K_T 包含的修正因子，例如传播路径是开阔地上斜坡地形，那么 $K_T = Q_o + K_{sp}$，其余各项为零；又如传播路径是郊区和丘陵地，则 $K_T = K_{mr} + K_h + K_{hf}$。其他情况类推。

任意地形地区的传播损耗中值

$$L_A = L_T - K_T \tag{3-21}$$

式中，L_T 为中等起伏地形市区传播损耗中值，即

$$L_T = L_{fs} + A_m(f, d) - H_b(h_b, d) - H_m(h_m, f) \tag{3-22}$$

例 3-1　某一移动信道，工作频段为 450MHz，基站天线高度为 50m，天线增益为 6dB，移动台天线高度为 3m，天线增益为 0dB；在市区工作，传播路径为中等起伏地，通信距离为 10km。试求：

（1）传播路径损耗中值；

（2）若基站发射机送至天线的信号功率为 20W，求移动台天线得到的信号功率中值。

解：

（1）根据已知条件，$K_T = 0$，$L_A = L_T$，式（3-22）可分别计算如下：

由式 $L_{fs}=32.44+20\lg f+20\lg d$　可得自由空间传播损耗

$$L_{fs}=32.44+20\lg 450+20\lg 10=105.5\text{（dB）}$$

由图 3.12 和 3.13 查得市区基本损耗中值、基站天线高度增益因子和移动台天线高度增益因子分别为

$$A_m(f,d)=27\text{（dB）}$$
$$H_b(h_b,d)=-12\text{（dB）}$$
$$H_m(h_m,f)=0\text{（dB）}$$

则

$$L_A=L_T=105.5+27+12=144.5\text{（dB）}$$

（2）中等起伏地形市区中接收信号的功率中值为

$$P_P=P_T\left(\frac{\lambda}{4\pi d}\right)^2 G_b G_m-A_m(f,d)+H_b(h_b,d)+H_m(h_m,f)$$
$$=P_T-L_{fs}+G_b+G_m-A_m(f,d)+H_b(h_b,d)+H_m(h_m,f)$$
$$=P_T+G_b+G_m-L_T$$
$$=10\lg 20+6+0-144.5=-125.5\text{（dBW）}=-95.5\text{（dBm）}$$

例 3-2　若上题改为郊区工作，传播路径是正斜坡，且 θ_m=15mrad，其他条件不变。再求传播路径损耗中值及接收信号功率中值。

解：

$$K_T=K_{mr}+K_{sp}$$
$$K_{mr}=12.5\text{（dB）}$$
$$K_{sp}=3\text{（dB）}$$
$$L_A=L_T-K_T=L_T-(K_{mr}+K_{sp})=144.5-15.5=129\text{（dB）}$$
$$P_{PC}=P_T+G_b+G_m-L_A$$
$$=13+6-129=-110\text{（dBW）}=-80\text{（dBm）}$$

或

$$P_{PC}=P_P+K_T=-95.5+15.5=-80\text{（dBm）}$$

3.1.5　限定空间的电波传播

这里所说的限定空间是指无线电波不能穿透的场所。在限定空间中，因为电波传播损耗很大，因而通信距离很短。例如，一般 VHF 或 UHF 电台，在矿井巷道或在直径为 3m 左右隧道中的通信距离只有几百米。图 3.21 给出的是在长约 2km 的隧道内实测得到的电波传播特性，其工作频率为 400MHz，发射机位于隧道入口处，天线的高度为 4m，发射机功率为 4W。由图可见，400MHz 频率的电波在隧道内的传输损耗大约为 40～50dB/km，当传播路径上出现障碍物（如车辆等）或通道弯曲时，损耗会更大，如 150MHz 频率的电波，在隧道内的损耗约为 100～150dB/km。

在限定空间内，为了增加通信距离，常用导波线传输方式。这种传输方式最先应用于列车无线电系统，即在隧道内敷设能导引电磁波的导波线，借助导波线，电磁波能量一面向前方传输，一面泄漏出部分能量，以便与隧道内的行驶车辆进行通信。

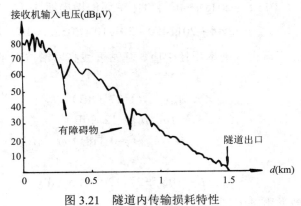

图 3.21　隧道内传输损耗特性

常见的导波线有两种：平行双导线和泄漏同轴电缆。

平行双导线在传输高频能量时具有开放式电磁场分布，即电磁波能量分布在传输线附近的空间，为增加传输的纵向通信距离，应尽量减小传输的固有损耗。它的辐射性能易受敷设条件和周围物体的影响，尤其是当其表面潮湿或覆盖灰尘时，损耗会急剧增大。

图 3.22 为泄漏同轴电缆的结构示意图。在同轴电缆的外导体上按一定节距开槽是为了泄漏电磁波。开槽形状有多种，如八字槽式、椭圆孔式和纵槽等。图中的开槽形状是八字槽式。

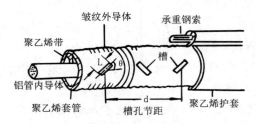

图 3.22　泄漏同轴电缆的结构示意图

泄漏同轴电缆的主要技术特性有：波段、特性阻抗、传输损耗和耦合损耗等。其中，耦合损耗和传输损耗是两个主要的性能参数，它们是影响横向和纵向通信距离的主要因素。

耦合损耗是表征泄漏同轴电缆辐射能力强弱的物理量，耦合损耗越小辐射能力越强。它通常定义为电缆内所传输的信号功率与在距离电缆 r（如 1.5m）处用半波偶极天线接收到的信号功率之差，即耦合损耗（以 dB 计）为

$$L_c = P_t - P_r \qquad\qquad (3\text{-}23)$$

式中，P_t 是电缆内所传输的信号功率；P_r 是在距电缆为 r 米处用半波偶极天线接收的信号功率。

当接收天线与电缆之间的距离 r 变化时，耦合损耗也必然变化，当 r 由 R_0 增大到 R 时，耦合损耗的增量 ΔL_c 为

$$\Delta L_c = 10\lg \frac{R}{R_0} \quad (\text{dB}) \qquad\qquad (3\text{-}24)$$

其关系曲线如图 3.23 所示。

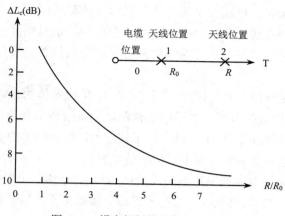

图 3.23　耦合损耗增量与距离的关系

由于泄漏同轴电缆在传输能量的过程中不断向外辐射能量，因而要产生辐射损耗，并限制泄漏同轴电缆的纵向传播距离。泄漏同轴电缆的传输损耗 β 包括电缆的固有损耗 β_0 和辐射损耗 β_r，即

$$\beta = \beta_0 + \beta_r \tag{3-25}$$

由式（3-25）知，泄漏同轴电缆的耦合损耗越小（例如，缩短槽孔节距），辐射损耗就越大，也就是传输损耗越大。泄漏同轴电缆的耦合损耗一般设计为 50～55dB 以内，以便增大纵向通信距离。由于泄漏同轴电缆的电气性能良好，辐射能力容易控制，耦合损耗和传输损耗受周围环境及沾污的影响较小，而且使用方便，因而获得广泛的应用。

3.1.6　海上、航空移动通信的电波传播

海上移动通信一般是指陆上基站与船、舰之间的通信，其电波传播路径几乎都是海面，传播条件优于陆地。当传播路径上没有岛屿等障碍物时，传播损耗可按平滑球面大地的传播理论进行分析。图 3.24 给出的是由实测得到的海上传播的场强与距离的关系，其测试条件列于图的右方。大量的实测结果表明：在船舶航行的情况下，若传播路径及附近水域无障碍物时，信号电场强度变化不大，其瞬时值变动约为 ±3 dB，一分钟的中值变动仅 ±1 dB 左右。

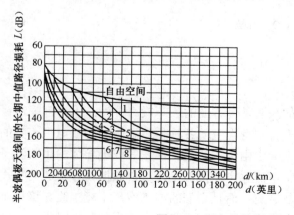

船上天线高度(m)	岸上天线高度(m)
1	300	300
2	50	300
3	20	300
4	50	50
5	20	60
6	20	20
7	10	20
8	10	10

图 3.24　海上传播场强与距离的关系

对于航空移动信道来说，电波在空间传播与在海上传输相似，且还优于在海上传播。因此在同样条件下，通信距离较远。值得指出的是空中传播的信号场强会随气象条件的变化而变化。由于飞机的飞行速度很快，信号场强将随时间和空间位置的变化而急剧变化，并造成场强中值的快速变化。

过去海上通信和航空通信主要使用 VHF 调频和 HF 单边带体制。VHF 频段的电波传播一般限于视距范围，HF 频段通信范围虽然不限于视距，但电波传播受电离层影响较大，衰落现象十分严重。此外，HF 频段的用户十分拥挤，干扰较大，增加通信容量十分困难。为了解决这一问题，可以利用卫星中继来实现海上通信和航空通信。

移动卫星系统可分为海事移动卫星系统（MMSS）、航空移动卫星系统（AMSS）和陆地移动卫星系统（LMSS）。其中，MMSS 旨在改善海上援救工作，提高船舶使用效率和管理水平，增强海上通信业务和无线定位能力；AMSS 的主要用途是在飞机与地面之间为机组人员和乘客提供语音和数据通信；LMSS 主要是利用卫星为行驶在陆地的车辆提供中继通信。海事移动卫星系统发展较早，采用的是静止轨道系统（GEO），20 世纪 80 年代后期，提出了低轨道（LEO）系统，其基本构思是利用数十颗低轨道卫星构成星座，覆盖全球，以便使人们能够在地球上任何地方都可用手机进行通信。

卫星中继信道可视为无线电接力信道的一种特殊形式，它由通信卫星、地球站、上行线路及下行线路组成。其信道的主要特点是：

（1）卫星与地球站之间的电波传播路径大部分在大气层以外的空间，其传播损耗可近似按自由空间的传播条件进行估算。

（2）传播距离远，传播损耗大，时延也较大。

（3）地球站至卫星的仰角较大（20°~56°），天线波束不易遭受地面反射的影响，缓解了多径效应引起的快衰落。但地球站附近的高大建筑物造成的"阴影"效应仍会引起慢衰落。

（4）当使用的工作频率超过 1GHz 时，因雨、雪等原因将产生附加的传输损耗。

卫星中继信道具有传输距离远、覆盖地域宽和传输特性较稳定等优越性，这对于建立覆盖全球的移动通信网来说具有很大的吸引力。这也是近年来人们对低轨道卫星系统进行开发和研制的原因。

3.2 噪声

3.2.1 噪声的分类与特性

移动信道中加性噪声（简称噪声）的来源是多方面的，一般可分为：①内部噪声；②自然噪声；③人为噪声。内部噪声是系统设备本身产生的各种噪声。例如，在电阻一类的导体中由电子的热运动所引起的热噪声，真空管中由电子的起伏性发射或半导体中由载流子的起伏变化所引起的散弹噪声及电流哼声等。电流哼声及接触不良或自激振荡等引起的噪声是可以消除的，但热噪声和散弹噪声一般无法避免，而且它们的准确波形不能预测。这种不能预测的噪声统称为随机噪声。自然噪声及人为噪声为外部噪声，它们也属于随机噪声。依据噪声特征又可分为脉冲噪声和起伏噪声。脉冲噪声是在时间上无规则的突发噪声，例如，汽车发动机所产生的点火噪声，这种噪声的主要特点是其突发的脉冲幅度较大，而持续时间较短。从频谱上看，脉冲噪声通常有较宽频带。热噪声、散弹噪声及宇宙噪声是典型的起伏噪声。

在移动信道中，外部噪声（亦称环境噪声）的影响较大，美国 ITT（国际电话电报公司）公布的噪声数据如图 3.25 所示。图中将噪声分为六种：①大气噪声；②太阳噪声；③银河噪声；④郊区人为噪声；⑤市区人为噪声；⑥典型接收机的内部噪声（主要是热噪声）。其中，前五种均为外部噪声。有时将太阳噪声和银河噪声统称为宇宙噪声。大气噪声和宇宙噪声属自然噪声。图中，纵坐标用等效噪声系数 F_a 或噪声温度 T_a 表示。F_a 是以超过基准噪声功率 N_0（$=kT_0B_N$）的分贝数来表示的，即

$$F_a = 10\lg\frac{kT_aB_N}{kT_0B_N} = 10\lg\frac{T_a}{T_0} \quad (\text{dB}) \tag{3-26}$$

式中，k 为波尔兹曼常数（1.38×10^{-23}J/K），T_0 为参考绝对温度（290K），B_N 为接收机有效噪声带宽（它近似等于接收机的中频带宽）。

由式（3-26）可知，等效噪声系数 F_a 与噪声温度 T_a 相对应，例如 $T_a=T_0=290$K，$F_a=0$dB；若 $F_a=10$dB，则 $T_a=10T_0=2900$K 等。

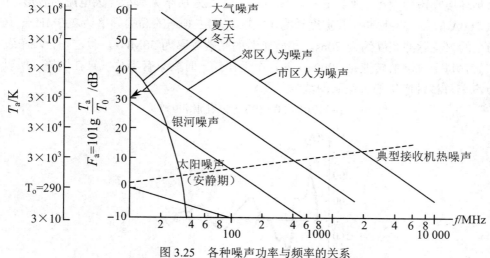

图 3.25 各种噪声功率与频率的关系

在 30～1000MHz 频率范围内，大气噪声和太阳噪声（非活动期）很小，可忽略不计；在 100 MHz 以上时，银河噪声低于典型接收机的内部噪声，也可忽略不计。因而，除海上、航空及农村移动通信外，在城市移动通信中不必考虑宇宙噪声。这样，我们最关心的主要是人为噪声的影响。

利用图 3.25 可以估计平均人为噪声功率，下面通过举例予以说明。

例 3-3 已知市区移动台的工作频率为 450MHz，接收机的噪声带宽为 16kHz，试求人为噪声功率为多少 dBW。

解： 基准噪声功率

$$N_0(\text{dBW}) = 10\lg(kT_0B_N)$$
$$= 10\lg(1.38 \times 10^{-23} \times 290 \times 16 \times 10^3)$$
$$= -162(\text{dBW})$$

由图 3.25 查得市区人为噪声功率比 N_0 高 25dB，所以实际人为噪声功率 N 为

$$N = -162 + 25 = -137(\text{dBW})$$

3.2.2　人为噪声

所谓人为噪声，是指各种电气装置中电流或电压发生急剧变化而形成的电磁辐射，诸如电动机、电焊机、高频电气装置、电气开关等所产生的火花放电形成的电磁辐射。这种噪声电磁波除直接辐射外，还可以通过电力线传播，并由电力线和接收机天线间的电容性耦合而进入接收机。就人为噪声本身的性质来说，它多属于脉冲干扰，但在城市中，由于大量汽车和工业电气干扰的叠加，其合成噪声不再是脉冲性的，其功率谱密度同热噪声类似，带有起伏干扰性质。

在移动信道中，人为噪声主要是车辆的点火噪声。因为在道路上行驶的车辆，往往是一辆接着一辆，车载台不仅受本车点火噪声的影响，而且还受到前后左右周围车辆点火噪声的影响。这种环境噪声的大小主要决定于汽车流量。图 3.26 所示为典型点火电流的波形，图中，一个超过 200A 的点火尖脉冲，其宽度约为 1～5ns，相应频谱的高端频率达 200MHz～1GHz，低于 100A 的火花脉冲宽度约为 20ns，相应频谱的高端频率为 50MHz。假定一台汽车发动机有 8 个气缸，每个气缸的转速是 3000 r/min，由于在任一时刻只有半数气缸在燃烧，所以可计算出一台汽车每秒钟产生的火花脉冲数为

(4×300)/60=200（火花脉冲/秒）

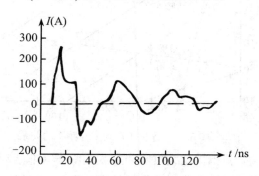

图 3.26　典型点火电流波形

假如有许多车辆在道路上行驶，那么火花脉冲的数量将被车辆的数目所乘。汽车噪声的强度可用噪声系数 F_a 表示，它与频率的关系如图 3.27 所示。图中，基准噪声功率为 -134dBm，即常温条件下（290K），噪声带宽为 10kHz 时的噪声功率。图中给出了两种交通密度情况，由图可见，汽车火花所引起的噪声系数不仅与频率有关，而且与交通密度有关。比如，在 700～1000MHz 的频率范围内，当交通密度为 100 辆/时的时候，T_a=10dB；当交通密度为 1000 辆/时的时候，T_a=34dB。这说明，交通流量越大，噪声电平越高。由于人为噪声源的数量和集中程度随地点

和时间而异，因此人为噪声就地点和时间而言，都是随机变化的。统计测试表明，噪声强度随地点的分布近似服从对数正态分布。

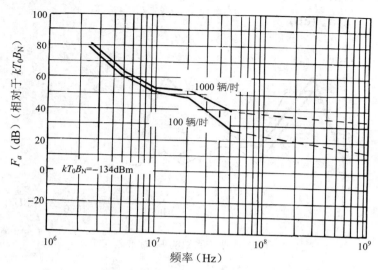

图 3.27　汽车噪声与频率的关系

美国国家标准局公布的几种典型环境的人为噪声系数平均值如图 3.28 所示。

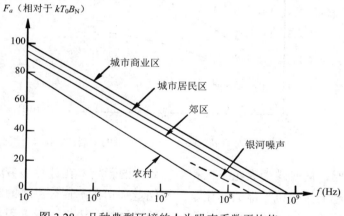

图 3.28　几种典型环境的人为噪声系数平均值

由图可知，城市商业区的噪声系数比城市居民区的高 6dB 左右，比郊区的则高 12dB。人为噪声（100MHz 以上）在农村地区可忽略不计。图 3.29 给出了城市商业区、居民区和郊区的噪声系数 F_a 的标准偏差 σ_{F_a} 随频率变化的关系。由图可知，城市商业区的 σ_{F_a} 最大，随着频率增高，起伏也增大；在居民区及郊区，频率增高，σ_{F_a} 值减小。

3.2.3　噪声对语音质量的影响

我们曾对多径效应做过理论分析，这里，根据主观评定的效果看它对接收机质量的影响。ITU（国际电信联盟）公布的资料表明，多径效应对接收质量的影响与火花干扰相似，对不同的信噪比，在静态（只有接收机内部噪声）和衰落条件下，给予人耳的听觉效果不大一样，如图 3.30 所示。因此，仅仅根据接收机的灵敏度及环境噪声的影响来确定服务区范围，显然不能保证预期的语音质量。

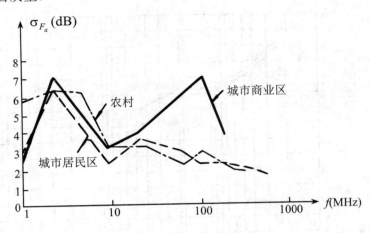

图 3.29 噪声系数的 F_a 标准差

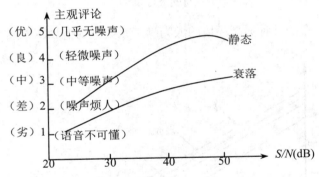

图 3.30 对不同信噪比，语音质量的主观评定结果

车辆在行进时，同时遭受火花干扰和多径效应的影响，在计算服务区范围时，必须确定这两种影响所引起的接收机性能的恶化量。恶化量是指在车辆行进时的动态条件下，为达到静态条件下一样的语音质量所需要的接收电平的增加量。语音质量采用主观的评定方法，它分为 5 级，如图 3.30 所示。在 30MHz～500MHz 频率范围内，移动台语音质量分别为 3 级和 4 级，恶化量分别如图 3.31（a）、（b）所示。由图可见，频率升高时，恶化量减小，对频率在 400MHz 以上的移动台接收机，性能恶化量基本上与频率无关。基站接收机同样存在恶化量的问题，但恶化量通常小于移动台接收机的恶化量。

当考虑移动台接收机性能的恶化量时，要求接收机输入信号的最低保护电平 $A_{\min}$ 为

$$A_{\min}=S_V+d \quad (\text{dB}\mu\text{V})$$

式中，S_V 是信纳比为 12dB 时的接收机灵敏度（以 dBμV 计）；d 为环境噪声和多径效应的恶化量（以 dB 计）。

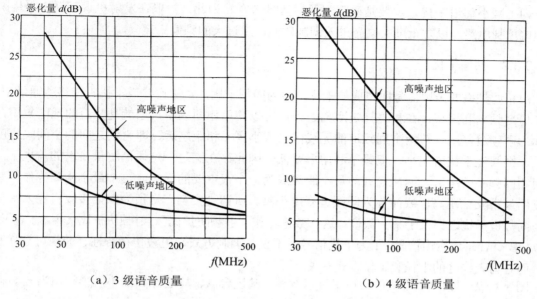

（a）3 级语音质量　　　　　　　　（b）4 级语音质量

图 3.31　移动台接收机性能的恶化量

3.3　干扰

由多部电台组成通信网时，存在邻近频道干扰、同频干扰、互调干扰和阻塞干扰等问题，在移动通信系统组网中，必须予以充分注意。

3.3.1　邻道干扰

邻道干扰是相邻或者邻近频道之间的干扰。目前，模拟移动通信系统广泛使用的 VHF、UHF 电台，频道间隔是 25kHz。众所周知，调频信号的频谱是很宽的，理论上，调频信号含有无穷多个边频分量，其中某些边频分量落入邻道接收机的通带内，就会造成邻道干扰。

图 3.32 所示为第一频道（N0.1）发射信号的 n 次边频落入邻近频道（N0.2）的示意图。其中频道间隔为 B_r（如 25kHz），F_m 为调制信号最高频率，B_i 为接收机带宽（如 16kHz）。考虑到发射机、接收机频率不稳定、不准确造成的频率偏差 Δf_{TR}，那么，落入邻近频道的最低边频次数 n_L 可由下式决定，即

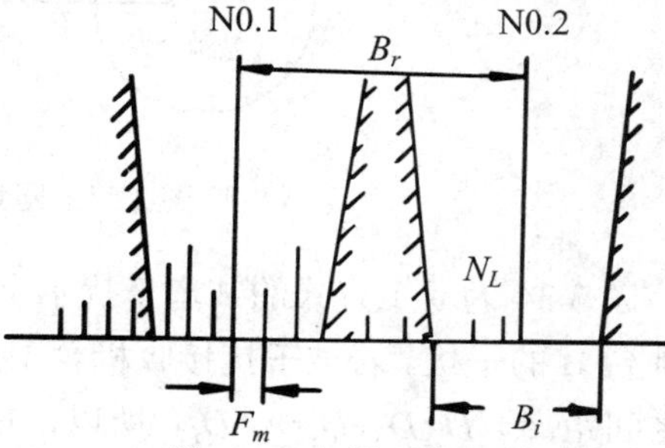

图 3.32　邻道干扰示意

$$n_L = \frac{B_r - 0.5B_i - \Delta f_{TR}}{F_m} \tag{3-27}$$

若已知调制指数（$\beta = \Delta f / F_m$，Δf 为频偏），则查贝塞尔函数表可求出 n_L 次边频幅度相对值，即 Jn_L 值。同理可求出 $Jn_{L+1}(\beta)$、$Jn_{L+2}(\beta)$……但由于它们的值均小于 Jn_L，所以一般只考虑 Jn_L 分量。

为了减小邻道干扰，主要是要限制发射信号带宽。为此，一般在发射机调制器中采用瞬时频偏控制电路，以防止过大信号进入调制器而产生过大的频偏。

3.3.2 共道干扰

由相同频率的无用信号所造成的干扰，即为同频干扰，常称作共道干扰。在移动通信中，为了提高频率利用率，在相隔一定距离之外，可以使用相同频率，这就是频道的地区复用，简称为同频道复用。若两个同频道的无线区（或小区）相距越远，即它们之间的空间隔离度越大，则共道干扰就越小，但频率利用率就低。因此，在满足一定通信质量要求的前提下，使用相同频率的小区之间所允许的最小距离成为一个很重要的问题。这个最小距离称作同频道复用最小安全距离，或简称为同频道复用距离。所谓"安全"是指为保证接收机输入端信号与同频道干扰之比大于某一数值，这一数值称作"射频防护比"。射频防护比（用 S/I 表示，且以 dB 计，S 为有用信号，I 为干扰信号）不仅与调制方式、电波传播特性、通信可靠性有关，而且与无线区的半径和工作方式有关。

图 3.33 为同频单工方式的共道干扰示意图。基地台 A、基地台 B 的小区半径均为 r_0，两个基地台同频工作。假设 A 基地台处于接收状态，接收移动台 M 的有用信号。由于移动台处于小区边沿，即有用信号最弱情况。基地台 A 的接收机还会收到同频工作的基地台 B 的信号（即同频干扰）。如果基地台 A 接收机输入端的有用信号与同频干扰比值等于射频防护比，此时两基地台之间的距离 D（即同频复用距离）等于被干扰接收机至干扰发射机的距离 D_I。这样，同频道复用比 D/D_s 为

$$\frac{D}{D_s} = \frac{D}{r_0} = \frac{D_I}{r_0} \tag{3-28}$$

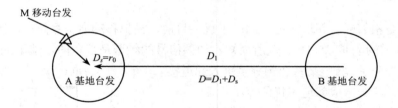

图 3.33　同频单工方式的共道干扰示意图

图 3.34 为双工方式的共道干扰示意图。在双工情况下，收、发不同频，移动台 M 易受到基地台 B 的干扰。若被干扰接收机至干扰发射机的距离为 D_I，那么同频复用距离（基地台 A、B 之间距离）$D=D_S+D_I=r_0+D_I$。所以，在双工情况下，同频道复用比 D/D_s 为

$$\alpha = \frac{D}{D_S} = \frac{D}{r_0} = 1 + \frac{D_I}{r_0} \tag{3-29}$$

式中 α 也称为同频复用系数。

异频单工方式共道复用距离 D 也按式（3-29）确定，下面具体计算共道复用距离 D 与无线区半径 r_0 的关系。

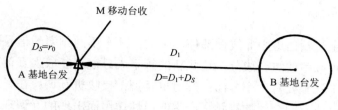

图 3.34 双工方式的共道干扰示意图

设干扰信号和有用信号的传播损耗中值分别用 L 和 k 表示，并假定路径损耗近似与传播距离 d^4 成正比，即

$$L = \frac{d^4}{h_t^2 h_r^2} \tag{3-30}$$

式中，d 是收、发天线之间的距离，h_t、h_r 分别是发射天线和接收天线高度。如果 d 以 km 为单位，h_t、h_r 均以 m 作单位，则

$$L = 120 + 40 \lg d - 20 \lg (h_t \cdot h_r) \text{（dB）} \tag{3-31}$$

对照图 3.34 可知，信号传输距离为 D_S，同频干扰距离为 D_I，两个基站天线高度同为 h_t，这样可得

$$L_S = 120 + 40 \lg D_S - 20 \lg (h_t \cdot h_r)$$
$$L_I = 120 + 40 \lg D_I - 20 \lg (h_t \cdot h_r)$$

所以干扰信号与传播损耗之差为

$$L_I - L_S = 40 \lg \frac{D_I}{D_S} \text{（dB）} \tag{3-32}$$

若基地台 A、B 发射功率均为 P_T（W），则移动台 M 接收机输入端信号功率和共道干扰功率分别为

$$S = P_T - L_S \text{（dBW）} \tag{3-33}$$
$$I = P_T - L_I \text{（dBW）} \tag{3-34}$$

由上述两式可知，以 dB 计的信干比 S/I 为

$$S/I = S - I = L_I - L_S \tag{3-35}$$

可得

$$\frac{D_I}{D_S} = 10^{\frac{S/I}{40}} \tag{3-36}$$

上述只考虑传输损耗中值，由于移动信道是衰落严重的信道，理论分析和试验表明，按无线区内可靠通信概率为 90% 考虑，需要 S/I 达到 25dB，这样可得

$$\frac{D_I}{D_S} = 10^{\frac{25}{40}} = 4.2$$

最后得出同频道复用距离 D 与无线区半径 r_0 的关系为

$$D = \left(1 + \frac{D_I}{D_S}\right) \cdot r_0 = 5.2 r_0 \tag{3-37}$$

3.3.3　互调干扰

互调干扰是由传输信道中非线性部件产生的。几个不同频率的信号同时加入一非线性电路，就会产生各种频率的组合成分，这些新的频率成分便可能成为互调干扰。在移动通信系统中，造成互调干扰主要有三个方面：发射机互调；接收机互调；在天线、馈线、双工器等处，由于接触不良或不同金属的接触，产生非线性作用而出现的互调现象。这种情况通常影响不大，但应注意避免，下面着重讨论前两种情况以及相应的措施。

1. 发射机互调

在发射机末级功率放大器，经天线进来的其他信号，与发射信号产生相互调制，称为发射机互调。

如图 3.35 所示，发射机 B 的信号频率为 f_B，经衰耗 L（dB），进入频率为 f_A 的发射机，在发射机 A 中产生互相调制。其中三阶互调产物为 $2f_A-f_B$ 和 $2f_B-f_A$，互调产物又通过天线辐射出去，因而造成互调干扰。尤其是 $2f_A-f_B$ 的电平较高，影响较大。同样，当发射机 A 的信号进入发射机 B 时，也会产生 $2f_B-f_A$ 和 $2f_A-f_B$ 互调产物，此时 $2f_B-f_A$ 的电平比 $2f_A-f_B$ 要高。

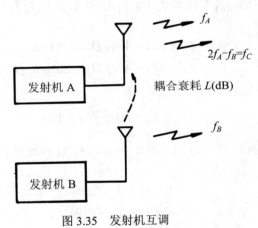

图 3.35　发射机互调

一般情况下可以把三阶互调干扰归纳为两种类型，即两信号三阶互调和三信号三阶互调，分别表示为

$$\left.\begin{array}{l} 2f_A - f_B = f_C \\ f_A + f_B - f_C = f_D \end{array}\right\} \tag{3-38}$$

等式左边表示三阶互调源频率，而等式右边表示三阶互调对信号产生干扰的频率。

至于其他互调产物，例如 $3f_A$、$f_A+f_B+f_C$ 等远离信号频率，经发射机及天线系统滤波作用，危害不大，不必考虑。

按照三阶互调的分析方法，可得到靠近信号频率的五阶互调干扰频率的六种形式，即 $3f_A-2f_B$、$2f_A-(f_B+f_C)$、$(2f_A+f_B)-2f_C$、$(2f_A+f_B)-(f_C+f_D)$、$(f_A+f_B+f_C)-2f_D$ 及 $(f_A+f_B+f_C)-(f_D+f_E)$ 等。

一般情况下，五阶互调危害较小，七阶以上高阶互调干扰更不必考虑了。

2. 接收机互调

几个信号同时进入接收机，由于接收机中电路（如混频器）非线性作用而发生相互调制，即为接收机互调。例如有三个信号分别为 $A\cos\omega_A t$、$B\cos\omega_B t$ 和 $C\cos\omega_C t$，它们同时进入接收机，那么三阶互调信号可表示为：

$$
\begin{aligned}
u_s &= a_3(A\cos\omega_A t + B\cos\omega_B t + C\cos\omega_C t)^3 \\
&= \frac{3}{4}a_3 \cdot A^2 \cdot B\cos(2\omega_A - \omega_B)t \\
&\quad + \frac{3}{2}a_3 \cdot A \cdot B \cdot C\cos(\omega_A + \omega_B - \omega_C)t + \cdots
\end{aligned}
\tag{3-39}
$$

式中，a_3 为三阶非线性系数。

从上式可知，三阶互调$(2\omega_A-\omega_B)$电压的值与 ω_A 的信号幅度平方及 ω_B 的信号幅度成正比；而另一个三阶互调$(\omega_A+\omega_B-\omega_C)$电压正比于三个信号幅度。因此，当各输入信号的电平都相等时，三阶互调干扰的大小与输入信号幅度的立方成正比。同理，五阶互调干扰与输入信号的关系是：若各输入信号电平相等，则五阶互调干扰电平与输入信号幅度的五次方成正比。

综上所述，电路的非线性是产生互调干扰的主要原因。为此，在电台设计中必须考虑这一因素，对互调干扰提出较严格的指标。对广大用户而言，更重要的是在组建移动通信网时，合理地分配频率，尽量设法避开三阶互调干扰。

3. 无三阶互调频道组

一个移动通信系统，在频率分配时，为了避开三阶互调，应适当选择不等距的频道，使它们产生的互调产物不致落入同组中任一工作频道。

根据前面分析，产生三阶互调干扰的条件是有用信号与无用干扰信号有着特殊的频率关系，即满足

$$
f_x = f_i + f_j - f_k
\tag{3-40}
$$

或

$$
f_x = 2f_i - f_j
\tag{3-41}
$$

其中 f_i、f_j、f_k 是频道频率，是 f_1、$f_2\cdots f_n$ 频率集合中任意三个频率，f_x 也是频率集合中一个频率。上两式中，前者为三阶互调 I 型，后者为三阶互调 E 型。

在工程上，为了避免直接用频率进行计算的麻烦，往往将频道标称频率用对应的序号表示，如图 3.36 所示。

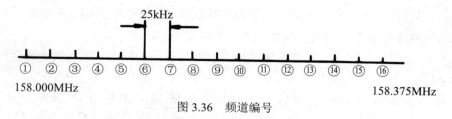

图 3.36　频道编号

图中共有 16 个频道，其频率范围是 158.000MHz～158.375MHz，每隔 25kHz 一个频道，对应序号是①～⑯。

一般情况下，假定起始频率为 f_0，频道间隔为 B，则任一频率可以写成

$$f_x = f_0 + BC_x \tag{3-42}$$

式中，C_x 为频道的序号。这样就有

$$\begin{cases} f_i = f_o + BC_i \\ f_j = f_k + BC_j \\ f_k = f_o + BC_k \end{cases} \tag{3-43}$$

则可得到以频道序号表示的三阶互调公式

$$C_x = C_i + C_j - C_k \tag{3-44}$$

或

$$C_x = 2C_i - C_j \tag{3-45}$$

由式（3-44）和式（3-45）对比可知，式（3-44）更具有普遍性，即当 $i = j \neq k$ 时，式（3-44）就变成式（3-45）的形式。

对五阶互调也可作出类似分析，即得到以频道序号表示的五阶互调关系式为

$$C_x = C_i + C_j + C_k - C_l - C_m \tag{3-46}$$

在工程上，一般只考虑选用无三阶互调频道。为了判断一组频道是否存在三阶互调问题，直接使用式（3-44）尚不够简便，为此，将式（3-44）改用频道序列差值来表示，即

$$C_x - C_i = C_j - C_k \tag{3-47}$$

其中 $C_x - C_i = d_{i,x}$ 为任意两个频道间差值，例如 $i=1$，$x=4$，则

$$d_{i,x} = d_{1,4} = C_4 - C_1 = 3$$

表明第 4 号频道与第 1 号频道差值为 3，频率间隔为 3B。

同理，$d_{k,j} = C_j - C_k$ 为第 j 个频道与第 k 个频道之差值。因此改用频道差值表示三阶互调的关系式变为

$$d_{i,x} = d_{k,j} \tag{3-48}$$

因此，判别某个移动通信系统无线区所选择的一组频道是否会产生三阶互调干扰，只要判别频道序号差值有无相同即可。具体而言，差值相同，即满足式（3-48），说明存在互调干扰问题；反之，所有差值都不同，则系统内部不会产生三阶互调干扰。无三阶互调频道组称为相容频道组，否则称为不相容频道组。

为了全面考察一组频道（n 个）是否为相容频道组，必须考察全部序号差值，即 n 中取 2 的组合数 C_n^2，如 $n=5$，则全部序号差值是 10 个。倘若 10 个差值中有一个以上相同，则为不相容频道组，只有 10 个差值均不同，才是相容频道组。为便于全面彻底考察全部差值，采用下面介绍的频道序号差值序列比较清楚，下面举例说明。

例 3-4 若选用 1、3、5、7、9 号频道序号为基站使用的频道，试判别无线区内是否存在三阶互调干扰。

解： 根据给定的五个频道序号，可列出差值阵列，如图 3.37 所示，不难发现，$d_{1,3} = d_{3,5} = d_{5,7} = d_{7,9} = 2$，$d_{1,5} = d_{3,7} = d_{5,9} = 4$，以及 $d_{1,7} = d_{3,9} = 6$，因此（C_1、C_3、C_5、C_7、C_9）为不相容频道组。

例 3-5 试用差值序列图判断（1、2、5、10、12）频道组是否为相容频道组。

解： 差值序列图如图 3.38 所示。由图可知 10 个差值均不同，所以（1、2、5、10、12）

频道组是相容的。

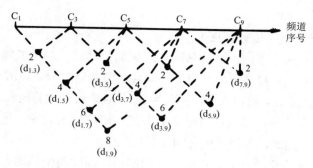

图 3.37　（C_1、C_3、C_5、C_7、C_9）差值序列图

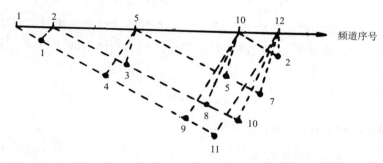

图 3.38　（1、2、5、10、12）频道差值序列图

利用计算机可搜索出占用最少频道数的无三阶互调的频道组，表 3.1 列出了部分结果。

表 3.1　无三阶互调的频道序列

需用频道数	最少占用频道数	无三阶互调的频道组	频段利用率
3	4	1,2,4	75%
4	7	1,2,5,7	57%
5	12	1,2,5,10,12	42%
6	18	1,2,9,13,15,18 1,2,5,11,13,18 1,2,5,11,16,18 1,2,9,12,14,18	33%
7	26	1,2,8,12,21,24,26 1,3,4,11,17,22,26	27%
8	35	1,2,5,10,…16,23,33,35	23%
9	46	1,2,5,14,…25,31,34,41,46	20%
10	56	1,2,7,11,…24,27,35,42,54,56	18%

需要指出的是，上述选用无三阶互调频道工作方法，三阶互调产物依然存在，只是不落入本系统的工作频道之内。显然，三阶互调产物可能落入其他通信系统，造成有害的干扰。

3.3.4　其他干扰

1. 近端对远端的干扰（远近效应）

当基地台同时接收两个不同距离的移动台发来的信号时，若两者频率相同或邻近，则距离基地台近的（距离为 d_2）移动台将对另一移动台（距基地台为 d_1，$d_1 \gg d_2$）信号产生严重的干扰。同样，两个靠得很近的移动台（相距为 d_2），对来自较远基地台（距离为 d_1，$d_1 \gg d_2$）的信号，也会产生较大干扰，即近端对远端的干扰，简称远近效应。远近效应是移动通信系统中比较严重的问题。为此，对严重性必须作粗略估计。

一般情况下，由于各移动台的发射功率是相同的，因此两个移动台至基地台的功率电平差异仅取决于路径的传输损耗，即定义近端对远端干扰比为 R_{d_1,d_2}

$$R_{d_1,d_2} = L_A(d_1) - L_A(d_2) \ (\text{dB}) \tag{3-49}$$

式中，$L_A(d_1)$、$L_A(d_2)$ 分别为较远距离 d_1、较近距离 d_2 的路径传输损耗值（均以 dB 计）。

假定在同样地形、地物条件下，路径传输损耗近似与距离的四次方成正比，则近端对远端干扰比为

$$R_{d_1,d_2} = 40\lg\frac{d_1}{d_2} \tag{3-50}$$

例如 d_1=10km，d_2=0.1km，R_{d_1,d_2}=80dB。

由上可知，在移动通信系统中远近效应问题十分突出。克服这种干扰的方法除了在频率分配时增大频率间隔，利用接收机选择性减小干扰的影响之外（它与频段利用率相矛盾），主要是设法减小场强变化的动态范围，即克服远近效应的有效措施是：

（1）自动功率控制。移动台根据收到基地台信号大小对移动台发射机进行自动功率控制，即当移动台驶近基地台时，自动降低发射功率。

（2）缩小服务区，降低发射功率，使同一服务区内信号场强的动态范围减小，例如动态范围在 50～60dB 之内。

2. 码间干扰

由于多径传输原因，不同的反射路径使电波到达接收天线的传播距离不等，会引起路径时延差。它对连续的模拟信号幅度将导致快衰落变化，而对于不连续的数字脉冲信号将产生时延扩展现象。即在接收点由于多径效应接收到多个脉冲信号，如果传输速率过高，必将产生码间干扰，从而造成误码。

在数字移动通信系统中，时延扩展是限制传输速率的主要障碍。需要指出的是，在移动信道中传输数字信号不仅数字移动通信系统是必须的，而且在很多模拟移动通信系统中已广泛使用数字信号来传输信令。为了避免码间干扰，如不采取一些特殊措施（如分集、自适应均衡或扩频技术等），则必须对传输速率予以限制。

通常，在瑞利衰落环境下，数字信号传输速率应满足：

$$R_c = \frac{1}{2\pi\Delta} \tag{3-51}$$

式中，Δ 为时延扩展宽度。

例如市区 Δ 典型值为 3μs，则 R_c<53b/s。市区中最大时延扩展宽度将达 10μs，此时要求 R_c<16b/s。目前模拟移动通信系统中最高信令速率 R_c≤10b/s，可以满足上式要求。在数字移动通信系统中，要求传输更高速率，必须采取上面指出的一些特殊措施。

3. 其他无线电系统的电磁干扰

其他无线电系统的电磁干扰系指来自无线电广播、电视、雷达以及微波中继系统等产生的电磁干扰。来自这些无线电系统的电磁干扰，无论是基波或是谐波辐射，对移动通信系统都将产生有害影响，尤其是工作频段相近的系统影响更为严重。

目前无线电声音广播的工作频段是：

中频（MF），535kHz～1605kHz；

高频（HF），2MHz～30MHz；

甚高频（VHF），88MHz～108MHz。

电视广播的频段是：

甚高频（VHF），低端 54MHz～88MHz，高端 174MHz～216MHz；

超高频（UHF），470MHz～890MHz。

此外，雷达发射机也是一个危害较大的干扰源，因为它具有很大的峰值功率（几兆瓦）和较多谐波，因此对移动通信的影响也较大。

4. 阻塞干扰

当接收机接收有用信号时，如果有邻近频率的强干扰也同时进入接收机高频放大器或混频器，使高放或混频级出现饱和现象，则接收机解调输出噪声增大，灵敏度下降，严重时，会使通信中断，这种现象称作阻塞干扰。

为此，移动电台的接收机应该具有较强的选择性和较大的动态范围，它的发射机功率应该予以限制，或者能够自动调整，既能保证可靠通信，又能减少对其他电台的干扰。

总之，在移动信道中存在着很多噪声和干扰，为了提高抗干扰能力，不仅需要提高设备性能，而且必须合理组网。否则即使无外界系统干扰，本网内干扰也将破坏正常通信。

3.4　分集技术

3.4.1　分集技术的基本概念及方法

分集技术（Diversity Techniques）就是研究如何利用多径信号来改善系统的性能。分集技术利用多条传输相同信息且具有近似相等的平均信号强度和相互独立衰落特性的信号路径，并在接收端对这些信号进行适当的合并（Combining），以便大大降低多径衰落的影响，从而改善传输的可靠性。

为了在接收端得到相互独立的路径，可以通过空域、时域和频域等方法来实现，具体的方法有如下几种。

1. 空间分集（Space Diversity）

空间分集的原理如图 3.39 所示。发射端采用一副发射天线，接收端采用多副天线。接收

端天线之间的距离 d 应足够大，以保证各接收天线输出信号的衰落特性是相互独立的。在理想情况下，接收天线之间相隔距离 d 为 $\lambda/2$ 就足以保证各支路接收的信号是不相关的。但在实际系统中，接收天线之间的间隔要视地形、地物等具体情况而定。在移动通信中，空间的间距越大，多径传播的差异就越大，所接收信号场强的相关性就越小。天线间隔，可以是垂直间隔也可以是水平间隔。但垂直间隔的分集性能太差，一般不主张用这种方式。

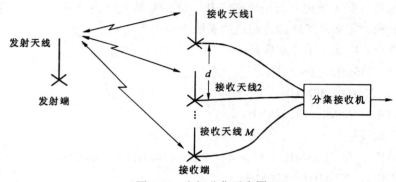

图 3.39　空间分集示意图

对于空间分集而言，分集的支路数 M 越多，分集的效果越好。但当 M 较多时（如 $M>3$），分集的复杂性增加，分集增益的增加随着 M 的增多而变得缓慢。

2．极化分集（Polarization Diversity）

在移动环境下，两个在同一地点极化方向相互正交的天线发出的信号呈现不相关衰落特性。利用这一点，在发送端同一地点分别装上垂直极化天线和水平极化天线，就可得到两路衰落特性不相关的信号。极化分集实际上是空间分集的特殊情况，其分集支路只有两路。这种方法的优点是结构比较紧凑，节省空间；缺点是由于发射功率要分配到两副天线上，信号功率将有 3dB 的损失。目前可以把这种分集天线集成于一副天线内实现，这样对于一个扇区只需一副 Tx（发射）天线和一副 Rx（接收）天线即可；若采用双工器，则只需一副收发合一的天线，但对天线要求较高。

3．角度分集（Angle Diversity）

由于地形地貌和建筑物等环境的不同，到达接收端的不同路径的信号可能来自于不同的方向，在接收端，采用方向性天线，分别指向不同的信号到达方向，则每个方向性天线接收到的多径信号是不相关的。

4．频率分集（Frequency Diversity）

将要传输的信息分别以不同的载频发射出去，只要载频之间的间隔足够大（大于相干带宽），那么在接收端就可以得到衰落特性不相关的信号。

频率分集的优点是，与空间分集相比，减少了天线的数目；其缺点是，要占用更多的频谱资源，在发射端需要多部发射机。

5．时间分集（Time Diversity）

对于一个随机衰落的信号来说，若对其振幅进行顺序取样，那么在时间上间隔足够大（大于相干时间）的两个样点是互不相关的。这就给我们提供了实现分集的另一种方法——时间分集，即将给定的信号在时间上相差一定的间隔重复传输 M 次，只要时间间隔大于相干时间，就可以得到 M 条独立的分集支路。由于相干时间与移动台运动速度成反比，因此当移动台处于静止状态时，时间分集基本上是没有用处的。

3.4.2 分集信号的合并技术

接收端收到 M（$M \geqslant 2$）个分集信号后，如何利用这些信号以减小衰落的影响，这就是合并问题。在接收端取得 M 条相互独立的支路信号以后，可以通过合并技术得到分集增益。根据在接收端使用合并技术的位置不同，可以分为检测前（Predetection）合并技术和检测后（Postdetection）合并技术，如图 3.40 所示。这两种技术都得到了广泛的应用。

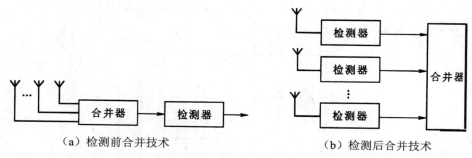

（a）检测前合并技术　　　　　　　　（b）检测后合并技术

图 3.40　空间分集的合并

对于具体的合并技术来说，通常有四类，即选择式合并（Selective Combining）、最大比合并（Maximum Ratio Combining）、等增益合并（Equal Gain Combining）和开关式合并（Switching Combining）。

1. 选择式合并

选择式合并的原理如图 3.41 所示。M 个接收机的输出信号送入选择逻辑，选择逻辑从 M 个接收信号中选择具有最高基带信噪比（SNR）的基带信号作为输出。

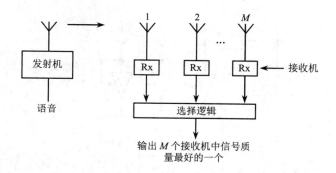

图 3.41　选择式合并的原理

令 Γ 为每个支路的平均信噪比，则可以证明：选择式合并的平均输出信噪比为

$$<\gamma_s> = \Gamma \sum_{k=1}^{M} \frac{1}{k}$$

式中，下标 s 表示选择式合并。该式表明每增加一条分集支路，它对输出信噪比的贡献仅为总分集支路数的倒数倍。其合并增益为

$$G_s = \frac{<\gamma_s>}{\Gamma} = \sum_{k=1}^{M} \frac{1}{k}$$

其结果如图 3.42 所示。

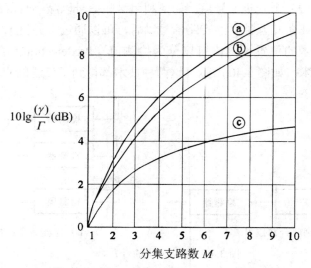

ⓐ 最大比合并；ⓑ 等增益合并；ⓒ 选择式合并

图 3.42　分集合并后的平均信噪比改善程度

若使用检测前合并方式，则选择是在天线输出端进行，从 M 个天线输出中选择一个最好的信号，再经过一部接收机就可以得到合并后的基带信号。

2. 最大比合并

M 个分集支路经过相位调整后，按适当的增益系数同相相加（检测前合并），再送入检测器，如图 3.43 所示。

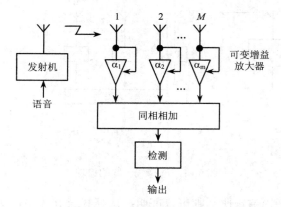

图 3.43　最大比合并的原理

合并后信号的包络为

$$r = \sum_{i=1}^{M} \alpha_i r_i$$

式中，r_i 为第 i 条支路的信号振幅；α_i 为第 i 条支路的增益系数。

设每个支路的噪声功率为 σ^2，则可以证明：当 $\alpha_i = \dfrac{r_i}{\sigma^2}$ 时，合并后的信噪比达到最大，合并后输出为

$$r = \sum_{i=1}^{M} \frac{r_i}{\sigma^2} r_i = \frac{1}{\sigma^2} \sum_{i=1}^{M} r_i^2$$

从上式可以看出，合并后信号的振幅与各支路信噪比相联系，信噪比越大的支路对合并后的信号贡献越大。在具体实现时，需要实时测量出每个支路的信噪比，以便及时对增益系数进行调整。

最大比合并后的平均输出信噪比为

$$<\gamma_M> = M\Gamma$$

式中，下标 M 表示最大比合并。合并增益为

$$G_M = \frac{<\gamma_M>}{\Gamma} = M$$

由上式可以看出 $<\gamma_M>$ 与 M 成线性关系，其结果如图 3.42 所示。

3. 等增益合并

在最大比合并中，实时改变 α_i 是比较困难的，通常希望 α_i 为常量，取 $\alpha_i = 1$ 就是等增益合并。等增益合并后的平均输出信噪比为

$$<\gamma_E> = \Gamma \left[1 + (M-1)\frac{\pi}{4} \right]$$

式中，下标 E 表示等增益合并。合并增益为

$$G_E = \frac{<\gamma_E>}{\Gamma} = 1 + (M-1)\frac{\pi}{4}$$

其结果如图 3.42 所示。从图中可以看出，当 M 较大时，等增益合并仅比最大比合并差 1.05dB。

对于最大比合并和等增益合并，可以采用如图 3.44 所示的电路来实现同相相加。另外还可以用在发射信号中插入导频的方式，在接收端通过提取导频的相位信息来实现同相相加。

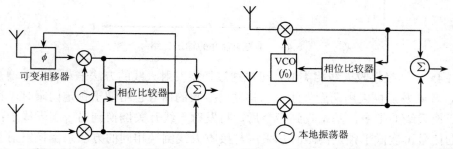

（a）采用可变相移器的同相调整电路　　　（b）使用可变频率本地振荡器的同相调整电路

图 3.44　同相调整电路

4. 开关式合并

检测前二重开关式合并框图如图 3.45 所示。

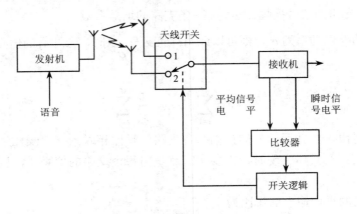

图 3.45　开关式合并示意图

　　该分集方式也称为扫描式分集（Scanning Diversity），其优点是仅使用一套接收设备。该方式监视接收信号的瞬时包络，当本支路的瞬时包络低于预定门限时，将天线开关置于另一个支路上。当开关从支路 1 转到支路 2 时，若支路 2 的瞬时包络也低于预定门限时有两种处理方法：第一种方法是天线开关在支路 1 和支路 2 之间循环切换，直到一个支路的包络大于预先设定的门限；第二种方法是天线开关停留在支路 2 上，直到支路 2 大于预定门限后再次低于预定门限时，天线开关再转到支路 1 上。第二种方法避免了在两个支路都低于预定门限时频繁的开关转换。它是实际中通常采用的方法。图 3.46 给出了采用第二种方法时，二重开关式合并后输出信号的包络。由图中可以看出，该方法的切换准则可以看成是只有当瞬时信号包络负向跨越预定门限时，将天线切换到另一支路上去。

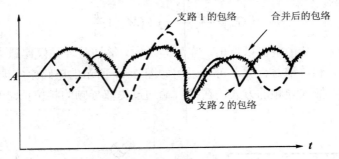

图 3.46　开关式合并的输出包络

　　与图 3.45 中切换接收天线相类似，可以通过切换发射天线的方法来获得合并增益。如图 3.47 所示，基站发射机采用两副天线，当移动台接收的信号包络低于预定门限时，移动台向基站发出更换天线的指令，基站收到指令后，将发射天线开关倒换到另一副天线上；当移动台接收到的信号再次低于预定门限时，采用与接收天线倒换相同的方法来倒换发射天线。这种方法称为带反馈的空间分集。

　　以上对分集技术的讨论都是假定各支路的衰落信号是不相关的。然而在很多场合很难做到这一点，例如在空间分集中，天线的位置不合适；在频率分集中，两载波的间隔不够大等。因此，在研究分集系统的性能时，应充分考虑到相关性对分集效果的影响。

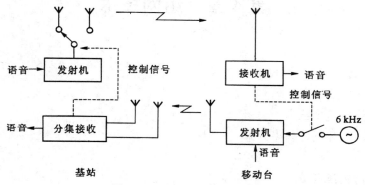

图 3.47　带反馈的空间分集

在分集的合并技术中，各种合并动作的确定都基于接收到的信号，这就可能导致错误的动作。另一方面，合并中的某些瞬态过程（如开关式合并中的相位突变等）和合并动作延时都会造成合并增益的下降。在研究合并技术时，应对上述非理想因素予以充分考虑。

习题

1．试简述移动通信中电波传播的方式及其特点。

2．试比较 10dBW、10W 及 10dB 的差别。1W 功率等于多少 dBW？又等于多少 dBm？

3．在标准大气折射下，发射天线高度为 200m，接收天线高度为 2m，使用频率为 900MHz，试计算 R 为 10km 处的衰耗中值。

4．某一移动信道，工作频率 150MHz，基地台天线高度 100m，天线增益 6dB，移动台天线高度为 3m，增益是 0dB，市区中等起伏地形下、通信距离 10km，试求：

（1）传播损耗中值。

（2）若基地台发射机送至天线的功率为 10W，计算移动台天线上接收信号功率中值。

5．若上题改工作频率为 450MHz，再求传播损耗中值。

6．已知工作频率为 450MHz 的移动台，接收机带宽为 16kHz，在市区情况下，常温工作，试求噪声功率 N 为多少 dBm？

7．什么叫同频复用系数？它与哪些因素有关？

8．选用无三阶互调频道组工作有何利弊？试检验频道序号 1、2、12、20、24、26 频道组是否为无三阶互调频道组？

9．某一移动通信系统，频率范围为 163.200MHz～163.475MHz，频道间隔 25kHz，若需用 5 个频道，写出无三阶互调的 5 个频率。

10．分集接收如何分类？在移动通信系统中宜采用哪几种分集方式？

11．试比较分析选择式合并、最大比合并和等增益合并三种合并方式的优缺点。

第 4 章 组网技术

📖 知识点

- 移动通信的多址技术
- 大区制、小区制、频率分配
- 信令的形式
- 信道共用及话务量
- 天线共用器

📢 难点

- 信道分配方法
- 信道选择方式
- 话务量计算

✍ 要求

掌握：
- FDMA、TDMA、CDMA 概念
- 小区制的构成及信道分配

理解：
- 信道自动选择方式

了解：
- 天线共用器的组成原理

4.1 多址技术

　　蜂窝系统中是以信道来区分通信对象的，一个信道只容纳一个用户进行通话，许多同时通话的用户，互相以信道来区分，这就是多址。移动通信系统是一个多信道同时工作的系统，具有广播信道和大面积覆盖的特点。在无线通信环境的电波覆盖区内，如何建立用户之间的无线信道的连接，是多址接入方式的问题。解决多址接入问题的方法叫做多址接入技术。

　　从移动通信网的构成可以看出，大部分移动通信系统都有一个或几个基站和若干个移动台。基站要和许多移动台同时通信，因而基站通常是多路的，有多个信道；而每个移动台只供一个用户使用，是单路的。许多用户同时通话，以不同的信道分隔，防止相互干扰，各用户信号通过在射频信道上的复用，从而建立各自的信道，以实现双边通信的连接，称为多址连接。多址连接方式是移动通信网体制范畴，关系到系统容量、小区构成、频谱和信道利用效率以及系统复杂性。

移动通信系统中基站的多路工作和移动台的单路工作形成了移动通信的一大特点。在移动通信业务区内，移动台之间或移动台与市话用户之间是通过基站（包括移动交换局和局间联网）同时建立各自的信道，从而实现多址连接的。

那么基站是以怎样的信号传输方式接收、处理和转发移动台发来的信号呢？基站又是以怎样的信号结构发出各移动台的寻呼信号，并且使移动台从这些信号中识别出发给本台的信号呢？这就是多址连接方式的问题，即多址接入方式的问题。

多址接入方式的数学基础是信号的正交分割原理。无线电信号可以表达为时间、频率和码型的函数，即可写作

$$s(c,f,t)=c(t)\ s(f,t) \tag{4-1}$$

式中，$c(t)$ 是码型函数；$s(f,t)$ 是时间 t 和频率 f 的函数。

当以传输信号的载波频率不同来区分信道建立多址接入时，称为频分多址（FDMA）方式；当以传输信号存在的时间不同来区分信道建立多址接入时，称为时分多址（TDMA）方式；当以传输信号的码型不同来区分信道建立多址接入时，称为码分多址（CDMA）方式。

N 个信道的 FDMA、TDMA 和 CDMA 的示意图分别如图 4.1（a）、（b）、（c）所示。

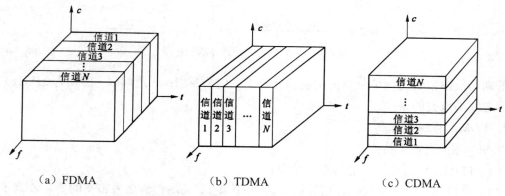

（a）FDMA   （b）TDMA   （c）CDMA

图 4.1 FDMA、TDMA 和 CDMA 的示意图

目前在移动通信中应用的多址方式有：FDMA、TDMA、CDMA 以及它们的混合应用方式等。下面将分别介绍它们的原理。

4.1.1 FDMA 方式

1. FDMA 系统的原理

FDMA 为每一个用户指定了特定信道，这些信道按要求分配给请求服务的用户。在呼叫的整个过程中，其他用户不能共享这一频段。从图 4.2 中可以看出，在频分双工（FDD，Frequency Division Duplexing）系统中，分配给用户一个信道，即一对频谱。一个频谱用作前向信道，即基站（BS）向移动台（MS）方向的信道；另一个则用作反向信道，即移动台向基站方向的信道。这种通信系统的基站必须同时发射和接收多个不同频率的信号；任意两个移动用户之间

进行通信都必须经过基站的中转，因而必须同时占用 2 个信道（2 对频谱）才能实现双工通信。它们的频谱分割如图 4.3 所示。在频率轴上，前向信道占有较高的频带，反向信道占有较低的频带，中间为保护频带。在用户频道之间，设有保护频隙 F_g，以免因系统的频率漂移造成频道间的重叠。

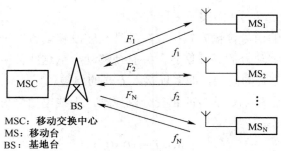

MSC：移动交换中心
MS：移动台
BS：基地台

图 4.2　FDMA 系统的工作示意图

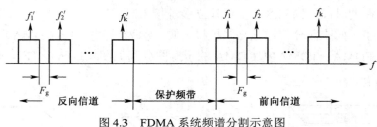

图 4.3　FDMA 系统频谱分割示意图

前向与反向信道的频带分割是实现频分双工通信的要求；频道间隔（例如为 25kHz）是保证频道之间不重叠的条件。

2．FDMA 系统的特点

FDMA 系统有以下特点：

（1）FDMA 信道每次只能传输一个电话。

（2）每信道占用一个载频，相邻载频之间的间隔应满足传输信号带宽的要求。为了在有限的频谱中增加信道数量，系统均希望间隔越窄越好。FDMA 信道的相对带宽较窄（25kHz 或 30kHz），每个信道的每一载波仅支持一个电路连接，也就是说，FDMA 通常在窄带系统中实现。

（3）符号时间与平均延迟扩展相比较是很大的。FDMA 方式中，每信道只传输一路数字信号，信号速率低，一般在 25kb/s 以下，远低于多径时延扩展所限定的 100kb/s。

（4）移动台较简单，和模拟的较接近。

（5）基站复杂庞大，重复设置收发信设备。基站有多少信道，就需要多少部收发信机，同时需用天线共用器，功率损耗大，易产生信道间的互调干扰。

（6）FDMA 系统每载波单个信道的设计，使得在接收设备中必须使用带通滤波器允许指定信道里的信号通过，滤除其他频率的信号，从而限制临近信道间的相互干扰。

（7）越区切换较为复杂和困难。因在 FDMA 系统中，分配好语音信道后，基站和移动台都是连续传输的，所以在越区切换时，必须瞬时中断传输数十至数百毫秒，以把通信从一频率切换到另一频率。对于语音，瞬时中断，问题不大，对于数据传输则将导致数据的丢失。

在模拟蜂窝系统中，采用 FDMA 方式是唯一的选择。而在数字蜂窝中，则很少采用纯FDMA 的方式。

4.1.2　TDMA 方式

1．TDMA 系统的原理

TDMA 是在一个宽带的无线载波上，把时间分成周期性的帧，每一帧再分割成若干时隙（无论帧或时隙都是互不重叠的），每个时隙就是一个通信信道，再分配给一个用户。如图 4.4 所示，系统根据一定的时隙分配原则，使各个移动台在每帧内只能按指定的时隙向基站发射信号（突发信号），在满足定时和同步的条件下，基站可以在各时隙中接收到各移动台的信号而互不干扰。同时，基站发向各个移动台的信号都按顺序安排在预定的时隙中传输，各移动台只要在指定的时隙内接收，就能在合路的信号中把发给它的信号区分出来。所以 TDMA 系统发射数据是用缓存－突发法，因此对任何一个用户而言发射都是不连续的。这就意味着数字数据和数字调制必须与 TDMA 一起使用，而不像采用模拟 FM 的 FDMA 系统。

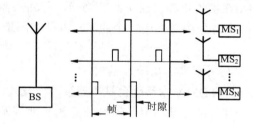

图 4.4　TDMA 系统的工作方式

2．TDMA 的帧结构

TDMA 帧是 TDMA 系统的基本单元，它由时隙组成，在时隙内传输的信号叫做突发（bust），各个用户的发射时隙相互连成 1 个 TDMA 帧，帧结构示意图如图 4.5 所示。

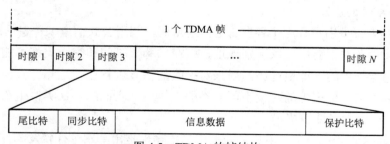

图 4.5　TDMA 的帧结构

从图 4.5 中可以看出，1 个 TDMA 帧是由若干时隙组成的，不同通信系统的帧长度和帧结构是不一样的。典型的帧长在几毫秒到几十毫秒之间，例如：GSM 系统的帧长为 4.6ms（每帧 8 个时隙），DECT 系统的帧长为 10ms（每帧 24 个时隙）。在 TDMA/TDD 系统中，帧信息中时隙的一半用于前向链路，而另一半用于反向链路。在 TDMA/FDD 系统中，有一个完全相同或相似的帧结构，要么用于前向传输，要么用于反向传输，但前向和反向链路使用的载频和时间是不同的。TDMA/FDD 系统有目的地在一个特定用户的前向和反向时隙间设置了几个延时时隙，以便在用户单元中不需要使用双工器。

在 TDMA 系统中，每帧中的时隙结构的设计通常要考虑三个主要问题：一是控制和信令信息的传输；二是信道多径的影响；三是系统的同步。在 GSM 系统中，TDMA 帧和时隙的具体构成将在第 5 章详细介绍。

3. TDMA 系统的特点

TDMA 系统有以下特点：

（1）突发传输的速率高，远大于语音编码速率，每路编码速率设为 R b/s，共 N 个时隙，则在这个载波上传输的速率将大于 NR b/s。这是因为 TDMA 系统中需要较高的同步开销。同步技术是 TDMA 系统正常工作的重要保证。

（2）发射信号速率随 N 的增大而提高，如果达到 100kb/s 以上，码间串扰就将加大，必须采用自适应均衡，用以补偿传输失真。

（3）TDMA 用不同的时隙发射和接收，因此不需双工器。即使用 FDD 技术，用户单元内部的切换器就能满足 TDMA 在接收机和发射机间的切换，因而不需使用双工器。

（4）基站复杂性减小。N 个时分信道共用一个载波，占据相同带宽，只需一部收发信机。互调干扰小。

（5）抗干扰能力强，频率利用率高，系统容量大。

（6）越区切换简单。由于在 TDMA 中移动台是不连续的突发式传输，所以切换处理对一个用户单元来说是很简单的。因为它可以利用空闲时隙监测其他基站，这样越区切换可在无信息传输时进行，因而没有必要中断信息的传输，即使传输数据也不会因越区切换而丢失。

有些系统综合采用 FDMA 和 TDMA 技术，例如 IS-136 数字蜂窝移动通信标准采用 30kHz FDMA 信道，并将其再分成 6 个时隙，用于 TDMA 传输。

4.1.3 CDMA 方式

1. CDMA 系统的原理

CDMA 系统为每个用户分配了各自特定的地址码，利用公共信道来传输信息。CDMA 系统的地址码相互具有准正交性，以区别地址，而在频率、时间和空间上都可能重叠。系统的接收端必须有完全一致的本地地址码，用来对接收的信号进行相关检测。其他使用不同码型的信号因为和接收机本地产生的码型不同而不能被解调。它们的存在类似于在信道中引入噪声或干扰，通常称之为多址干扰。

在 CDMA 蜂窝通信系统中，用户之间的信息传输也是由基站进行转发和控制的。为了实现双工通信，正向传输和反向传输各使用一个频率，即通常所谓的频分双工。无论正向传输还是反向传输，除了传输业务信息外，还必须传输相应的控制信息。为了传输不同的信息，需要设置相应的信道。但是，CDMA 通信系统既不分频道又不分时隙，无论传输何种信息的信道都靠采用不同的码型来区分。类似的信道属于逻辑信道，这些逻辑信道无论从频域或时域来看都是相互重叠的，或者说它们均占有相同的频段和时间。如图 4.6 所示是 CDMA 通信系统的工作示意图。

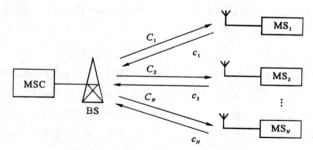

图 4.6　CDMA 系统的工作示意图

2．CDMA 系统的特点

CDMA 系统有以下特点：

（1）CDMA 系统的许多用户共享同一频率，不管使用的是 TDD 还是 FDD 技术。

（2）通信容量大。从理论上讲，信道容量完全由信道特性决定，但实际的系统很难达到理想的情况，因而不同的多址方式可能有不同的通信容量。CDMA 是干扰限制性系统，任何干扰的减少都直接转化为系统容量的提高。因此一些能降低干扰功率的技术，如语音激活（Voice Activity）技术等，可以自然地用于提高系统容量。

（3）容量的软特性。TDMA 系统中同时可接入的用户数是固定的，无法再多接入任何一个用户；而 DS-CDMA（直扩 CDMA）系统中，多增加一个用户只会使通信质量略有下降，不会出现硬阻塞现象。

（4）由于信号被扩展在一较宽频谱上而可以减小多径衰落。如果频谱带宽比信道的相关带宽大，那么固有的频率分集将具有减少小尺度衰落的作用。

（5）在 CDMA 系统中，信道数据速率很高。因此码片时长很短，通常比信道的时延扩展小得多，因为 PN（伪随机）序列有低的互相关性，所以大于一个码片宽度的时延扩展部分可受到接收机的自然抑制。另一方面，如采用分集接收最大比合并技术，可获得最佳的抗多径衰落效果。而在 TDMA 系统中，为克服多径造成的码间干扰，需要用复杂的自适应均衡，均衡器的使用增加了接收机的复杂度，同时影响到越区切换的平滑性。

（6）平滑的软切换和有效的宏分集。DS-CDMA 系统中所有小区使用相同的频率，这不仅简化了频率规划，也使越区切换得以完成。每当移动台处于小区边缘时，同时有两个或两个以上的基站向该移动台发送相同的信号，移动台的分集接收机能同时接收合并这些信号，此时处于宏分集状态。当某一基站的信号强于当前基站信号且稳定后，移动台才切换到该基站的控制上去，这种切换可以在通信的过程中平滑完成，称为软切换。

（7）低信号功率谱密度。在 DS-CDMA 系统中，信号功率被扩展到比自身频带宽度宽百倍以上的频带范围内，因而其功率谱密度大大降低。由此可得到两方面的好处，其一，具有较强的抗窄带干扰能力；其二，对窄带系统的干扰很小，有可能与其他系统共用频段，使有限的频谱资源得到更充分的使用。

　　CDMA 系统存在着两个重要的问题，一个问题是来自非同步 CDMA 网中不同用户的扩频序列是不完全正交的，这一点与 FDMA 和 TDMA 不同，而 FDMA 和 TDMA 具有合理的频率保护带或保护时间，接收信号近似保持正交性，而 CDMA 对这种正交性是不能保证的。这种扩频码集的非零互相关系数会引起各用户间的相互干扰，即多址干扰，在异步传输信道以及多径传播环境中多址干扰将更为严重。另一个问题是"远近效应"。许多移动用户共享同一信道就会发生远近效应问题。由于移动用户所在的位置处于动态的变化中，基站接收到的各用户信号功率可能相差很大，即使各用户到基站距离相等，深衰落的存在也会使到达基站的信号各不相同，强信号对弱信号有着明显的抑制作用，会使弱信号的接收性能很差甚至无法通信，这种现象被称为远近效应。为了解决远近效应问题，在大多数 CDMA 实际系统中使用功率控制。蜂窝系统中由基站来提供功率控制，以保证在基站覆盖区内的每一个用户给基站提供相同功率的信号。这就解决了由于一个邻近用户的信号过大而覆盖了远处用户信号的问题。基站的功率控制是通过快速抽样每一个移动终端的无线信号强度指示（RSSI，Radio Signal Strength Indication）来实现的。

4.1.4　SDMA 方式

　　SDMA（空分多址）方式就是通过空间的分割来区别不同的用户。在移动通信中，能实现空间分割的基本技术就是采用自适应阵列天线，在不同用户方向上形成不同的波束。如图 4.7 所示，SDMA 使用定向波束天线来服务不同的用户。相同的频率（在 TDMA 或 CDMA 系统中）或不同的频率（在 FDMA 系统中）用来服务被天线波束覆盖的这些不同区域。扇形天线可被看作是 SDMA 的一个基本方式。在极限情况下，自适应阵列天线具有极小的波束和极快的跟踪速度，它可以实现最佳的 SDMA。将来有可能使用自适应天线，迅速地引导能量沿用户方向发送，这种天线最适合于 TDMA 和 CDMA。

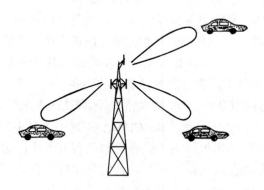

图 4.7　SDMA 系统的工作示意图

　　在蜂窝系统中，由于一些原因使反向链路困难较多。第一，基站完全控制了在前向链路上所有发射信号的功率。但是，由于每一用户和基站间无线传播路径的不同，从每一用户单元出来的发射功率必须动态控制，以防止任何用户功率太高而影响其他用户。第二，发射受到用户单元电池能量的限制，也就限制了反向链路上对功率的控制程度。如果为了从每个用户接收到更多的能量，通过空间过滤用户信号的方法，即通过 SDMA 方式反向可以控制用户的空间辐射能量，那么每一用户的反向链路将得到改善，并且需要更少的功率。

用在基站的自适应天线，可以解决反向链路的一些问题。不考虑无穷小波束宽度和无穷大快速搜索能力的限制，自适应式天线提供了最理想的 SDMA，提供了在本小区内不受其他用户干扰的唯一信道。在 SDMA 系统中的所有用户，将能够用同一信道在同一时间双向通信，而且一个完善的自适应式天线系统应能够为每一用户搜索其多个多径分量，并且以最理想的方式组合它们，来收集从每一用户发来的所有有效信号能量，有效地克服了多径干扰和同信道干扰。尽管上述理想情况是不可实现的，它需要无限多个阵元，但采用适当数目的阵元，也可以获得较大的系统增益。

4.2　区域覆盖和信道分配

4.2.1　大区制

移动通信组网即若干个移动用户构成一个系统，系统内的用户可以在无线电波覆盖内的任何地方互相通信。现代的移动通信网大多还要求能和陆地上的有线电话网通信。

最初的移动通信只是单一频率组网，即所有电台均工作于同一频率上，一般其中有一台为主台，其余为属台。主台可以呼叫任一属台，而互相通信。工作方式为单工，或叫单频单工，即发时不能收，收时不能发，用发信按键控制。属台也可以呼叫主台，或在属台之间通信。但都服从主台管理。这种情况最初用于警察通信，稍后用于汽车调度通信。因为主台大都是固定的，把主台的天线升高，可以扩大它的无线电覆盖范围。又因为只有一个工作频率（信道），所以同时只能有一对用户通话。

后来为了进一步扩大覆盖范围，把主台改成基地台，基地台天线进一步升高。基地台本身不是用户，只是起转发作用。任何移动用户要通信，须将信息发给基地台，再由基地台转发给另一移动用户。这时基地台应收发各有一频率才能进行信号的转发，移动用户的收、发频率则相应地和基台收、发频率相反（即基台发频率为移动台收频率，称为下行信道，基台收频率为移动台发频率，称为上行信道），因此用户的工作方式为异频单工，如图 4.8 所示。例如 f_1 为基台发、移动台收的频率，f_2 为基台收、移动台发，f_1 和 f_2 合称为一对收发信道。对于基台来说，则是 f_1、f_2 同时工作的两个全双工信道。为了减小收发间的干扰和便于制作双工器，收、发频率应具有相当大频率间隔。

如果要求同时能有两对用户通话，则必须有两对收发信道，即 f_1 和 f_2，f_3 和 f_4；显然，为了网内任何用户都可相通，移动台也需在这两对信道上都能工作，并由基地台来控制（指配）它的工作频率，以便它能正确工作，不至于互相冲突干扰，这叫多信道共用技术（今后为简单起见，每一个收、发频率对，简称为一个信道，即一个信道包括上行和下行信道都在内）。

当有多个信道时，基站还应有交换机，以便把不同的信道互相连接起来，使两个移动用户互相通信。如果移动用户还需通过基站与市话用户通话，则也通过基站交换机与市话局相连，如图 4.9 所示。

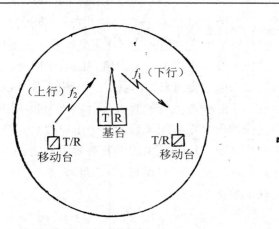

图 4.8　异频单工的组网方式

以上为异频单工工作方式的情况。单工使用起来，必须用按键（称为 PTT 键）来工作，即按键（收发开关）时发射机工作，接收机断开，可以发话；松键时发射机停止工作，接收机接通，只能收听。许多使用者不习惯，而希望用与普通电话相同的双工方式（每用户均可同时收、发，即上、下行信道同时工作）。这时基台和移动台的频率安排如图 4.10 所示。因此，当两移动台互通时，须占用基台两对全双工信道。

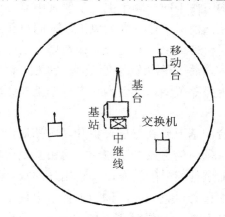

图 4.9　基站和市话局相连

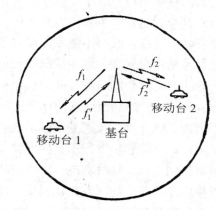

图 4.10　双工移动通信系统的频率安排

在移动电台中，由于收、发共用一根天线，为避免发射机功率进入接收机，还必须在收、发信机之间设置一个双工器，以隔离发射机和接收机。为此，收、发频率必须有一定间隔，这个间隔随频段不同而有不同的规定。在 150MHz 频段，收发频率间隔规定为 5.7MHz，450MHz 频段为 10MHz，900MHz 频段为 45MHz。

凡一个地区只用一个基台来覆盖全区的，不论是单工或双工工作，单信道或多信道，都称这种组网方式为大区制，以别于后面所称的小区制。大区制的特点是只有一个基台，服务（覆盖）面积大，因此所需发射功率也较大。为了覆盖较大面积的地区，从电波传播方面考虑，通常使用 VHF 频段，即 150MHz 频段；UHF 低端频段，即 450MHz 频段。由于 150MHz 频段分配给移动通信的频带较窄，只有 16MHz 的范围，如使用双工或异频单工，还需扣除中间的 5.7MHz 间隔，因此这个频段比较拥挤，实际多用 450MHz 的频段。由于我国公用移动网已定为 900MHz 频段的小区制，因此大区制实际上多用于专用网或小城市的公共网。大区制由于只有一个基地台，其信道数有限，因此容量较小，一般只能容纳数百至数千个用户。

4.2.2　小区制

为了使服务区达到无缝覆盖，提高系统的容量，就需要采用多个基站来覆盖给定的服务区。每个基站的覆盖区称为一个小区。从理论上讲，我们可以给每个小区分配不同的频率，但这样需要大量的频率资源，且频谱利用率很低。为了减少对频率资源的需求和提高频谱利用率，我们需要将相同的频率在相隔一定距离的小区中重复使用，只要使用相同频率的小区（同频小区）之间干扰足够小即可。

下面针对不同的服务区来讨论小区的结构和频率的分配方案。

1.　带状网

带状网主要用于覆盖公路、铁路、海岸等，如图 4.11 所示。

基站天线若全向辐射，覆盖区域是圆形的，如图 4.11（b）所示。带状网宜采用有向天线，使每个小区成扁圆形，如图 4.11（a）所示。

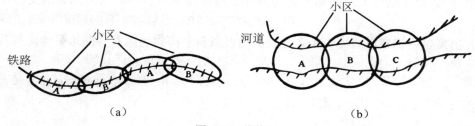

（a）　　　　　　　　　　　　　　　　　　（b）

图 4.11　带状网

带状网可进行频率再用。若以采用不同信道的两个小区组成一个区群（在一个区群内各小区使用不同的频率，不同的区群可使用相同的频率），如图 4.11（a）所示，称为双频制。若以采用不同信道的三个小区组成一个区群，如图 4.11（b）所示，称为三频制。从造价和频率资源的利用而言，当然双频制最好；但从抗同频干扰而言，双频制差，还应考虑多频制。

设 n 频制的带状网如图 4.12 所示。每个小区的半径为 r，相邻小区的交叠宽度为 a，第 $n+1$ 区与第一区为同频小区。据此，可算出信号传输距离 d_s 和同频干扰传输距离 d_1 之比。若认为传输损耗近似与传输距离的四次方成正比，则在最不利的情况下可得到相应的干扰信号比，如表 4.1 所示。由表 4.1 可知，双频制最多只能获得 19dB 的同频干扰抑制比，这通常是不够的。

2.　蜂窝网

在平面区域内划分小区，通常组成蜂窝式的网络。在带状网中，小区呈线性排列，区群的组成和同频小区的距离的计算都比较方便，而在平面分布的蜂窝网中，这是一个比较复杂的问题。

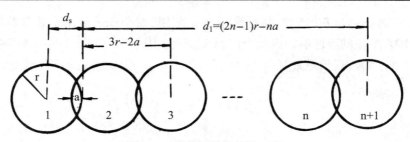

图 4.12　带状网的同频道干扰

表 4.1　带状网的同频干扰

d_s/d_1		双频制 $\dfrac{r}{3r-2a}$	三频制 $\dfrac{r}{5r-3a}$	n 频制 $\dfrac{r}{(2n-1)r-na}$
I/S	$a=0$	-19dB	-28dB	$40\lg\dfrac{1}{2n-1}$
	$a=r$	0dB	-12dB	$40\lg\dfrac{1}{n-1}$

（1）小区的形状。全向天线的覆盖区域是一个圆形。为了不留空隙的覆盖整个平面的服务区，一个个圆形辐射区之间一定含有很多的交叠。在考虑了交叠之后，实际上每个辐射区域的有效覆盖区是一个多边形。根据交叠情况的不同，若每个小区相间 120°设置三个邻区，则有效覆盖区为正三角形；若每个小区相间 90°设置四个邻区，则有效覆盖区为正方形；若每个小区相间 60°设置六个邻区，则有效覆盖区为正六边形；小区形状如图 4.13 所示。可以证明，要用正多边形无空隙、无重叠地覆盖一个平面区域，可取的形状只有这三种。那么这三种形状那一种最好呢？在辐射半径 r 相同的情况下，计算出三种形状小区的邻区距离、小区面积、交叠区宽度和交叠区面积如表 4.2 所示。

图 4.13　小区的形状

表 4.2　三种形状小区的比较

小区形状	邻区距离	小区面积	交叠区宽度	交叠区面积
正三角形	r	$1.3r^2$	r	$1.2\pi r^2$
正方形	$\sqrt{2}\,r$	$2r^2$	$0.59r$	$0.73\pi r^2$
正六边形	$\sqrt{3}\,r$	$2.6r^2$	$0.27r$	$0.35\pi r^2$

　　由表可知，在服务区面积一定的情况下，正六边形小区的形状最接近理想的圆形，用它覆盖整个服务区所需的基站数最少，即最经济。正六边形构成的网络形同蜂窝，因此把小区形状为六边形的小区制移动通信网称为蜂窝网。

　　（2）区群的组成。相邻小区显然不能用相同的信道。为了保证信道小区之间有足够的距离，附近的若干小区都不能用相同的信道。这些不同的信道的小区组成一个区群，只有不同区群的小区才能进行信道再用。

　　区群的组成应满足两个条件：一是区群之间可以邻接，且无空隙无重叠地进行覆盖；二是邻接之后的区群应保证各个相邻同信道小区之间的距离相等。满足上述条件的区群形状和区群内的小区数不是任意的。可以证明，区群内的小区数应满足下式

$$N=i^2+ij+j^2 \qquad\qquad （4\text{-}2）$$

式中，i，j 为正整数。由此可算出 N 的可能取值，如表 4.3 所示。相应的区群形状如图 4.14 所示。

表 4.3　群区小区数 N 的取值

j ＼ i （N）	0	1	2	3	4
1	1	3	7	13	21
2	4	7	12	19	28
3	9	13	19	27	37
4	16	21	28	37	48

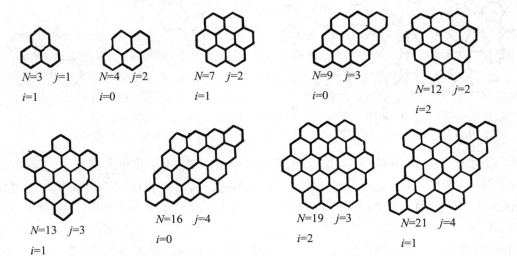

图 4.14　区群的组成

　　（3）同频（信道）小区的距离。区群内小区数不同的情况下，可用下面的方法来确定同频（信道）小区的位置和距离。如图 4.15 所示，自某一小区 A 出发，先沿边的垂线方向跨 j 个小区，再向左（或向右）转 60°，再跨 i 个小区，这样就到达同信道小区 A。在正六边形的

六个方向上，可以找到六个相邻同信道小区，所有 A 小区之间的距离都相等。

设小区的辐射半径（即正六边形外接圆的半径）为 r，则从图 4.15 可以算出同信道小区中心之间的距离为

$$\begin{aligned}
D &= \sqrt{3}r\sqrt{(j+i/2)^2+(\sqrt{3}i/2)^2} \\
&= \sqrt{3(i^2+ij+j^2)}\cdot r \\
&= \sqrt{3N}\cdot r
\end{aligned} \tag{4-3}$$

可见群内小区数 N 越大，同信道小区的距离就越远，抗同频干扰的性能也就越好。例如：$N=3$，$D/r=3$；$N=7$，$D/r=4.6$；$N=19$，$D/r=7.55$。

（4）中心激励与顶点激励。在每个小区中，基站可设在小区的中央，用全向天线形成圆形覆盖区，这就是所谓的"中心激励"方式，如图 4.16（a）所示。也可以将基站设计在每个小区六边形的三个顶点上，每个基站采用三副 120°扇形辐射的定向天线，分别覆盖三个相邻小区的各三分之一区域，每个小区由三副 120°扇形天线共同覆盖，这就是所谓的"顶点激励"，如图 4.16（b）所示。采用 120°的定向天线后，所接收的同频干扰功率仅为采用全向天线系统的 1/3，因而可以减少系统的通道干扰。另外，在不同的地点采用多副定向天线可以消除小区内障碍物的阴影区。

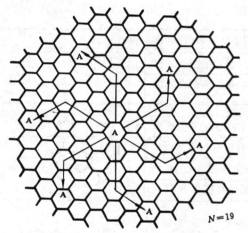

图 4.15　同信道小区的确定

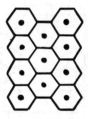

（a）中心激励　　　（b）顶点激励

图 4.16　两种激励方式

（5）小区的分裂。在整个服务区中每个小区的大小可以是相同的，这只能适应用户密度均匀的情况。事实上服务区内的用户密度是不均匀的，例如城市中心商业区的用户密度高，居民区和市郊区的用户密度低。为了适应这种情况，在用户密度高的市中心区可使小区的面积小一些，在用户密度低的市郊区可使小区的面积大一些，如图 4.17 所示。另外，对于已设置好的蜂窝通信网，随着城市建设的发展，原来的低用户密度区可能变成了高用户密度区，这时应相应地在该地区设置新的基站，将小区面积划小。解决以上问题可用小区分裂的方法。

以 120°扇形辐射的顶点激励为例，如图 4.18 所示，在原小区内分设三个发射功率更小一些的新基站，就可以形成几个面积更小一些的正六边形小区，如图中虚线所示。

上述蜂窝状的小区制是目前大容量公共移动通信网的主要覆盖方式。

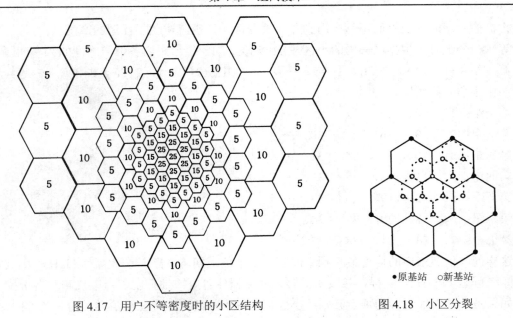

图 4.17　用户不等密度时的小区结构　　　　　　图 4.18　小区分裂

4.2.3　分区分组分配法

分区分组分配法所遵循的原则是：尽量减小占用的总频段，以提高频段的利用率；同一区群内不能使用相同的信道，以避免同频干扰；小区内采用无三阶互调的相容信道组，以避免互调干扰。现举例说明如下。

设给定的频段以等间隔划分为信道，按顺序分别标明各信道的号码为 1，2，3，…若每个区群有 7 个小区，每个小区需 6 个信道，按上述原则进行分配，可得到：

第一组：1、　　5、　　14、　20、　34、　36
第二组：2、　　9、　　13、　18、　21、　31
第三组：3、　　8、　　19、　25、　33、　40
第四组：4、　　12、　16、　22、　37、　39
第五组：6、　　10、　27、　30、　32、　41
第六组：7、　　11、　24、　26、　29、　35
第七组：15、　17、　23、　28、　38、　42

每一组信道分配给区群内的一个小区。这里使用 42 个信道就只占用了 42 个信道的频段，是最佳的分配方案。

以上分配中的主要出发点是避免三阶互调，但未考虑同一信道组中的频率间隔可能会出现较大的邻道干扰，这是这种配置方法的一个缺陷。

4.2.4　等频距分配法

等频距分配法是按等频率间隔来分配信道的，只要频距选得足够大，就可以有效地避免邻道干扰。这样的频率配置可能正好满足产生互调的频率关系，但正因为频距大，干扰易于被接收机输入滤波器滤除而不易作用到非线性器件，这也就避免了互调的产生。

等频距分配时可根据区群内的小区数 N 来确定同一信道组内各信道之间的频率间隔，例如，第一组用(1，1+N，1+2N，1+3N，…)，第二组用(2，2+N，2+2N，2+3N，…)等。例如 $N=7$，则信道的配置为：

第一组：1、　8、　15、　22、　29、…
第二组：2、　9、　16、　23、　30、…
第三组：3、　10、　17、　24、　31、…
第四组：4、　11、　18、　25、　32、…
第五组：5、　12、　19、　26、　33、…
第六组：6、　13、　20、　27、　34、…
第七组：7、　14、　21、　28、　35、…

这样同一信道组内的信道最小频率间隔为 7 个信道间隔，若信道间隔为 25kHz，则其最小频率间隔可达 175kHz，这样，接收机的输入滤波器便可有效地抑制邻道干扰和互调干扰。

如果是定向天线进行的顶点激励的小区制，每个基站应配置三组信道，向三个方向辐射，例如 $N=7$，每个区群就需要 21 个信道组。整个区群内各基站信道组的分布如图 4.19 所示。

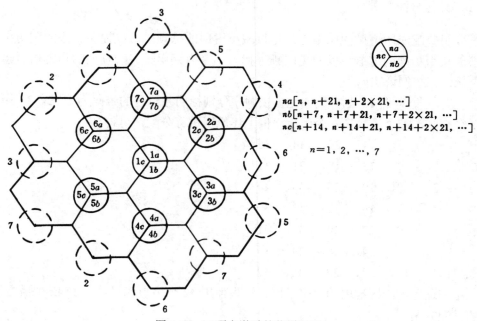

图 4.19　三顶点激励的信道配置

以上讲的信道分配方法都是将某一组信道固定配置给某一基站，这只能用于移动台业务分布相对固定的情况。事实上，移动台业务的地理分布是经常会发生变化的，如早上从住宅区向商业区移动，傍晚又反向移动，发生交通事故或集会时又向某处集中。此时，某一小区业务量增大，原来配置的信道可能不够用了，而相邻小区业务量小，原来配置的信道可能有空闲，小区之间的信道又无法相互调剂，因此频率的利用率不高，这就是固定信道配置的缺陷。为了进一步提高频率利用率，使信道的配置能随移动通信业务量地理分布的变化而变化，有两种办法：一是"动态配置法"——随业务量的变化重新配置全部信道；二是"柔性配置法"——准备若干个信道，需要时提供给某一小区使用。前者如能理想的实现，频率利用率可提高 20%～50%，但要及时算出新的配置方案，且能避免各类干扰，电台及天线共用器等装备也要能适应，这是十分困难的。后者控制比较简单，只要预留部分信道使各基站都能共用，可应付局部业务量变化的情况，是一种比较实用的方法。

4.3　越区切换和位置管理

4.3.1　越区切换

越区（过区）切换（Handover 或 Handoff）是指将当前正在进行的移动台与基站之间的通信链路从当前基站转移到另一个基站的过程。该过程也称为自动链路转移（ALT，Automatic Link Transfer）。

越区切换通常发生在移动台从一个基站覆盖的小区进入到另一个基站覆盖的小区的情况下，为了保持通信的连续性，将移动台与当前基站之间的链路转移到移动台与新基站之间的链路。

越区切换包括三个方面的问题：

（1）越区切换的准则，也就是何时需要进行越区切换。

（2）越区切换如何控制。

（3）越区切换时信道分配。

研究越区切换算法所关心的主要性能指标包括：越区切换的失败概率、因越区失败而使通信中断的概率、越区切换的速率、越区切换引起的通信中断的时间间隔以及越区切换发生的时延等。

越区切换分为两大类：一类是硬切换，另一类是软切换。硬切换是指在新的连接建立以前，先中断旧的连接。而软切换是指既维持旧的连接，又同时建立新的连接，并利用新旧链路的分集合并来改善通信质量，当与新基站建立可靠连接之后再中断旧链路。

在越区切换时，可以仅以某个方向（上行或下行）的链路质量为准，也可以同时考虑双向链路的通信质量。

1. 越区切换的准则

在决定何时需要进入越区切换时，通常是根据移动台处接收的信号平均强度，也可以根据移动台处的信噪比（或信号干扰比）、误比特率等参数来确定。

假定移动台从基站 1 向基站 2 运动，其信号强度的变化如图 4.20 所示。

判定何时需要越区切换的准则如下：

（1）相对信号强度准则（准则 1）：在任何时候都选择具有最强接收信号的基站。如图 4.20 中的 A 处将要发生越区切换。这种准则的缺点是在原基站仍满足要求的情况下，会引发太多不必要的越区切换。

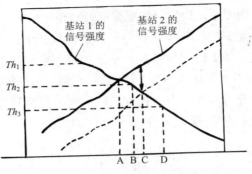

图 4.20　越区切换示意图

（2）具有门限规定的相对信号强度准则（准则 2）：仅允许移动用户在当前基站的信号足够弱（低于某一门限），且新基站的信号强于本基站信号的情况下，才可以进行越区切换。如图 4.20 所示，在门限为 Th_2 时，在 B 点将会发生越区切换。

在该方法中，门限选择具有重要作用。例如，在图 4.20 中，如果门限太高取为 Th_1，该准则与准则 1 相同。如果门限太低取为 Th_3，则会引起较大的越区时延。此时，可能会因链路质量较差而导致通信中断，另一方面，它会引起对通道用户的额外干扰。

（3）具有滞后余量的相对信号强度准则（准则 3）：仅允许移动用户在新基站的信号强度比原基站信号强度强很多（即大于滞后余量 Hysteresis Margin）的情况下进行越区切换。例如图 4.20 中的 C 点。该技术可以防止由于信号波动引起的移动台在两个基站之间来回重复切换，即"乒乓效应"。

（4）具有滞后余量和门限规定的相对信号强度准则（准则 4）：仅允许移动用户在当前基站的信号电平低于规定门限并且新基站的信号强度高于当前基站一个给定的滞后余量时才进行越区切换。

2. 越区切换的控制策略

越区切换控制包括两方面：一方面是越区切换的参数控制，另一方面是越区切换的过程控制。参数控制在上面已经提到过，这里主要讨论过程控制。

在移动通信系统中，过程控制的方式主要有三种：

（1）移动台控制的越区切换。在该方式中，移动台连续检测当前基站和几个越区时的候选基站的信号强度和质量。当满足某种越区切换准则后，移动台选择具有可用业务信道的最佳候选基站，并发送越区切换请求。

（2）网络控制的越区切换。在该方式中，基站监测来自移动台的信号强度和质量，当信号低于某个门限后，网络开始安排另一个基站的越区切换。网络要求移动台周围的所有基站都监测该移动台的信号，并把测量结果报告给网络。网络从这些基站中选择一个基站作为越区切换的新基站，把结果通过旧基站通知移动台并通知新基站。

（3）移动台辅助的越区切换。在该方式中，网络要求移动台测量其周围基站的信号质量，并将结果报告给旧基站，网络根据测试结果决定何时进行越区切换以及切换到哪个基站。

3. 越区切换时的信道分配

越区切换时的信道分配是解决当呼叫要转换到新小区时，新小区如何分配信道，使得越区失败的概率尽量小。常用的做法是在每个小区预留部分信道专门用于越区切换。这种做法的特点是：因新呼叫使可用信道数的减少，要增加呼损率，但减少了通话被中断的概率，从而符合人们的使用习惯。

4.3.2　位置管理

在移动通信系统中，用户可在系统覆盖范围内任意移动。为了能把一个呼叫传输到一个随机移动用户，就必须有一个高效的位置管理系统来跟踪用户的位置变化。

在现有的第二代数字移动通信系统中，位置管理采用两层数据库，即原籍位置寄存器（HLR）和访问位置寄存器（VLR）。通常一个公众移动电话网（PLMN，Public Land Mobile Network）由一个 HLR（它存储在其网络内注册的所有用户的信息，包括用户预定的业务、记帐信息、位置信息等）和若干个 VLR（一个位置区由一定数量的蜂窝小区组成，VLR 管理该网络中若干位置区内的移动用户）组成。

位置管理包括两个主要任务：位置登记（Location Registration）和呼叫传递（Call Delivery）。位置登记的步骤是在移动台的实时位置信息已知的情况下，更新位置数据库（HLR 和 VLR）和认证移动台。呼叫传递的步骤是在有呼叫给移动台的情况下，根据 HLR 和 VLR 中可用的位置信息来定位移动台。

与上述两个问题紧密相关的另外两个问题是：位置更新（Location Update）和寻呼（Paging）。位置更新解决的问题是移动台如何发现位置变化及何时报告它的当前位置。寻呼解决的问题是如何有效地确定移动台当前处于哪一个小区。

位置管理涉及网络处理能力和网络通信能力。网络处理能力涉及数据库的大小、查询的频度和响应速度等；网络通信能力涉及传输位置更新和查询信息所增加的业务量和时延等。位置管理所追求的目标就是以尽可能小的处理能力和附加的业务量，来最快地确定用户位置，以求容纳尽可能多的用户。

1. 位置登记和呼叫传递

在现有的移动通信系统中，将覆盖区域分为若干个登记区 RA（Registration Area）（在 GSM 中，登记区称为位置区 LA，Location Area）。当一个移动终端（MT）进入一个新的 RA，位置登记过程分为三个步骤：在管理新 RA 的新 VLR 中登记 MT（T_1），修改 HLR 中记录服务该 MT 的新 VLR 的 ID（T_2），在旧 VLR 和 MSC 中注销该 MT（T_3、T_4）。具体过程如图 4.21 所示。

呼叫传递过程主要分为两步：确定为被叫 MT 服务的 VLR 及确定被呼移动台正在访问那个小区。如图 4.22 所示，确定被呼 VLR 的过程和数据库查询过程如下：

（1）主叫 MT 通过基站向其 MSC 发出呼叫初始化信号。

（2）MSC 通过地址翻译过程确定被叫 MT 的 HLR 地址，并向该 HLR 发送位置请求消息。

（3）HLR 确定出为被叫 MT 服务的 VLR，并向该 VLR 发送路由请求消息；该 VLR 将该消息中转给为被叫 MT 服务的 MSC。

（4）被叫 MSC 给被叫的 MT 分配一个称为临时本地号码 TLDN（Temporary Local Directory Number）的临时标识，并向 HLR 发送一个含有 TLDN 的应答消息。

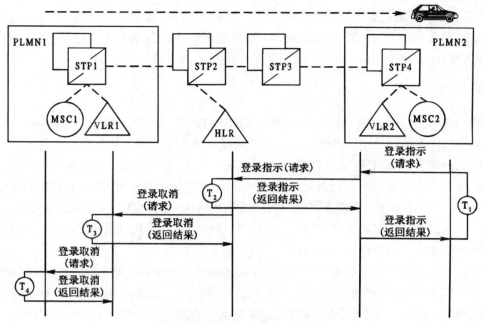

图 4.21　移动台位置登记过程

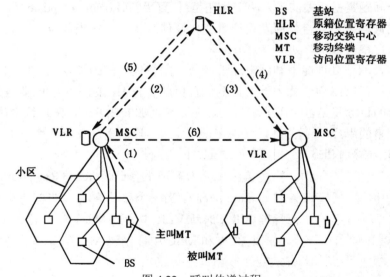

图 4.22　呼叫传递过程

（5）HLR 将上述消息中转给为主叫 MT 服务的 MSC。

（6）主叫 MSC 根据上述信息便可通过 SS7 网络向被叫 MSC 请求呼叫建立。

上述步骤允许网络建立从主叫 MSC 到被叫 MSC 的连接。但由于每个 MSC 与一个 RA 相联系，而每个 RA 又有多个蜂窝小区，这就需要通过寻呼的方法，确定出被叫 MT 在哪个蜂窝小区。

2．位置更新和寻呼

前面提到，在移动通信系统中，将系统覆盖范围分为若干个登记区（RA）。当用户进入一个新的 RA，它将进行位置更新。当有呼叫要到达该用户时，将在该 RA 内进行寻呼，以确定出移动用户在哪一个小区范围内。位置更新和寻呼信息都是在无线接口中的控制信道上传输的，因此必须尽量减少这方面的开销。在实际系统中，位置登记区越大，位置更新的频率越低，但每次呼叫寻呼的基站数目就越多。在极限情况下，如果移动台每进入一个小区就发送一次位置更新消息，则这时用户位置更新的开销就非常大，但寻呼的开销很小；反之，如果移动台从不进行位置更新，这时如果有呼叫到达，就需要在全网络范围内进行寻呼，用于寻呼的开销非常大。

由于移动台的移动性和呼叫到达情况是千差万别的，一个 RA 很难对所有用户都是最佳的。理想的位置更新和寻呼机制应能够基于每一个用户的情况进行调整。

有以下三种动态位置更新策略：

（1）基于时间的位置更新策略。每个用户每隔 ΔT 秒周期性地更新其位置。ΔT 的确定可由系统根据呼叫到达间隔的概率分布动态确定。

（2）基于运动的位置更新策略。当移动台跨越一定数量的小区边界（运动门限）以后，移动台就进行一次位置更新。

（3）基于距离的位置更新策略。当移动台离开上次位置更新时所在小区的距离超过一定的值（距离门限）时，移动台进行一次位置更新。最佳距离门限的确定取决于各个移动台的运动方式和呼叫到达参数。

基于距离的位置更新策略具有最好的性能，但实现它的开销最大。它要求移动台能有不同小区之间的距离信息，网络必须能够以高效的方式提供这样的消息。而对于基于时间和运动的位置更新策略实现起来比较简单，移动台仅需要一个定时器或运动计数器就可以跟踪时间和运动的情况。

4.4　信令

4.4.1　信令的概述

信令是移动台与交换系统之间、交换系统与交换系统之间相互传输的地址信息，管理信息（包括呼叫建立、信道分配、保持信息、拆线信息与计费信息等）以及其他交换信息。

信令也称为信号方式，是建立通话所必须的非语音信号。信令的主要作用是采用模拟或数字的方式来表示控制目标和状态的信号及指令，以对各种呼叫进行控制和管理，保证各个用户能够实现正确的接续。它是移动通信系统内实现自动控制的关键，也是系统通信与开放式单机或多机对讲通信的最根本区别。

在开放式单机或多机对讲通信中，无需传输任何形式的信令，调谐于同一频率的任何一部移动台均可随时以按讲方式讲话，并能随时接收到其他任何移动台的发射信号，整个信道处于一种不需进行交换的、无序的自然状态。

而在无线系统通信方式下则不同，由于采用了信令技术，信道由系统控制器统一进行控制和管理。任何移动台需发送信息时，必须通过信令向系统控制器发出请求，经系统控制器统筹协调发出许可接续信令后，方可获得信道进行通信。也就是说，通过信令的传输和交换能实现灵活多样，但却井然有序的台对台私线通信或组群通信。这样也使得有限的频率资源得到最大限度的利用。

无线系统中的信令有很多都与有线网的信令相同或类似，尤其是移动通信系统中基地台与无线控制器之间，以及无线控制器与有线交换机之间的信令，由于通过音频控制线传输，所以与公用电话网中的有线信令几乎完全相同。

一个无线通信系统通常应具有三类信令：①无线控制器与 PABX 或 PSTN 之间的信令；②无线基地台与无线控制器之间的信令；③无线移动台与无线基地台之间的信令。

4.4.2　信令的分类

1. 信令的分类

（1）按信令的传输方式分，有共路信令和随路信令两种方式。

共路信令方式采用专用控制信道传输信令。其优点是信令传输速度快，电路容易实现，适用于信令传输量较大的大中型无线通信网或系统。

随路信令方式是在一个语音信道中利用音频以外的亚音频传输信令，不单独占用信道。这种方式的优点是节省信道；缺点是接续速度慢，适用于信道数少、信令传输量不大的小型系统。

（2）按信令的信号形式分，有模拟信令和数字信令，后面做详细介绍。

（3）按信令的功能分，有三种：

①状态标志信令。频道忙闲标志，用户摘机、挂机，用户可用状态（是否开机、是否繁忙）。

②拨号信令。主叫用户发送的被叫用户地址码。

③控制信令。使控制器或移动台按信令规定作出相应的反应，如进入或退出通话信道、信道排队、转换控制信道或进入故障弱化方式等。

2. 模拟信令

模拟信令是指采用不同频率的音频模拟信号（300～3000Hz 话带范围）或亚音频模拟信号来表示各种状态标志、地址信息或操作管理信息的信令方式。

目前，通用的模拟信令有以下几种：音频单音信令、亚音频单音信令、CTCSS 音锁信令和双音多频信令。

（1）音频单音信令。音频单音信令是以 300～3400Hz 的带内单音频率来表示各种操作指令、状态信息和拨号信息的信令系统。

国际无线电咨询委员会 CCIR 推荐使用的五音序列码即属于单音信令的一种，应用十分广泛。它采用给每个 0 到 E 的 15 个十六进制数字分配一个单音频率的办法来实现拨号选呼和简单的控制交换功能。早期简单的无线选呼系统大多采用 CCIR 的五音码发送其选呼信息。

CCIR 五音序列码的标准时长规定为 100ms。在基地台呼叫移动台时，考虑到移动台可能处于各种不同的位置和状态，接收场强也在不断地变化，所以通常采用五音码的首码以数倍于标准时长的发送办法，以给各移动台留出足够的扫描同步时间。移动台发往基地台的五音码的首码却仍采用标准码长。具体的频率分配如表 4.4 所示。

表 4.4 CCIR 单音信令系统的频率表

代码	0	1	2	3	4	5	6	7
频率（Hz）	1981	1124	1197	1275	1358	1446	1540	1640
代码	8	9	A	B	C	D	E	—
频率（Hz）	1747	1860	2400	930	2247	991	2110	—

德国电气协会推荐使用的 ZVEI 是另一种广泛使用的单音信令系统，其频率分配如表 4.5 所示。ZVEI 信令的标准时长规定为 70ms。

表 4.5 ZVEI 单音信令的频率表

代码	1	2	3	4	5
频率（Hz）	1060	1160	1270	1400	1530
代码	6	7	8	9	0
频率（Hz）	1670	1830	2000	2200	2400

单音音频信令的优点是实现起来比较简单，但由于信号处于语音频带内，容易受到通话中同频率成份的干扰，同时也会对语音形成干扰。此外，由于发送单个码的时间需数十到上百毫秒，因此，适合用于简单的选呼系统或小容量自动拨号电话系统。如用于频道转换十分频繁的集群通信系统，则信令速度会慢得令人无法忍受，很难保证系统快速、正常的接续和信道转换。因此，已逐渐向其他信令方式发展。

（2）亚音频单音信令。低于 300Hz（67～250Hz 间的 44 个频点）、人耳无法听到的频率称为亚音频。选择不同的单个亚音频频率来分别表示各种指令、状态信息和拨号信息即构成亚音频单音信令系统。由于不再受到音频语音信号的同频干扰，因而提高了信令传输的可靠性。由于传统的技术和分离器件很难产生 300Hz 以下的频率，因此亚音频信号的产生通常采用数字信号发生器来实现，接收端则采用数字滤波和处理技术解码。其特点是频率准确度高、稳定性高、系统成本低和可靠性高。亚音频单音信令的频率分配表如表 4.6 所示。

表 4.6 亚音频单音信令的频率分配表

编号	频率（Hz）	编号	频率（Hz）
01	67.0	10	90.0
02	71.9	11	91.5
03	74.4	12	94.8
04	77.0	13	97.4
05	79.7	14	100.0
06	81.0	15	103.0
07	82.5	16	107.2
08	85.4	17	110.9
09	88.5	18	114.8

编号	频率（Hz）	编号	频率（Hz）
19	118.8	32	179.9
20	123.0	33	186.2
21	124.0	34	188.0
22	127.3	35	192.8
23	131.8	36	203.5
24	136.5	37	209.0
25	141.5	38	210.7
26	146.2	39	218.1
27	151.4	40	225.7
28	156.7	41	233.6
29	162.2	42	241.8
30	167.9	43	250.3
31	173.8	44	群呼

（3）CTCSS 音锁信令。CTCSS 是英文 Continuous Tone Coded Squelch System 的缩写，即连续单音编码静噪系统。由于它可以抑制来自系统外的移动台或系统内的其他用户的无用语音或无用信令的干扰，所以又称为音锁系统。音频编码静噪的原理是，移动台在发射时将本系统特有的亚音频连续单音调制到发射载波，而在接收时则只要未收到系统规定的单音的有用信号，接收机就处于锁闭状态；当收到与本机相符的亚音频时，亚音频被正确解码，并打开音频静噪门输出音频信号。对于系统外的非法移动台来说，即使调谐于同一信道，而由于使用的音锁不同，也不能打开音频输出。

国际电子工业协会 EIA 为 CTCSS 分配了 A、B 两组低于 300Hz 的亚音频频率，具体的频率分配如表 4.7 所示。

表 4.7　EIA CTCSS 亚音频频率分配表

A 组 （Hz）	67.0	77.0	88.5	100.0	107.2	114.8	123.0	131.8	141.3
	151.4	162.2	173.8	186.2	203.5	218.1	233.6	250.3	
B 组 （Hz）	71.9	82.5	94.8	103.5	110.9	118.8	127.3	136.5	146.2
	156.7	167.9	179.9	192.8	210.7	225.7	241.8		

（4）双音多频信令。DTMF 双音多频信令是各种有线、无线通信系统中使用最广泛的信号方式，其基本原理是在 300～3400Hz 的音频频带中选择 8 个单音频率，分为高频率组和低频率组两个组，每次从两组中各取出一个频率叠加在一起成为一个 DTMF 信号，同时发送，来实现拨号、寻址和各种控制功能。其主要优点是：呼叫接续时间较短、抗干扰能力强、可靠性高、技术成熟，有各种型号的 DTMF 芯片供应，而且体积小、价格低。双音多频码表如表 4.8 所示。

表 4.8　DTMF 双音多频码表（单位：Hz）

	1209	1330	1447	1663
697	1	2	3	A
770	4	5	6	B
852	7	8	9	C
942	*	0	#	D

标准 DTMF 信号的持续时间为 50ms，间隔时间也是 50ms。

由于数字移动通信系统本身的技术特点，每个信道随时都在动态地释放和重新分配以提高频谱利用率，而要使用户在实际使用中不产生明显的延迟或中断感，信道的转换必须快速进行，这就要求信令系统具有尽可能高的处理速度和传输速度。单从接续速度这一角度来看，只要用户量稍大一些、信道数稍多一些，模拟信令就无法达到满意的接续速度，这也就是数字移动通信系统为什么几乎都采用数字信令的原因。

3. 数字信令

（1）数字信令的特点。由于半导体技术和计算机技术的发展以及生产工艺的提高，数字设备集成化程度以及计算机处理能力和处理速度的大幅度提高，数字信令技术已在各种通信系统中获得越来越广泛的应用，通信业的各个方面也在逐步向数字化方向发展。可以预料，数字信令技术最终将完全取代模拟信令技术。

其实，无线通信中模拟信令向数字信令的转换早在 20 世纪 80 年代中期即已开始。当时，由于用户对信令功能多样化的需要与日俱增，同时，无线通信系统规模的不断扩大，模拟信令有限的编码容量和传输速度无力满足要求，信令技术不得不由模拟方式转向数字方式。目前，有线通信等许多领域的数字信令技术已进入实用化阶段，并不断走向成熟和完善，但无线移动通信中由于传输信道为变参信道，而且已有的信道间隔又要求本来占用频带就很宽的数字信号必须在较窄的 25kHz 甚至 12.5kHz 的信道间隔下完成通信，因此无法直接采用其他领域已经成熟的数字信令技术。不过，经过几年的不断探索和努力，多种适用于无线移动通信的窄带数字信令传输技术已开发出来。如能进一步抑制带外辐射和改善误码性能的预调基带高斯滤波型最小频移键控（GMSK）、能以平滑的变化过渡代替 MSK 陡峭的折线过渡的受控平滑调频（TFM）以及四电平调频（4-LEVEL FM）和锁相环四相键控（PLL-QPSK）。

数字信令的主要优点是：传输速度快、编码数量大，电路易于集成化，设备易于小型化，方便计算机处理，容易实现通信加密，抗干扰能力强，能实现真正的再生和重现。这对于覆盖区域很大的多系统网络来说是非常重要的一个特性。

（2）数字信令的构成。数字信令技术中一个十分关键的问题是同步问题。链路建立时需要同步，收发端在正式发送前需要同步，收发同步后正式发送数据前还需进行码字的同步。没有同步，接收端将无法正确地划分码串，一位码错位的结果将使整个信令面目全非，一错百错。此外，在有用数据之后，还必须发送校验码以检出和纠正发送过程中出现的误码，这需根据具体的纠检错算法进行。

数字信令的基本格式如下：

链路同步码	收发同步码	帧同步码	信令数据	校验码

收发同步码的作用是校准收发两端的时钟以实现同步，这样，接收端才能正确地划分码元和解码。通常采用不归零间隔码 1010101…，并以 0 结束。

帧同步码又称字同步码，它表示信息的开始位。

信令数据是真正的信令内容，包括控制、寻呼和拨号等信令。

校验码的作用是检测和纠正传输过程中产生的错误。

（3）数字信令的传输。数字信令为基带二进制数据流，即由 0 和 1 组成的码序列，不经调制是无法在无线信道中直接传输的。

在移动通信中，由于一方或双方处于移动状态，因此用作通信的信道的参数也总是处于不断的变化之中，信号传输的质量必然会受到传输过程中出现的衰落、多普勒效应和多径传播效应的影响，这就要求采用抗干扰能力和抗衰落能力较高的调制方式。数字信令则正好具备抗干扰能力强的特点，不足之处是其频谱带宽过宽，这对信道间隔为 25kHz 甚至 12.5kHz 的移动通信信道来说，确实是一个很大的难题，而且它还会限制数字信令的传输速率。移动通信所要求的理想的调制方式应具备以下条件：

- 在 25kHz 的信道间隔下，能以实用的速率传输信令。
- 信号频谱应主瓣窄，带外衰减快，不干扰邻近的信道。
- 抗干扰性能好，能满足误码率的要求。

目前，数字信号的基本调制方式有两类。一类是直接调制方式，即将基带信号直接调制到载波上。这种方式包括振幅键控（ASK）、频移键控（FSK）和相移键控（PSK）以及最小频移键控（MSK）、高斯最小频移键控（GMSK）和平滑调频（TFM）技术等。另一种是间接调制方式，即调制分两步进行。第一步先对较低频率的一个副载波进行调制，然后，再把已调副载波信号进行第二次调制，调制到发射频率，也即对副载波进行一次纯粹的频率搬移。

ASK 调制方式由于抗干扰能力和抗衰落能力差，误码率高于其他调制方式，因此，在移动通信中基本上不采用。

FSK 和 PSK 调制方式均具有较好的误码性能，但 FSK 方式调制的信号在经过非线性放大器（如丙类放大器）时，会因相位不连续而展宽频谱，而移动通信中为降低功耗大量采用的是丙类放大器，因此它很难在移动通信中使用。不过，当调制指数等于 0.5 时，FSK 调制却会呈现出比较理想的特性，不但带宽小于 ASK 而且相位也变得连续，这种调制方式即是目前在移动通信中应用非常广泛的最小频移键控（MSK）方式，也被称为快速频移键控（FFSK）。FFSK 的特点是：包络衡定、带宽窄、带外辐射小，并且实现简单。

下面简单介绍集群通信中使用的 FFSK 调制技术。

为简化分析，我们不讨论多元数字基带信号的频率调制，而直接对取值为 0 和 1 的二进制数字信号进行讨论。

FSK 调制方式是用基带二进制数字信号对载波的频率进行控制，因此，载波的振幅和相位为常量，即调制信号的包络恒定不随基带数字信号的变化而改变，这将有利于信号功率的完全利用，降低功耗。FSK 调制信号中唯一的变量为载波的频率分量。

假定 $m(t)$ 为对称非归零二进制基带数字信号，取值为 1 或 0，则其 FSK 调制表达式可为

$$x(t) = A_0 \cos[\omega_0 + \frac{m(t) \cdot \Delta\omega}{2} t] \qquad (4\text{-}4)$$

式中，A_0、ω_0 均为常量，$\Delta\omega$ 为调制时的频率偏移。对应于 1 和 0 两种取值情况，$m(t)$ 的值分别为 +1 和 -1，于是则有对应的频偏值为

对于 $m(1) = +1$，频率偏移为 $+\dfrac{\Delta\omega}{2}$

对于 $m(0) = -1$，频率偏移为 $-\dfrac{\Delta\omega}{2}$

当 FSK 调制的调制指数为 0.5 时，FSK 相位变得连续，即 MSK 或 FFSK，这样的信号在通过非线性放大器时将不会产生展宽频谱现象。

另外一个问题是数字信号的窄带传输问题。由于移动通信对信道间隔规定为 25kHz，因此数字信号要能与现有模拟系统兼容，则必须遵循 25kHz 的信道间隔要求，这就限制了数字信号的码速率。

目前，从理论上讲，能够满足移动通信的上述三个条件的调制方式有以下几种窄带调制方式：能进一步抑制带外辐射和改善误码性能的预调基带高斯滤波型最小频移键控（GMSK）、能以平滑的变化过渡代替 MSK 陡峭的折线过渡的受控平滑调频（TFM）以及 4 电平调频（4-LEVEL FM）和锁相环 4 相键控（PLL-QPSK）。

这几种调制技术的带外辐射抑制指标均达到 -65dB 左右，99% 功率所占带宽在 12kHz～14kHz 之间。

窄带数字调制的传输带宽应为

$$W = \frac{R_b}{n} + 2\Delta f \qquad (4\text{-}5)$$

式中，R_b 为编码速率，n 为单位时间内的信息传输速率，Δf 为收发信机的频率误差。在 400MHz、800MHz 工作频率上，如果要求的频率稳定度为 10^{-6}，则对应的频率误差分别为 ±1kHz 和 ±3kHz，那么，比特率为 16kb/s 的编码速率与频带利用率为 1b/(s·Hz) 的窄带数字调制可适应 25kHz 的信道间隔的传输要求。

4.4.3　信令技术的发展趋势

由于移动通信网的扩大和用户容量的增加，对信令的要求越来越高。另一方面，随着微电子技术的发展，促使移动通信中的模拟信令转向数字信令。原因是数字信令具有以下优点：

（1）传输速度快，编码容量大。

（2）易于通过计算机进行控制和管理。

（3）易于与数字程控交换机连接。

（4）易于与各种数字网络连网。

（5）数字电路便于集成化，可以促使设备小型化。

（6）抗干扰能力强，能实现真正的再生和重现。

但是，数字信令占用频带宽、容易出现带外辐射，这是迫切需要解决的问题。此外，要

在移动信道中传输数字信令，除窄带调制外，还必须解决同步和可靠性问题。当数字信号受到干扰发生错码时，接收端应具有一定的检错和纠错能力，即需要采取差错控制技术，以实现数字信令的优质、高效传输。

4.5　信道共用

4.5.1　什么是多信道共用

多信道共（复）用，就是多个无线信道为许多移动台所共用，或者说，网内大量用户共享若干无线信道。这与有线用户共享中继线的概念相似，目的也是为了提高信道利用率。为了把这个概念讲清楚，我们先看下面三种不同的方案组成的三个系统。

方案 1：一个移动台配置一个无线信道。在这种情况下，这个移动台在任何时候均可利用这个无线信道进行通信联络。但是，浪费太大，大到无法实现。因为像 800MHz 的集群通信系统，一共只有 600 个信道，满打满算只能容纳 600 个移动台。

方案 2：88 个移动台，配 8 个信道。但将 88 个移动台分成 8 个组，每组配置一个无线信道，各组间的信道不能相互借用、调节余缺。因此，相当于 11 个移动台配置一个无线信道。在这种情况下，只要有一个移动台占用了这个信道，同组的其余 10 个用户均不能再占用了，不管此时其他组是否还有闲着未用的信道。

方案 3：88 个移动台，8 个信道，但移动台不分组，即这 8 个信道同属于这 88 个移动台，或者说，这 88 个移动台共享 8 个信道。这种情况下，这 88 个移动台都有权选用这 8 个信道中的任意一个空闲信道来进行通话联络。换句话说，如果按这种方案组成的系统，那么只有在这 8 个信道同时被占用后再有用户申请信道时，系统才示忙，出现"呼而不应"，即呼损。但是，可以做到给某个用户一些权利，如优先甚至强拆等，以保证其需要时"通行无阻"。然而，对于用方案 2 组成的系统，虽然允许同时占用信道的最大值也是 8 个，但是，只要有一个用户占用信道后，同组另一个用户申请信道时，系统就示忙，就出现呼损，即使这个系统实际上此时只有这二个用户要求通信联络。显然，用方案 3 组成的系统可明显地提高信道的利用率，而方案 3 正是多信道共用系统。参照此提法，方案 2 就可叫做单信道共用系统，而方案 1 便是单信道单用系统。

对于工作在多信道共用系统里的移动台来说，当然比工作在单信道里的要复杂得多。首先，它必须适应工作频率不是单一的而是多个的这个特点，并且调谐是自动的；第二，必须"确知"哪个信道现在还处于空闲状态，当要占用它，但还没有实际占用时，就必须先设法发出某种"预告"信息，以防"白走一趟"，或相互"碰撞"；第三，必须具有自动转换到系统任意一个空闲信道上的能力。上述三条可以用"自动选用系统中任意一个空闲信道的能力"来概括。

因此，关于多信道共用可以这样来描述：为了提高无线信道的利用率和通信服务质量，配置在某一范围（如小区）内的若干个无线信道，都能供该范围内所有移动用户选择和使用任意一个空闲信道的能力，叫做多信道共用，也称多信道选址（Multichannel Access）。

　　多信道共用使在同样多的无线用户时，通话的呼损率明显下降；在相同的呼损率时，无线用户数明显增加。然而，呼损率究竟下降了多少?或者说无线用户数究竟增加了多少?更有实际意义的是，在保持一定质量的前提下，采用多信道共用技术，每个无线信道究竟分配多少个用户才算合理?这将是下面要讨论的问题。

4.5.2　多信道共用的特点

　　上面已定性地分析了多信道共用技术在移动通信系统中可以明显地提高无线信道的利用率或改善通信质量。为了加深对多信道共用的理解，再做一些定量的分析，以便正确回答前面所提出的问题。

　　1.　呼叫话务量与忙时话务量

　　话务量是度量通信系统通话业务量或繁忙程度的指标。其性质如同客流量，具有随机性，只能靠统计来获取。所谓呼叫话务量，是指单位时间（一小时）内进行的平均电话交换量。它可用下面关系式表示

$$A = C \cdot t_0 \tag{4-6}$$

式中，C 为每小时的平均呼叫次数（包括呼叫成功和呼叫失败的次数）；t_0 为每次呼叫平均占用信道的时间（包括接续时间和通话时间）。

　　如果 t_0 以小时为单位，则话务量 A 的单位是爱尔兰（Erl）。如果在一个小时之内连续地占用一个信道，则其呼叫话务量为 1 爱尔兰。

　　例如：设在 10 个信道上，平均每小时有 255 次呼叫，平均每次呼叫的时间为 2 分钟，那么这些信道上的总呼叫话务量为

$$A = (255 \times 2) \div 60 = 7.5 \ (\text{Erl})$$

　　实际上，一天 24 小时中，每一个小时的话务量是不可能相同的。我国历来上午 8～9 点最忙，如图 4.23 所示，而发达国家一般晚上 7 点左右最忙。但是，随着改革开放，我国话务量日分布情况也发生了变化。广东某市的蜂窝网日话务量统计曲线如图 4.24 所示。这一点对于通信系统的建设者、设计者和管理经营者来说是很重要的。因为，只要"忙时"信道够用，那么"非忙时"就不成问题了。因此，我们在这里引入一个很有用的名词：忙时话务量。

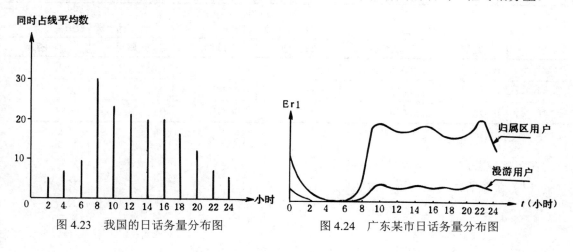

图 4.23　我国的日话务量分布图　　　　　图 4.24　广东某市日话务量分布图

用户忙时话务量，就是指一天中最忙的那个小时（即"忙时"之意）的每个用户的平均话务量，用 A_B 来表示。所以 A_B 也是一个统计平均值。同时，将忙时话务量与全日话务量之比称为集中系数，用 K 表示。因为 K 反映了这个通信系统"忙时"的集中程度，即忙时话务量在全天话务量中所占的份额。通常，K 为 7～15%。这样，我们便可以得到每个用户忙时话务量的如下表达式

$$A_B = \frac{CKT}{3600} \text{（Erl）} \tag{4-7}$$

式中，C 为每小时的平均呼叫次数（包括呼叫成功和呼叫失败的次数）；K 为集中系数；T 为每次呼叫平均占用信道的时间（单位为秒）。

例如，每天平均呼叫三次（C=3 次/天），每次呼叫平均占用 2 分钟（T=120 秒/次），集中系数为 10%（K=0.1），则每个用户忙时话务量为 0.01Erl/用户。

一些移动电话通信网的统计数字表明，对于公用汽车移动电话网，每个用户忙时话务量可按 0.01～0.03Erl 考虑；对于专用移动电话网，不同业务性质的每用户忙时话务量也不一样，一般可按 0.03～0.06Erl 来考虑。当网内接有固定用户时，它的 A_B 高达 0.12Erl。一般而言，车载台的忙时话务量最低，手持机的居中，固定台的最高。

国外及我国广东省的忙时话务量统计值分别如表 4.9 和表 4.10 所示。

表 4.9　国外移动通信话务量统计值（爱尔兰/用户）

汽车电话	日本的统计结果	0.01
	北欧的统计结果	0.01～0.03
	美国 AMPS 的设计值	0.026
	澳大利亚 NAMTS 的设计值	0.029
可移动的无线电话	日本抗灾通话设计值	0.06
	RTR102 农村无线电话	0.05
	1974 年美国典型调查	0.05

表 4.10　广东省移动通信话务量统计值

项目	成功呼叫话务量（Erl）		不成功呼叫占用话务量（Erl）		平均忙时话务量（Erl）	
	归属地	漫游	归属地	漫游	归属地	漫游
广州	0.021	0.038	0.006	0.01	0.027	0.048
深圳	0.018	0.025	0.005	0.0075	0.023	0.033
珠海	0.016	0.044	0.0047	0.0087	0.021	0.053

2. 容量

在多信道公用时，容量有两种表示法：

（1）系统所能容纳的用户数（M）

$$M = \frac{A}{A_B} \tag{4-8}$$

（2）每个信道所能容纳的用户数（m）

$$m = \frac{M}{n} = \frac{A}{nA_B} \tag{4-9}$$

式中，n 为共用信道数；A 为总话务量；A_B 为每个用户忙时话务量。

3. 呼损率

当 M 个用户共用 n 个信道时，由于用户数远大于信道数，即 $M \gg n$。因此，会出现大于 n 个用户同时要求通话而信道数不能满足要求的情况。这时，只能保证 n 个用户通话。而另一部分用户虽然发出呼叫，但因无信道而不能通话，称此为呼叫失败。在一个通信系统中，呼叫失败的概率称为呼叫损失概率，简称呼损率，记为 B。

设 A' 为呼叫成功而接通电话的话务量，简称完成话务量。C_0 为 1 小时内呼叫成功而通话的次数，t_0 为每次呼叫平均占用信道的时间，则完成话务量为

$$A' = C_0 \cdot t_0 \tag{4-10}$$

于是呼损率为

$$B = (A - A')/A = (C - C_0)/C = C_i/C \tag{4-11}$$

式中，$A - A'$ 为损失话务量，所以呼损率的物理意义是损失话务量与呼叫话务量之比的百分数；C_i 为呼叫失败的次数；C 为总呼叫次数。因此，呼损率在数值上等于呼叫失败次数与总呼叫次数之比的百分数。显然，呼损率 B 愈小，成功呼叫的概率越大，用户就越满意。因此，呼损率也称为系统的服务等级（或业务等级），记为 GOS。不言而喻，GOS 是系统的一个重要质量指标。例如，某系统的呼损率为 10%，即说明该通信系统内的用户每呼叫 100 次，其中有 10 次因信道均被占用而打不通电话，其余 90 次则能找到空闲信道而实现通话。但是，对于一个通信网来说，要想使呼损小，要么增加信道数（这要增加投资），要么让呼叫（流入）的话务量小一些，即容纳的用户数少些，这是不希望的。可见呼损率与话务量是矛盾的，即服务等级与信道利用率是矛盾的。

如果呼叫具有下面的性质：

（1）每次呼叫相互独立，互不相关，即呼叫具有随机性。

（2）每次呼叫在时间上都有相同的概率。

（3）每个用户选用无线信道是任意的，且是等概的。

则呼损率可按下式计算

$$B = \frac{A^n/n!}{\sum_{i=0}^{n} A^i/i!} \tag{4-12}$$

这就是电话工程中的第一爱尔兰公式，也称爱尔兰 B 公式。它以解析式的形式反映了系统呼损率（B）、信道数（n）和总话务量（A）三者的关系。通过计算可得出目前话务工程计算中广泛使用的爱尔兰呼损表，如表 4.11 所示。利用这个表，已知 B、n、A 中任意两个就可查出第三个。

表 4.11　爱尔兰呼损表

B n	1% A	2% A	3% A	5% A	7% A	10% A	20% A
1	0.010	0.020	0.031	0.053	0.075	0.111	0.250
2	0.153	0.223	0.282	0.381	0.470	0.595	1.000
3	0.455	0.602	0.715	0.899	1.057	1.271	1.930
4	0.869	1.092	1.259	1.525	1.748	2.045	2.945
5	1.361	1.657	1.875	2.218	2.504	2.881	4.010
6	1.909	2.276	2.543	2.960	3.305	3.758	5.109
7	2.501	2.935	3.250	2.738	4.139	4.666	6.230
8	3.128	3.627	3.987	4.543	4.999	5.597	7.369
9	3.783	4.345	4.748	5.370	5.879	6.546	8.522
10	4.461	5.084	5.529	6.216	6.776	7.511	9.685
11	5.160	5.842	6.328	7.076	7.687	8.437	10.857
12	5.876	6.615	7.141	7.950	8.610	9.474	12.036
13	6.607	7.402	7.967	8.835	9.543	10.470	13.222
14	7.352	8.200	8.803	9.730	10.485	11.473	14.413
15	8.108	9.010	9.650	10.633	11.434	12.484	15.608
16	8.875	9.828	10.505	11.544	12.390	13.500	16.807
17	9.652	10.656	11.368	12.461	13.353	14.522	18.010
18	10.437	11.491	12.238	13.335	14.321	15.548	19.216
19	11.230	12.333	13.115	14.315	15.294	16.579	20.424
20	12.031	13.182	13.997	15.249	16.271	17.613	21.635
21	12.838	14.036	14.884	16.189	17.253	18.651	22.848
22	13.651	14.896	15.778	17.132	18.238	19.692	24.064
23	14.470	15.761	16.675	18.080	19.227	20.737	25.281
24	15.295	16.631	17.577	19.030	20.219	21.784	26.499
25	16.125	17.505	18.483	19.985	21.215	22.838	27.720
26	16.959	18.383	19.392	20.943	22.212	23.885	28.941
27	17.797	19.265	20.305	21.904	23.213	24.939	30.164
28	18.640	20.150	21.221	22.867	24.216	25.995	31.388
29	19.487	21.039	22.140	23.833	25.221	27.053	32.614
30	20.377	21.932	23.062	24.802	26.228	28.113	33.840

注：A——总呼叫话务量；n——信道数；B——呼损率。

关于第一爱尔兰公式及其损失概率表的几点说明：

（1）严格地说，移动通信系统并不完全满足推导此公式的三个前提条件，尤其在小话务量时偏差较大。但是，作为一般的估算，这个公式及其损失概率表还是可用的。因此，它在移动通信工程中一直被广泛地使用。

（2）表中的 A 是损失时的总话务量，它由两部分组成：完成话务量和损失话务量。从该表所给出的数据可以清楚地看出，当呼损率一定的条件下，总话务量 A 随信道数 n 的增加而增加；而在信道数 n 一定的条件下，总话务量 A 随呼损率 B 的增加而增加。但是，当信道数 n、呼损率 B 分别增大到某一数值时，将出现总话务量 A 之值大于信道数 n，例如，当 $B=20\%$，$n=13$ 时，$A=13.222\text{Erl}$，即 $A>n$。一个信道被连续占用一小时，所能完成的最大话务量为 1Erl，怎么会出现系统的总话务量在数值上大于系统所配置的信道数呢?原因有二。

①在有损失时,总话务量 A 所包含的损失话务量将随呼损率 B 的增大而增加，见式（4-11），或者说，呼损率越大，系统所允许的损失话务量就越大；②在多信道共用系统里，信道数 n 越多，信道的利用率就越高，见式（4-13）和图 4.25；空闲的时间越少，意味着完成话务量越大，越接近 1，即每个信道的实际贡献越大。

由于上述原因，当 B、n 分别增大到某一值时，将出现 $A>n$ 的情况。

4. 信道利用率 η

多信道共用时，信道利用率是指每个信道平均完成的话务量，因此

$$\eta = \frac{A'}{n} = \frac{A(1-B)}{n} \tag{4-13}$$

若已知 B、n，则根据式（4-12）或表 4.7 可算出 A 值，然后由式（4-13）求出即可。以呼损率 B 为参变量，可绘出信道利用率与 n 的关系曲线，如图 4.25 所示。

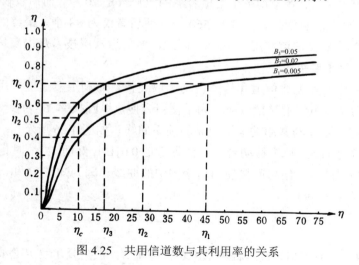

图 4.25　共用信道数与其利用率的关系

从图 4.25 可以看出，采用多信道共用，信道的利用率有明显的提高，参见下例。共用信道数超过 10 个时，信道利用率曲线趋向平缓。

5. 举例

设每个用户的忙时话务量 $A_B=0.01\text{Erl}$，呼损率 $B=10\%$，现有 8 个无线信道，采用两种不同的技术，即多信道共用和单信道共用组成两个系统，试分别计算它们的容量和利用率。

对于多信道共用系统：

已知 $n=8$，$B=10\%$，求 m、M。由表 4.3 得 $A=5.597(\text{Erl})$。

所以　　$m = \dfrac{A}{A_B n} = \dfrac{5.597}{0.01 \times 8} = 70$　（用户/信道）

$$M = m \cdot n = 560 \text{（用户）}$$

由式（4-13）得

$$\eta = \frac{5.597(1-0.1)}{8} = 63\%$$

对于单信道共用系统：

（1）求 m、M

因为是单信道共用，所以 $n=1$。

已知 $B=10\%$ 和 $n=1$，由式（4.9）和表 4.11，得 $A=0.111$（Erl）

$$m = \frac{0.111}{0.01 \times 1} = 11 \text{（用户/信道）}$$

$$M = 11 \times 8 = 88 \text{（用户）}$$

（2）求 η

$$\eta = \frac{0.111 \times (1-0.1) \times 8}{8} = 10\%$$

通过上述计算可知在相同的信道数（8 个）、相同的呼损率（10%）的条件下，多信道共用与单信道共用相比较，前者平均每个信道容纳的用户数是 70 个，而后者仅 11 个，前者是后者的 6.4 倍。整个系统的总用户，前者为 560 个，而后者仅为 88 个。最终的信道利用率，从单信道共用的 10%，到多信道共用的 63%。因此，多信道共用技术是提高信道利用率，也就是频率利用率的一种重要手段。

工程上，通常把增加无线信道和信道自动选取装置，即利用多信道共用技术使信道利用率得以提高，称为无线电信道转换效应。为了使用方便，以呼损率 B 为参变量，画出每个信道所能容纳的移动台数 m 与共用的信道数 n 的关系曲线，如图 4.26 所示。

图 4.26 的先决条件是：每个移动台忙时话务量是 0.01Erl。然而，当忙时话务量不是 0.01Erl 时，虽不可直接利用此线，但可间接使用这个图中的曲线。因为知道 B 和 n 后，可以利用图 4.26 查出 m。根据式（4-9）

$$m = \frac{A}{n A_B}$$

将 m、n 和 A_B（$=0.01\text{Erl}$）代入就可求出总话务量 A。根据爱尔兰 B 公式，总话务量 A 仅取决于 B 和 n，与忙时话务量无关。因此，仅当忙时话务量由 A_B-0.01Erl 变成 A_B' 时，此时的每个信道所能容纳的移动台数，记为 m'，可由下式求得

$$m' = \frac{0.01 m}{A_B'} \tag{4-14}$$

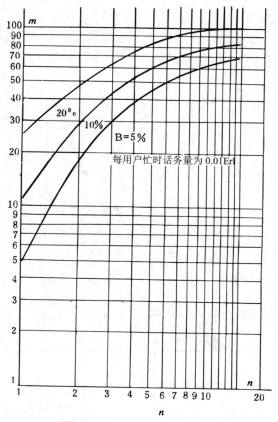

图 4.26　无线电信道转换效应

6. 多信道共用的过载能力

通过上面的讨论可知，多信道共用技术可以充分发挥无线信道的作用，提高无线信道的利用率。然而多信道共用的耐过载能力变差，尤其是在共用信道 n 较大时，情况更为严重。

过载，指的是实际话务量超过设计额定值的现象。虽然，一个通信网的日话务量、忙时话务量经过大量统计后，会得出一条具有普遍性的曲线；然而，实际的话务量将因时（节）因事（件）而异，具有很大的波动性、随机性、突发性，无法预测。因此，移动通信系统的过载现象在所难免，尤其是在供不应求时更易发生。我们总希望所设计的系统既有高的利用率又具有强的耐过载能力。但是，不难想象，信道利用率越高，没有被利用的话务量越小，那么，耐过载的能力就越小。对多信道共用技术而言，共用信道数 n 越大，每个信道的利用率越高。因此，我们可以得出这样一个结论：高利用率大容量（n、M 很大）的多信道共用技术的耐过载的能力下降，即一旦话务量出现瞬时过载，则呼损的增长幅度明显，使系统的服务质量严重下降。正因为如此，不提倡采用信道数过多的大系统，而建议采用大区分裂成小区的方案。

为了进一步说明这个特性，令 ΔA 为话务量过载的百分数，则

$$\Delta A = \frac{A_2 - A_1}{A_1}\% \tag{4-15}$$

式中，A_1 为设计时的额定话务量；A_2 为过载时的瞬时话务量。

那么，给出第一爱尔兰公式或其呼损表，A_1 取呼损表中的 A，就可以画出以信道数 n 为参变量，过载呼损率与过载百分数之间的曲线，如图 4.27 所示。这个图以 $B=0.002$ 为参考点。

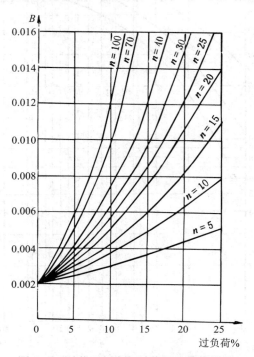

图 4.27　过载呼损率与过载百分数的关系

由图 4.27 的曲线可知，若共用信道数 $n=5$，当过载为 25% 时，其呼损率由原来的 0.002 增加到 0.005，仍为同一数量级。然而，对于共用信道数为 100 的系统，只要话务量过载 10%，呼损率便由 0.002 猛增到 0.013。可见，共用信道数越多，耐过载能力越差，即话务量过载时呼损率增加越快，服务质量下降越严重。

4.6　信道选择方式

在采用多信道共用技术时，要解决如何确定所需的信道数 n 和按什么原则和模式来指配这 n 个信道的频率值的问题。不言而喻，选用的当然是空闲信道，且必须是自动的、高速的。显然，这是多信道共用技术中十分关键的一个问题。实现的方法五花八门：有的有中心，有的无中心，有的主要依赖控制器（或中心），有的却把相当一部分处理能力分给了手持机，有的集中控制，有的分散控制……但它们都有一个共同点：自动选择并占用空闲信道进行通话。因此，有些地方就把自动选用空闲信道的技术称为信道控制技术或信道选用技术。目前，在移动通信领域里，常用的信道控制方式有六种。

4.6.1　专用呼叫信道方式

这种方式是将系统中的一个或几个信道专门用来处理呼叫及为移动台指定通话用的信道，而它（或它们）本身则不再作通话用。因此，专用呼叫信道方式也叫专用建立信道方式或选呼信道方式。在这种方式下，移动台只要一开机，都守候在这个控制信道上。若某移动台发起一次呼叫（主呼），那么，这个呼叫便通过控制信道发出去，传输到位于基站的控制中心进行处理。之后，控制中心将发出含有指定主叫和被叫占用空闲信道的指令，也是通过控制信道传给有关的双方，双方根据接收到的指令转入指定的空闲信道上进行通话。显然，采用这种方式的优点是由于设有处理呼叫的专用信道，所以处理呼叫的速度快，致使入网时间短。但是，当系统的信道不多时，控制信道就不能被充分利用。因此专用呼叫信道方式适合于大容量移动通信系统，例如蜂窝系统，不管是 GSM 制，还是 CDMA 制都采用这种方式。还有一点需要说明，那就是大容量的移动通信系统中，专用呼叫信道一个不够的话，可以使用多个。

下面以小区制蜂窝系统为例，介绍有多个专用呼叫信道时的工作情况。

当移动台通电以后，它就自行对所有专用呼叫信道进行扫描，找出其中场强最强的那个专用呼叫信道，并使移动台的接收部分与这个专用呼叫信道的数据传输同步。同步之后，移动台向基站发出自己当前的信息，以供位置登记。然后，就自动关掉自己的发射机部分，而接收机部分依然对准所选取的这个专用呼叫信道进一步调谐并不断同步，以便随时准备接收来自基站控制中心发出的信令。至此，移动台就处于我们常说的守候状态。

移动台处于守候状态后，将发生的事件可能有两种情况：①要求回答"选呼"，即被呼，则移动台就发出自己的识别号码作为响应；②发出"选呼"，即主呼，则移动台就发出自己的识别号码和所要的呼叫号码，直到移动台接收到基站发来的用于通话的信道指配信令后，才离开专门控制信道，转移到所指配的信道上，开始进行正常的语音通信。当移动台从一小区到另一小区时，原控制信道信号必然衰减，移动台会自动扫描到信号强度大的另一专用信道——新小区的专用呼叫信道，并在此信道上守候或发起主呼。

当小区采用全向天线时，基地站通常配备一个专用呼叫信道即可。三扇形小区是用 3 副120°天线覆盖 3 个六边形小区，因此，需配备 3 个专用信道。

因为移动台发起呼叫是随机的，所以有可能两个移动台同时占用一个呼叫信道，这种情况称为"碰撞"。为了避免碰撞的发生，或者说在一旦发生碰撞时不致扰乱系统，可以采用下列解决办法：①在基地站发空闲比特时，移动台才发出选呼信号，只要基地站接受了某个移动台的合法占用，就把空闲比特改为"忙"，其他移动台遇到"忙"比特，就不占用这个信道；②移动台送出它的占用信息（"预告"），表明它将要和那一个基地站通信，在移动台送出它的"预告"后，它在时间上开一个"窗"，就从"窗"上看出是"忙"了，如果未出现"窗"就意味着这次占用的失败；③如果移动台占用未成功，它可随机地等一段时间，再一次发起呼叫。

4.6.2　循环定位方式

在此方式中，不设专用呼叫信道，所以呼叫与通话是在同一信道上进行的。基站在一个信道上发出空闲信号。所有未通话的移动台都自动对所有信道扫描搜索，一旦在哪个信道上收到空闲信号，就停在该信道上，处于守候状态。一旦该信道被占用，则所有未通话的移动台将自动地切换到新的有空闲信号的信道上去。如果基站全部信道都被占用，基站发不出空闲信号，所有未通话的移动台就不停地扫描各个信道，直到收到基站发来的空闲信号为止。

由于这种方式不设专用呼叫信道，全部信道都可用作通话，因而能充分利用信道。另外，各移动台平时都已停在一个空闲信道上，不论主呼还是被呼都能立即进行，接续快，且基站的发射机不必全常开启。但是，由于全部未通话的移动台都停在同一个空闲信道上，同时起呼的概率较大，容易出现"碰撞"。但用户较少，争用概率较小。因此，这种方式适用于信道数较少的小容量系统。如美国 Uniden 公司生产的集群通信系统就是采用此方式。

4.6.3　循环不定位方式

该方式是基站在所有空闲信道上都发空闲信号，不通话的移动台平时始终处于扫描搜索状态。移动台主呼时先摘机，这时如所处信道是空闲的，则扫描停止，便可占用该信道。如果所处信道已被占用，没有空闲标志，它将继续扫描搜索空闲信道，直至收到空闲信号才停止扫描。当基站主呼移动台时，由于各移动台所扫到的信道是随机的，故基站不知道被呼移动台处在哪一个空闲信道上。因此，要呼出这个移动台，基站必须在某个空闲信道上先发一个预备信号，未通话的移动台扫描到有预备信号的信道时，就自动停在该信道上，一直等到所有未通话的移动台都停在该信道上时，基站才能发出选择呼叫信号。这个预备信号的时间长度必须大于 $t = n\tau$，其中 n 为共用信道数，τ 为移动台扫描一个信道所需的时间。显然，这种方式的接续时间长，不适用于信道数多的系统。其优点是，由于各移动台的扫描和占用信道是互不相关的，它们可视为均匀地分布在各个信道上，故移动台的争用概率低。但基站的所有发射机是常开启的，因此将造成功率浪费，甚至增大相互干扰。

4.6.4　循环分散定位方式

这种方式介于以上两种循环方式之间。基站与循环不定位方式一样，即在所有空闲信道上都发空闲信号。未通话的移动台与循环定位方式一样，即自动扫描停在有空闲信号的信道上。由于未通话的移动台的扫描是随机的，所以是分散停止在各空闲信道上的，故移动台的争用概率低，而且接续快。但是，当基站主呼移动台时，必须在所有空闲信道上同时发出选择呼叫信号才能叫出被呼移动台，而且基站收到被呼移动台的应答信号后，才能确定哪个空闲信道已被占用，故接续控制比较复杂。

目前，这种方式已有所改进，即基站根据话务量，在少数几个信道上发空闲信号，而将各移动台限制在空闲的信道上。当其中一个空闲信道被占用后，基站就开启另一个空闲信道，发出空闲信号，直至全部信道均被占用系统才示忙。这样一来，比较切合实际。因为日话务量的忙时与闲时差别很大，减少了浪费和干扰。经此改进，基站发射机就不必全常开启了。

4.6.5　搜索载波方式

这种信道控制方式，不设专用呼叫信道，基站平时不发空闲信道信号。其工作过程如下：

当基站呼叫时，任选一空闲信道发出选呼信号，各移动台扫描到达该信道后，只有被叫移动台才响应，并接续通话；当移动台呼叫时，一旦扫描到无载波即认为是空闲信道而加以占用，其效果类似循环不定位方式。

搜索载波的另一种情况是：各移动台扫描搜索载波，随机、分散地停在各个无载波信道上。当基站呼叫时，在所有空闲信道上同时发出选呼信号，被叫移动台即在所停驻的信道上应答、通话。当移动台呼叫时，则通过各自所停驻的不同信道发出，其效果类似分散定位方式。

在搜索载波方式中，基站的发射机不是全开启的，仅在基站呼叫时才开启，因此可降低功耗和减少干扰，而所有接收机则是常开启的。

4.6.6 无中心专用呼叫信道方式

无中心移动电话系统中，不设控制中心，但常将其一号信道作为专用呼叫信道。不通话时，移动台总是守候在这个信道上接受呼叫或发起主呼。主呼时，由主呼移动台选择空闲信道并通知对方。被呼响应时，也会自动进入主呼选择的空闲信道。在呼叫接续过程中，无须控制中心参与。显然，这种信道选择方式有别于上述受控制于控制中心的专用呼叫信道方式。

由上可见，移动通信系统的信道控制方式将随系统容量大小、体制、类型不同而有所区别。随着移动通信系统的迅速发展，可以肯定，在上述六种信道控制方式的基础上，将会衍生出一些新方式。

4.7 天线共用器

天线共用器是使多部发射机（或多部接收机）共用一副发射天线（或接收天线）的装置，是基站的必需设备。天线共用器有两种，即发射天线共用器和接收天线共用器。二者原理完全不同，所以又分别称为发射功率合并器和接收信号分配器。

4.7.1 发射天线共用器

发射天线共用器的要求是：①将两部以上的发射机的输出功率传输到一副共同的天线去；②为发射机之间提供良好的隔离；③能滤去不必要的互调产物或可能的干扰。

能完成上述要求的最简单办法就是在各发射机的输出端加上一个带通滤波器，然后接到天线。只要各发射机之间相隔的频率足够远就可以满足要求。由于移动通信使用的频率较高，实际用的均为空腔滤波器，如图 4.28 所示。由于一节空腔滤波能力不够，所以用数节串接而成。空腔滤波器的外形如图 4.29 所示。图中为 CEL WAVE 公司用于 806～960 的 PD 500-8 空腔，它是直径约为 15 厘米，长为 $\lambda/4$ 的铜质空腔。它的频率特性就是一谐振曲线，其尖锐程度和耦合环有关。从图 4.29（b）曲线可以看出，其衰减特性在偏离谐振点±1MHz 时也只有 5～15dB，因此只用一个空腔是不够的，一般需要三个空腔串接构成三腔带通滤波器。有时为了提高发射机之间的隔离度，还要再加上一个带阻滤波器，以阻止干扰最大的频率进入。

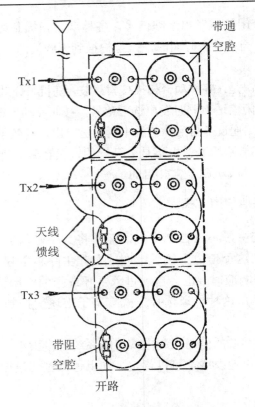

图 4.28　三信道发射机天线共用器

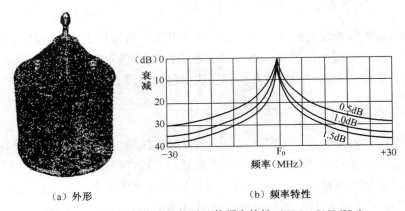

（a）外形　　　　　　　　　（b）频率特性

图 4.29　空腔带通滤波器外形及其频率特性（406～512MHz）

　　这种纯由空腔滤波器构成的发射天线共用器的优点是插入损耗低，相对价廉，但其缺点是体积大，同时要合并的信道间隔必须很大（一般合并的信道最小间隔是 150MHz 频段，间隔 1MHz；450MHz 频段，间隔 2MHz；800MHz 频段，间隔 4MHz）。所以除信道数少、间隔又很大的以外，这种形式已很少使用。

　　实际使用的是空腔加铁氧体隔离器的天线共用器，简称空腔铁氧体式。它在每一发射机输出上除一空腔带通滤波器以外还串一个铁氧体隔离器。隔离器是一种微波铁氧体器件，它是一种三端口的铁氧体器件，称为环行器。其详细原理这里不作介绍，请参阅相关书籍。它的结构如图 4.30 所示。它通过偏置磁场的作用使得端口 1 的输入只能到达端口 2，而不能到达端口 3，第 3 个端口就称为隔离口。它是对称的，但环行方向则是不变的，所以如果从端口 2 输入，功率只能到达 3，而不能到达 1。因此，如果把其中之一，例如把端口 2 接上负载后，则由端口 3 输入的功率只能到达端口 1 输出去，但由 1 进来的功率则只能到达端口 2 被负载吸收掉，却不能到达 3。因此端口 3 和 1 是正方向输出，而反向是隔离的，故称为隔离器。隔离器是环行器的一种特殊用法，可以提供输入与输出的反向隔离。一般正向输出损耗（插入损耗）为 0.8dB 左右，反向隔离则高达 20dB。所以把它和空腔滤波器串接之后就可作为发射天线共用器使用，如图 4.31 所示，加一个隔离器可以得到 20dB 的隔离。如果不够，可以再接一个隔离器，而得到 40dB 的隔离，当然这时插入损耗也大了一倍。这样做之后，可以使合并信道的间隔缩小，实际最小的信道间隔如下。

工作频段：70MHz　　　　　最小合并信道间隔：100kHz

　　　　　150MHz　　　　　　　　　　　　　75kHz

　　　　　450MHz　　　　　　　　　　　　150kHz

　　　　　800MHz　　　　　　　　　　　　250kHz

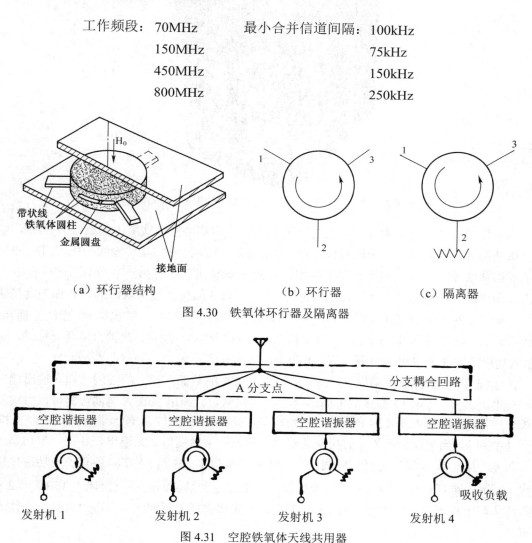

（a）环行器结构　　　　　　（b）环行器　　　　　　（c）隔离器

图 4.30　铁氧体环行器及隔离器

图 4.31　空腔铁氧体天线共用器

　　这种发射天线共用器的优点是隔离损耗高，插入损耗低，合并信道间隔可以相当近。其缺点是不能将相邻的信道合并。TLD460-4 天线共用器外形如图 4.32 所示，它是一个 4 信道的空腔铁氧体发射天线共用器。插入损耗 1.8dB，隔离度 35dB（一节隔离器）；或插入损耗 2.25dB，隔离度 60dB（二节隔离器）。

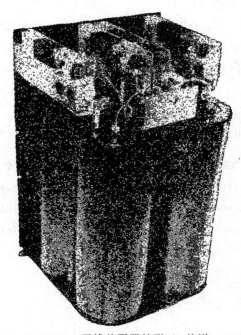

图 4.32　　TLD460-4 天线共用器外形（4 信道，450MHz）

　　为了使相邻的信道也能合并，现在均采用 3dB 方向耦合器加铁氧体隔离器的办法实现。

　　微波的方向耦合器是一个四端口网络，它由两条互相耦合的 $\lambda/4$ 传输线构成，如图 4.33（a）所示。当从 2 端输入时，只有一半的功率传输到 4 端输出，还有另一半功率通过耦合由 1 端输出，而 3 端则无输出（当各端口都匹配好时）。所以 3 端称为隔离端，端口 4 称为直接输出端口，端口 1 称为耦合输出端口，1 和 4 输出的信号相位相差 90°，故也称 90°相位差耦合器。又由于只有一半功率输出到 4 和 1，故又称 3dB 定向耦合器。注意，此耦合器是对称的，如从 3 输入功率，则 2 无输出，是隔离端，1 和 4 各输出一半功率。

　　传输线可作成波导型，图 4.33（b）所示为其可能的截面，耦合的强弱与耦合输出端口的功率有很大关系。要作成 3dB 的方向耦合器必需强耦合。利用 3dB 方向耦合器可以做成发射天线共用器，其原理如图 4.34 所示。当发射机 T_{X1} 接于端口 2 时，各有一半功率到端口 4 和 1，但无功率到 3。当把发射机 T_{X2} 的功率从端口 3 输入时，则端口 2 无输出，各有一半功率传输到 1 和 4。因此 2、3 端口是互相隔离的。天线接于端口 1，故 T_{X1} 及 T_{X2} 各有一半功率传输到天线，而另一半则传输到端口 4 被负载吸收掉。因此这种耦合器的插入损耗为 3dB。而 2 和 3 的隔离实际上也不是无穷大而只有 25dB 左右。此隔离损耗如不够大，也可以再接一个铁氧体隔离。

　　这种发射天线共用器的优点就是合并的信道间隔可以很小（即使同频也可以），可用于相邻信道功率的合并。缺点是插入损耗大，每合并一次损耗 3dB，这是理论上的，实际上约为3.25dB 左右，因此代价较大。如果 8 个发射机的输出要合并，必须用三级方向耦合器按图 4.35 联接，这时经过三级的插入损耗将达 10dB（略大于 3×3.25dB）。因此它只适合信道数少而信道间隔又极近的情况使用。如果再加上铁氧体隔离器的插入损耗，将达 11dB（如果是 4 部发射机合并则为 7.5dB），其隔离度可达 50dB。

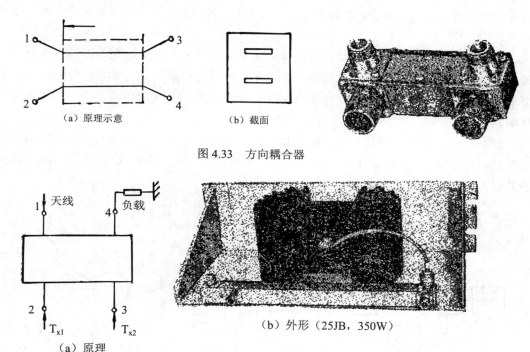

图 4.33　方向耦合器

图 4.34　3dB 方向耦合器的天线共用器

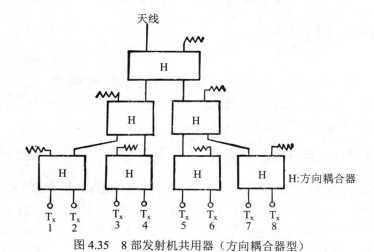

图 4.35　8 部发射机共用器（方向耦合器型）

4.7.2　接收天线共用器

接收天线共用器由预选器、放大器及功率分配器组成。

预选器置于前端，它是一个带通滤波器，用以滤除不需要的信号，以防止它进入放大器。

放大器用以放大输入的信号，它有噪声系数低、三阶互调小的特性。这里放大器并不要求增益越高越好，因为增益过高，其非线性会增加，而使互调产物增加，所以它只要能补偿信号的损失即可。一般来说，系统增益在 0～4dB 即可。通常还用两路放大器并联工作以增加其可靠性。

功率分配器是一种微波电路，它把输入功率均匀（也可以按要求不均匀）地分配于几个输出端之间，通常是以四个输出端为一个单元。可以用它组合成更多路的分配器，例如用 5 个单元组成 16 个输出的分配器，如图 4.36（a）所示。当然也可以组成 32 个或 64 个输出端的分配器。

分配器应具有插入损耗小、输出端相互隔离度大的特性。它的插入损耗与它的输出端数目有关，其值略大于 $10\log N$，N 为输出端数。4 输出端的分配器的插入损耗为 7dB，隔离度为 25dB，4 路分配器如图 4.36（b）所示。

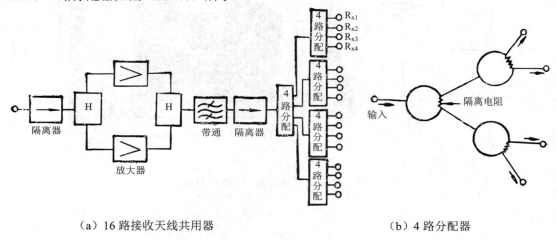

（a）16 路接收天线共用器　　　　　　　　　（b）4 路分配器

图 4.36　接收天线共用器

有些接收天线共用器还装在天线塔上，这是为了更好地减小噪声，得到更好的信噪比。应该指出，装于天线塔的接收天线共用器应有防雷保护（装有大电流的齐诺二极管保护）。当然，所有基地台天线也都应有避雷接地保护装置。

4.7.3　收、发天线共用问题

移动台通常只装有一根天线，因此接收机与发射机都共用这一根天线。对于单工移动台，因收、发不同时工作，故只要有一天线收、发转换开关能将天线在不同的收发时刻接到接收机或发射机即可。这个开关可以是继电器开关，也可以是电子开关，由按键 PTT 控制，按下去时，天线接到发射机去，可以发话；松开按键，自动将天线接到接收机上，可以接收对方信号。

　　对于双工移动台，因收、发是同时工作的，共用同一天线必须避免信号功率的相互进入，这需要在接收机和发射机之前各接入一个滤波器以滤除不要的频率。这两个滤波器合称为双工器，而不叫天线共用器。双工器的要求应是插入损耗低、隔离度高，使发射机的功率（包括旁瓣等杂散功率）不进入接收机。移动台的双工器还有体积小、重量轻的要求。

　　当基站的信道数不多时，也可以收发共用一个天线，这就要在发射天线共用器和接收天线共用器之前先接到相应的滤波器（即双工器），然后再接到天线去，当然这个双工器应能承受基台所有信道的功率和提供必要的隔离。例如图 4.37 所示的 CEL WAVE 公司的 PD-638 型基台双工器的外形，它供 406MHz～470MHz 频段使用，收发频率间隔为 5MHz～12MHz，功率为 100W，插入损耗为 0.8dB，收发隔离为 60dB，尺寸为 4.45cm×15.3cm×20.6cm，重为 2.1kg。

图 4.37　PD-638 型基台双工器（450MHz，100W，1.4dB）

习题

　　1．设系统采用 FDMA 多址方式，信道带宽为 25kHz。在 FDD 方式时，系统同时支持 100 路双向语音传输需要多大系统带宽？

　　2．如果语音编码速率相同，采用 FDMA 方式，FDD 方式和 TDD 方式需要的系统带宽有何差别？

　　3．移动通信网的某个小区共有 100 个用户，平均每用户 C=5 次/天，T=180 秒/次，k=15%。为保证呼损率小于 5%，需共用的信道数是几个？若允许呼损率达 20%，共用信道数可节省几个？

　　4．设某基站有 8 个无线信道，移动用户的忙时话务量为 0.01Erl，要求呼损率 B=0.1。若采用专用信道方式能容纳几个用户？信道利用率为多少？若采用单信道共用和多信道共用方式，那么容纳的用户数和信道利用率分别为多少？试将这三种情况的信道利用率加以比较。

　　5．SDMA 的特点是什么？SDMA 可否与 CDMA、TDMA、FDMA 相结合？为什么？

　　6．为什么说最佳的小区形状是正六边形？

　　7．设某小区移动通信网每个区群有 4 个小区，每个小区有 5 个信道。试用分区分组配置法分配信道。

8．什么叫中心激励？什么叫顶点激励？采用顶点激励方式有什么好处？两者在信道的配置上有何不同？

9．什么叫信令？信令的功能是什么？可分为哪几种？

10．什么叫数字信令？它的基本格式是怎样的？

11．一次完整的语音通信过程包括哪些主要信令过程？

12．什么叫越区切换？越区切换包括哪些主要问题？软切换和硬切换的差别是什么？

第 5 章　GSM 移动通信系统

📖 **知识点**

- 数字移动通信的内容
- GSM 通信系统的构成及业务功能
- GSM 的信道配置

📣 **难点**

- GSM 各分系统的接口功能
- GSM 信道配置的关系

✍ **要求**

掌握：
- 数字移动通信的基本原理、基本内容

理解：
- GSM 采用的有关技术

了解：
- 各逻辑信道和物理信道的配置关系

5.1　从模拟网到数字网

5.1.1　数字化的原因

模拟蜂窝移动通信系统是指用户的语音信息传输为模拟语音方式，数字蜂窝移动通信系统是指用户的语音信息传输为数字方式。数字方式将涉及语音的数字化以及数字信号的处理、调制以及传输（数字移动信道）等方面的技术。

通信的数字化是当代通信技术发展的总趋势。因此，移动通信也不例外，即由第一代的模拟蜂窝移动通信向第二代的数字蜂窝移动通信过渡。这是因为模拟蜂窝移动通信系统存在先天性不足，例如，频谱利用效率不高，提供的服务受限（不能提供高速数据业务），保密性差等。而数字移动通信系统则有如下显著优点：

（1）提高频谱资源的利用率，增大系统通信容量，提供多种通信服务，语音和非话业务。

（2）用户信息保密。

（3）数字信号的传输性能优良，提供高质量的通信服务。

（4）便于网络管理与控制，以及与公众固定通信网（PSTN、PDN、ISDN）兼容。

（5）可采用数字信号处理技术、VLSI 技术，有利于减少功耗、小型化、降低造价。

5.1.2　数字化的内容与效果

1. 数字通信技术

（1）数字语音编码。在数字移动通信中，语音的数字化，亦即数字语音是其重要标志。而数字语音编码是其重要技术之一。对数字语音编码的要求是：在给定数字语音编码速率下，得到尽可能高的语音质量；在强噪音干扰环境下数字语音编译码能正常工作；数字语音编码的处理时延应尽量小，在几十毫秒以内；数字语音编码器的硬件结构应便于大规模集成，软件算法应具有抗干扰能力。数字语音编码器的语音质量是保证系统通信质量的重要特性。

（2）数字射频调制/解调。数字射频调制/解调是数字移动通信的关键技术。它具有如下特点：窄的信号功率谱和低的带外辐射，以利于多信道移动通信环境中的通信；在给定载干比（C/I）条件下具有优良的误码性能。

（3）多址接入。多址接入的方式是影响数字移动通信网络结构极其关键的因素。它将对数字移动通信的系统容量作出巨大贡献。

（4）信道编码与数字信号处理。信道编码技术，包括前向纠错、交织编码等，它可使移动通信系统工作在低载干比和高噪声环境。利用数字信号处理技术可以很方便地实现信道自适应均衡、分集和跳频等功能。信道编码与数字信号处理技术将保证移动通信系统在多径和衰落信道条件下正常工作。因此，它们是移动环境下进行通信必不可少的技术。

（5）数字控制和数字数据信道。数字控制和数字数据信道是移动通信系统的灵活性和新业务引入的关键所在。数字数据信道可为移动用户提供高速的数据传输服务。数字控制信道将为网络管理提供高速率的信令传输服务，并为引入综合业务数字等新的业务服务。便于与地面固定通信网兼容。

（6）保密与认证。由于采用数字通信方式，数字加密技术得以应用，保证用户信息的保密。移动用户是否有权进入移动通信网，可以通过对用户身份码进行识别和认证。语音编码和数字控制信道可提供有效的保密和认证。信息保密由数字保密算法来保证，数字信道提供正常的密钥分配。通过数字控制信道和系统的其他资源，可提供对移动用户的正确认证，以保证移动用户正确入网和过网漫游。认证也是蜂窝移动通信中的重要技术。

上述移动通信中引入的数字通信技术可归纳为三大类：

- 信道技术，包括语音编码、信道编码、数字调制。
- 数字传输技术，包括分集、交织、均衡、扩频。
- 网络技术，包括多址接入、功率控制、越区与漫游、信令与网管、网络互联。

2. 数字化带来的效果

蜂窝移动通信中采用数字通信技术之后，为提高系统容量、改善通信质量、开拓业务等方面都带来了好处。数字语音编码速率做到低于 16kb/s，可增加系统的有效性，当采用半码率时，具有增加系统容量的潜在能力。采用差错控制技术，可改善通信质量，降低对载干比的要求。窄带数字调制解调技术，可提高频带效率，一般优于 1b/(s·Hz)数字调制和信道编码，使系统对载干比的要求下降很多。多址接入技术，特别是时分多址和码分多址技术的应用，将使系统容量大为增加，使网络管理和信道配置更为灵活。并且，有利于越区信道切换和漫游信道切换时操作，使信道切换更加可靠。

采用数字通信技术，可提高系统在移动环境下的通信可靠性和通信质量。信道自适应均衡、分集和扩频等技术的应用，可使系统具有抗多径衰落和多径扩展的能力。

如上所述，数字化带来的效果是非常明显的。数字蜂窝移动通信沿袭了模拟蜂窝移动通信的蜂窝基本概念，继承了蜂窝系统的基本结构和网络管理与控制的基本功能。但是，数字蜂窝移动通信需要解决数字化带来的一些问题，换句话说，是要付出一定的代价。主要是：

- 色散信道对数字通信的影响。依据电波传播特性与数字语音通信质量的关系采取抗衰落、抗多径扩展的技术措施。
- 数字通信系统的定时同步。特别是工作在无线移动通信环境的色散信道中，必须建立系统的定时同步。
- 对语音的数字编码、信道纠错编码、深度交织编码等数字信号的处理过程，均带来明显的延迟（50～100ms）。由于数字移动通信的总延迟远大于地面数字通信网，当数字移动通信系统接入 PSTN/ISDN 网时，必须要用回波控制。

5.1.3　移动信道的数字信号传输

模拟通信系统中，信噪比是表征通信质量的重要参数。而信道特性对传输信号幅度的影响将明显反映到语音通信的质量。在移动信道的传播条件下，信道的多径衰落特性将对模拟信号的传输起主要影响。因此，抗幅度衰落性能是模拟移动通信系统所关注的重要技术指标。

数字通信系统中，误码率是表征通信质量的重要参数。在移动信道的传播条件下，色散信道特性对数字信号传输的影响不仅表现为幅度衰落，更重要地表现为时域上的多径延迟扩展和频域上的多径频谱扩展。

地面移动通信环境与地形、地物以及移动体的自身运动状态和其周围的动态环境有关。为了取得移动通信环境的电波传播特性，需要进行大量的实际测试，从中获得信道特性的数据，并归纳出具有规律性的传播特性模型。并依据传播特性模型来建立移动通信的色散信道模型。利用信道模型来寻求最佳的系统设计和部件设计。例如，系统的抗多径扩展的能力，编码器、均衡器、调制器等的性能。利用传播特性模型可进行系统的工程设计，如基站站址的选择，基站有效服务区的确定等。

为了能在色散信道中可靠地进行数字信号的传输，需要采用以下技术措施：

- 分集技术。
- 差错控制技术。
- 交织技术。利用交织编码将突发性的差错变成随机性差错，可以改善信道衰落对数字信号传输的影响。
- 扩展频谱技术。利用直接序列扩展频谱技术可以抗御多径传播造成的延迟扩展影响，并可利用对多径信号的分离与合并技术化有害的多径干扰为有用的信号成分。利用跳频扩展频谱技术，可起到频率分集的作用。

- 信道均衡技术。对于移动信道的时变色散传播特性，采用信道均衡技术，可减少码间干扰，从而改善数字信号的传输质量。

5.2　GSM 系统结构与业务功能

5.2.1　GSM 系统结构

1. GSM 系统的基本特点

GSM 数字蜂窝移动通信系统（简称 GSM 系统）是完全依据欧洲通信标准化委员会（ETSI）制定的 GSM 技术规范研制而成的，任何一家厂商提供的 GSM 系统都必须符合 GSM 技术规范。

GSM 系统作为一种开放式结构和面向未来设计的系统具有下列主要特点：

（1）GSM 系统是由几个子系统组成的，并且可与各种公用通信网（PSTN、ISDN、PDN 等）互连互通。各子系统之间或各子系统与各种公用通信网之间都明确和详细定义了标准化接口规范，保证任何厂商提供的 GSM 系统或子系统都能互连。

（2）GSM 系统能提供穿过国际边界的自动漫游功能，对于全部 GSM 移动用户都可进入 GSM 系统而与国别无关。

（3）GSM 系统除了可以开放语音业务，还可以开放各种承载业务、补充业务和与 ISDN 相关的业务。

（4）GSM 系统具有加密和鉴权功能，能确保用户保密和网络安全。

（5）GSM 系统具有灵活和方便的组网结构，频率重复利用率高，移动业务交换机的话务承载能力都很强，保证在语音和数据通信两个方面都能满足用户对大容量、高密度业务的要求。

（6）GSM 系统抗干扰能力强，覆盖区域内的通信质量高。

（7）用户终端设备（手持机和车载机）随着大规模集成电路技术的进一步发展能向更小型、轻巧和增强功能趋势发展。

2. GSM 系统的结构与功能

GSM 系统的典型结构如图 5.1 所示。由图可见，GSM 系统是由若干个子系统或功能实体组成的。其中基站子系统（BSS）是 GSM 系统中与无线蜂窝方面关系最直接的基本组成部分，它通过空中接口直接与移动台相连，在移动台（MS）和网络子系统（NSS）之间提供和管理传输通路，负责无线信号的收发与无线资源管理；同时，它与 NSS 相连，实现移动用户间或移动用户与固定网络用户间的通信连接；当然也要和操作维护子系统（OSS）之间互通。NSS 是整个网络的核心，它对 GSM 移动用户之间及移动用户与其他通信网用户之间的通信起着交换、连接与管理的功能；负责完成呼叫处理、通信管理、移动管理、部分无线资源管理、安全管理、用户数据和设备管理、计费记录处理、公共信道和信令处理以及本地运行维护等。NSS 不直接与 MS 互通，BSS 也不直接与公用通信网互通。MS、BSS 和 NSS 组成 GSM 系统的实体部分。OSS 则提供给运营部门一种手段来控制和维护这些实际运行部分。

（1）移动台（MS）。移动台是公用 GSM 移动通信网中用户使用的设备。移动台的类型不仅包括手持台，还包括车载台和便携式台。

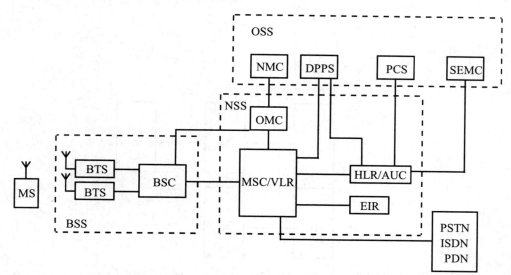

OSS：操作维护子系统　　　BSS：基站子系统　　　NSS：网络子系统
NMC：网络管理中心　　　　DPPS：数据处理系统　　SEMC：安全性管理中心
PCS：用户识别卡个人化中心　OMC：操作维护中心　　　MSC：移动业务交换中心
VLR：来访用户位置寄存器　　HLR：归属用户位置寄存器　AUC：鉴权中心
EIR：移动设备识别寄存器　　BSC：基站控制器　　　　BTS：基站收发信台
PDN：公用数据网　　　　　PSTN：公用电话网　　　ISDN：综合业务数字网
MS：移动台

图 5.1　GSM 系统结构

除了通过无线接口接入 GSM 系统外，移动台还必须提供与使用者之间的接口，例如完成通话呼叫所需要的话筒、扬声器、显示屏和按键，或者提供与其他一些终端设备之间的接口，例如与个人计算机或传真机之间的接口，或同时提供这两种接口。因此，根据应用与服务情况，移动台可以是单独的移动终端（MT）、手持机、车载机，或者是由移动终端（MT）直接与终端设备（TE）传真机相连接而构成，或者是由移动终端（MT）通过相关终端适配器（TA）与终端设备（TE）相连接而构成，如图 5.2 所示，这些都归类为移动台的重要组成部分之一——移动设备。

移动台另外一个重要的组成部分是用户识别模块（SIM），它基本上是一张符合 ISO 标准的"智慧"卡，它包含所有与用户有关的和某些无线接口的信息，其中也包括鉴权和加密信息。使用 GSM 标准的移动台都需要插入 SIM 卡，只有当处理异常的紧急呼叫时，可以在不用 SIM 卡的情况下操作移动台。GSM 系统是通过 SIM 卡来识别移动电话用户的，这为将来发展个人通信打下了基础。

（2）基站子系统（BSS）。基站子系统是 GSM 系统中与无线蜂窝方面关系最直接的基本组成部分。它通过无线接口直接与移动台相接，负责无线发送、接收和无线资源管理。另一方面，基站子系统与网络子系统（NSS）中的移动业务交换中心（MSC）相连，实现移动用户之间或移动用户与固定网络用户之间的通信连接，传输系统信号和用户信息等。

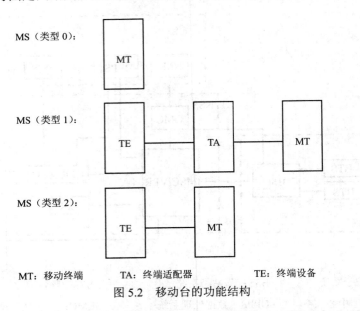

MT：移动终端　　　　TA：终端适配器　　　　TE：终端设备

图 5.2　移动台的功能结构

基站子系统是由基站收发信台（BTS）和基站控制器（BSC）这两部分的功能实体构成的。实际上，一个基站控制器根据话务量需要可以控制数十个 BTS。BTS 可以直接与 BSC 相连接，也可以通过基站接口设备（BIE）采用远端控制的连接方式与 BSC 相连接。需要说明的是，基站子系统还应包括码变换器（TC）和相应的子复用设备（SM）。码变换器在更多的实际情况下是置于 BSC 和 MSC 之间的，在组网的灵活性和减少传输设备配置数量方面具有许多优点。因此，一种具有本地和远端配置 BTS 的典型 BSS 如图 5.3 所示。

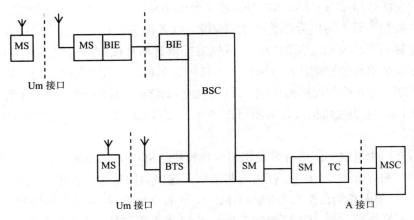

BTS：基站收发信台　　　　BIE：基站接口设备
BSC：基站控制器　　　　　MSC：移动业务交换中心
SM：子复用设备　　　　　TC：码变换器

图 5.3　一种典型的 BSS 组成方式

① 基站收发信台（BTS）属于基站子系统的无线部分，由 BSC 控制，服务于某个小区的无线收发信设备，完成 BSC 与无线信道之间的转换，实现 BTS 与 MS 之间通过空中接口的无线传输及相关的控制功能。BTS 主要分为基带单元、载频单元、控制单元三大部分。基带单元主要用于必要的语音和数据速率适配以及信道编码等。载频单元主要用于调制/解调与发射机/接收机之间的耦合等。控制单元则用于 BTS 的操作与维护。另外，当 BSC 与 BTS 不设在同一处且需采用 Abis 接口时，传输单元是必须增加的，以实现 BSC 与 BTS 之间的远端连接方式。如果 BSC 与 BTS 并置在同一处，只需采用 BS 接口时，传输单元则不需要。

② 基站控制器（BSC）。是 BSS 的控制部分，起着 BSS 变换设备的作用，即各种接口的管理，承担无线资源和无线参数的管理。

BSC 主要由下列部分构成：

- 朝向与 MSC 相接的 A 接口或与 TC 相接的 Ater 接口的数字中继控制部分。
- 朝向与 BTS 相接的 Abis 接口或 BS 接口的 BTS 控制部分。
- 公共处理部分，包括与操作维护中心相接的接口控制。
- 交换部分。

（3）网络子系统（NSS）。NSS 主要包含有 GSM 系统的交换功能和用于用户数据与移动性管理、安全性管理所需的数据库功能，它对 GSM 移动用户之间的通信和 GSM 移动用户与其他通信网用户之间的通信起着管理作用。NSS 由一系列功能实体构成，整个 GSM 系统内部，即 NSS 的各功能实体之间和 NSS 与 BSS 之间都通过符合 CCITT 信令系统 No.7 协议和 GSM 规范的 7 号信令网络互相通信。

①移动业务交换中心（MSC）是网络的核心，它提供交换功能及面向系统其他功能实体：基站子系统 BSS、归属用户位置寄存器 HLR、鉴权中心 AUC、移动设备识别寄存器 EIR、操作维护中心 OMC 和面向固定网（公用电话网 PSTN、综合业务数字网 ISDN、分组交换公用数据网 PSPDN、电路交换公用数据网 CSPDN）的接口功能，把移动用户与移动用户、移动用户与固定网用户互连接起来。

MSC 可从三种数据库，即 HLR、VLR 和 AUC 获取处理用户位置登记和呼叫请求所需的全部数据。反之，MSC 也可根据其最新获取的信息请求更新数据库的部分数据。

MSC 可为移动用户提供一系列业务：

- 电信业务。例如电话、紧急呼叫、传真和短消息服务等。
- 承载业务。例如 3.1kHz 电话，同步数据 0.3kb/s～2.4kb/s 及分组组合和分解（PAD）等。
- 补充业务。例如：呼叫前转、呼叫限制、呼叫等待、会议电话和计费通知等。

当然，作为网络的核心，MSC 还支持位置登记、越区切换和自动漫游等移动特征性能和其他网络功能。

对于容量比较大的移动通信网，一个 NSS 可包括若干个 MSC、VLR 和 HLR，为了建立固定网用户与 GSM 移动用户之间的呼叫，无需知道移动用户所处的位置。此呼叫首先被接入到入口移动业务交换中心，称为 GMSC，入口交换机负责获取位置信息，且把呼叫转接到可向该移动用户提供即时服务的 MSC，称为被访 MSC（VMSC）。因此，GMSC 具有与固定网和其他 NSS 实体互通的接口。目前，GMSC 功能就是在 MSC 中实现的。根据网络的需要，GMSC 功能也可以在固定网交换机中综合实现。

②访问用户位置寄存器（VLR）是服务于其控制区域内的移动用户的，存储着进入其控制区域内已登记的移动用户相关信息，为已登记的移动用户提供建立呼叫接续的必要条件。VLR 从该移动用户的 HLR 处获取并存储必要的数据。一旦移动用户离开该 VLR 的控制区域，则重新在另一个 VLR 登记，原 VLR 将取消临时记录的该移动用户数据。因此，VLR 可看作为一个动态用户数据库。

VLR 功能总是在每个 MSC 中综合实现的。

③归属用户位置寄存器（HLR）是 GSM 系统的中央数据库，存储着该 HLR 控制的所有存在的移动用户的相关数据。一个 HLR 能够控制若干个移动交换区域以及整个移动通信网，所有移动用户重要的静态数据都存储在 HLR 中，这包括移动用户识别号码、访问能力、用户类别和补充业务等数据。HLR 还存储且为 MSC 提供关于移动用户实际漫游所在的 MSC 区域动态信息数据。这样，任何入局呼叫可以即刻按选择路径送到被叫的用户。

④鉴权中心（AUC）存储着鉴权信息和加密密钥，用来防止无权用户接入系统和保证通过无线接口的移动用户通信的安全。AUC 属于 HLR 的一个功能单元部分，专用于 GSM 系统的安全性管理。

⑤移动设备识别寄存器（EIR）存储着移动设备的国际移动设备识别码（IMEI），通过检查白色清单、黑色清单或灰色清单这三种表格，在表格中分别列出准许使用的、出现故障需监视的、失窃不准使用的移动设备的 IMEI 识别码，使得运营部门对于不管是失窃还是由于技术故障或误操作而危及网络正常运行的 MS 设备，都能采取及时的防范措施，以确保网络内所使用的移动设备的唯一性和安全性。

（4）操作维护子系统（OSS）需完成许多任务，包括移动用户管理、移动设备管理以及网络操作和维护。

移动用户管理可包括用户数据管理和呼叫计费。用户数据管理一般由 HLR 来完成这方面的任务，HLR 是 NSS 功能实体之一。用户识别卡 SIM 的管理也可认为是用户数据管理的一部分，但是，作为相对独立的用户识别卡 SIM 的管理，还必须根据运营部门对 SIM 的管理要求和模式，采用专门的 SIM 个人化设备来完成。呼叫计费可以由移动用户所访问的各个 MSC 和 GMSC 分别处理，也可以采用通过 HLR 或独立的计费设备来集中处理计费数据的方式。

移动设备管理是由移动设备识别寄存器（EIR）来完成的，EIR 与 NSS 的功能实体之间通过 SS7 信令网络接口互连。为此，EIR 也归入 NSS 的组成部分之一。

网络操作与维护是完成对 GSM 系统的 BSS 和 NSS 进行操作与维护管理任务的，完成网络操作与维护管理的设施称为操作与维护中心（OMC）。从电信管理网络（TMN）的发展角度考虑，OMC 还应具备与高层次的 TMN 进行通信的接口功能，以保证 GSM 网络能与其他电信网络一起纳入先进、统一的电信管理网络中进行集中操作与维护管理。直接面向 GSM 系统 BSS 和 NSS 各个功能实体的 OMC 归入 NSS 部分。

5.2.2　接口

为了保证网络运营部门能在充满竞争的市场条件下灵活选择不同供应商提供的数字蜂窝移动通信设备，GSM 系统在制定技术规范时，就对其子系统之间及各功能实体之间的接口和协议作了比较具体的定义，使不同供应商提供的 GSM 系统基础设备能够符合统一的 GSM 技术规范而达到互通、组网的目的。为使 GSM 系统实现国际漫游功能和在业务上迈入面向 ISDN 的数据通信业务，必须建立规范和统一的信令网络以传递与移动业务有关的数据和各种信令信息。因此，GSM 系统引入 7 号信令系统和信令网络，也就是说 GSM 系统的公用陆地移动通信网的信令系统是以 7 号信令网络为基础的。

1. 主要接口

GSM 系统的主要接口是指 A 接口、Abis 接口和 Um 接口，如图 5.4 所示。这三种主要接口的定义和标准化能保证不同供应商生产的移动台、基站子系统和网络子系统设备能纳入同一个 GSM 数字移动通信网运行和使用。

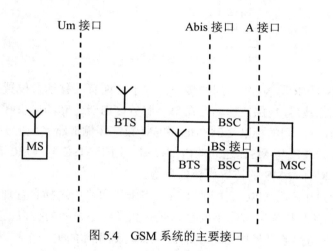

图 5.4　GSM 系统的主要接口

①A 接口定义为 NSS 与 BSS 之间的通信接口，从系统的功能实体来说，就是 MSC 与 BSC 之间的互连接口，其物理链接通过采用标准的 2.048Mb/s PCM 数字传输链路来实现。此接口传递的信息包括移动台管理、基站管理、接续管理等。

②Abis 接口定义为基站子系统的两个功能实体，BSC 和 BTS 之间的通信接口，用于 BTS（不与 BSC 并置）与 BSC 之间的远端互连方式，物理链接通过采用标准的 2.048Mb/s 或 64kb/s PCM 数字传输链路来实现。图 5.4 所示的 BS 接口作为 Abis 接口的一种特例，用于 BTS（与 BSC 并置）与 BSC 之间的直接互连方式，此时 BSC 与 BTS 之间的距离小于 10 米。此接口支持所有向用户提供的服务，并支持对 BTS 无线设备的控制和无线频率的分配。

③Um 接口（空口接口）定义为 MS 与 BTS 之间的通信接口，用于移动台与 GSM 系统的固定部分之间的互通，其物理链接通过无线链路实现。

2. 网络子系统内部接口

网络子系统由移动业务交换中心、访问用户位置寄存器、归属用户位置寄存器等功能实体组成，因此 GSM 技术规范定义了不同的接口以保证各功能实体之间的接口标准化。其示意图如图 5.5 所示。

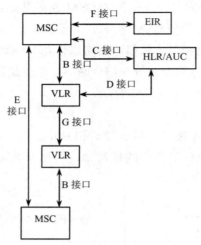

图 5.5 网络子系统内部接口示意图

①D 接口定义为 HLR 与 VLR 之间的接口。用于交换有关移动台位置和用户管理的信息，为移动用户提供的主要服务是保证移动台在整个服务区内能建立和接收呼叫。D 接口的物理链接是通过 MSC 与 HLR 之间的标准 2.048Mb/s PCM 数字传输链路实现的。

②B 接口定义为 VLR 与 MSC 之间的内部接口。用于 MSC 向 VLR 询问有关 MS 当前位置信息或者通知 VLR 有关 MS 的位置更新信息等。

③C 接口定义为 HLR 与 MSC 之间的接口，用于传递路由选择和管理信息。

④E 接口定义为控制相邻区域的不同移动业务交换中心之间的接口。当 MS 在一个呼叫进行过程中，从一个移动业务交换中心控制的区域移动到相邻的另一个移动业务交换中心控制的区域时，为不中断通信需完成越区信道切换过程，此接口用于切换过程中交换有关切换信息以启动和完成切换。E 接口的物理链接方式是通过移动业务交换中心之间的标准 2.048Mb/s PCM 数字传输链路实现的。

⑤F 接口定义为 MSC 与 EIR 之间的接口。用于交换相关的国际移动设备识别码管理信息。F 接口的物理链接方式是通过 MSC 与 EIR 之间的标准 2.048Mb/s PCM 数字传输链路实现的。

⑥G 接口定义为 VLR 之间的接口。当采用临时移动用户识别码（TMSI）时，此接口用于向分配临时移动用户识别码（TMSI）的访问用户位置寄存器询问此移动用户的国际移动用户识别码（IMSI）的信息。

3. GSM 系统与其他公用电信网的接口

其他公用电信网主要是指公用电话网（PSTN）、综合业务数字网（ISDN）、分组交换公用数据网（PSPDN）和电路交换公用数据网（CSPDN）。GSM 系统通过 MSC 与这些公用电信网互连，其接口必须满足 CCITT 的有关接口和信令标准及各个国家邮电运营部门制定的与这些电信网有关的接口和信令标准。

根据我国现有公用电话网的发展现状和综合业务数字网的发展前景来看，GSM 系统与 PSTN 和 ISDN 网的互连方式采用 7 号信令系统接口。其物理链接方式是通过 MSC 与 PSTN 或 ISDN 交换机之间的标准 2.048Mb/s PCM 数字传输实现的。

如果具备 ISDN 交换机，HLR 与 ISDN 网之间可建立直接的信令接口，使 ISDN 交换机可以通过移动用户的 ISDN 号码直接向 HLR 询问移动台的位置信息，以建立至移动台当前所登记的 MSC 之间的呼叫路由。

4. GSM 系统主要参数

GSM 系统主要参数如表 5.1 所示。

表 5.1　GSM 系统主要参数

特性	GSM900	GSM1800(DCS1800)
发射类别 业务信道 控制信道	271kF7W 271kF7W	271kF7W 271kF7W
发射频带（MHz） 基　站 移动台	$935\sim960$ $890\sim915$	$1805\sim1880$ $1710\sim1785$
双工间隔	45MHZ	95MHZ
射频带宽	200kHZ	200kHZ
射频双工信道总数	124	374
基站最大有效发射功率射频载波峰值（W）	300	20
业务信道平均值（W）	37.5	2.5
小区半径（km） 最小 最大	0.5 35	0.5 35
接续方式	TDMA	TDMA
调制	GMSK	GMSK
传输速率（kb/s）	270.833	270.833
全速率语音编译码 比特率（kb/s） 误差保护	13 9.8	13 9.8
编码算法	RPE-LTP	RPE-LTP
信道编码	具有交织脉冲检错和 1/2 编码率卷积码	具有交织脉冲检错和 1/2 编码率卷积码

特性	GSM900	GSM1800(DCS1800)
控制信道结构 公共控制信道 随路控制信道 广播控制信道	有 快速和慢速 有	有 快速和慢速 有
时延均衡能力（μs）	20	20
国际漫游能力	有	有
每载频信道数 全速率 半速率	8 16	8 16

5.2.3　业务功能介绍

主要电信业务

这里介绍几种主要的电信业务，这些业务是 GSM 系统已经或即将提供的业务，其他业务有待进一步研究。

①电信业务是 GSM 系统提供的最重要业务，经过 GSM 网与固定网，为移动用户与移动用户之间或移动用户与固定网电话用户之间提供实时双向会话。

②紧急呼叫业务来源于电话业务，它允许移动用户在紧急情况下通过一种简单的拨号方式，及时将紧急呼叫接至离移动用户当时所处基站最近的紧急服务中心。这种简单的拨号方式可以按动某一个紧急服务中心号码（在欧洲统一使用 112，我国火警中心为 119）。此业务优先于其他业务，在移动台没有插入用户识别卡或移动用户处于锁定状态时，也可以接通紧急服务中心。

③短消息业务分为三类：包括移动台起始和移动台终止的点对点短消息以及小区广播式短消息业务。MS 起始的短消息业务能使 GSM 用户发送短消息给其他点对点移动用户；点对点 MS 终止的短消息业务，则可使用户接收由其他用户发送的短消息。点对点短消息业务是由短消息中心完成存储和前转功能的，MS 至 MS 的消息传输是将上述两种短消息业务通过短消息中心连接完成的。短消息业务中心是与移动系统相分离的独立实体，不仅可服务于移动用户，也可服务于具备接收短消息业务功能的固定网用户。短消息业务是由控制信道传输的，其信息量限制为 160 个字符。

小区广播式短消息业务是在陆地移动通信网某一特定区域内有规则的间隔向移动台重复广播具有通用意义的短消息，例如道路交通信息、天气预报等。移动台连续不断地监视广播消息，并在移动台上向用户显示广播消息。广播短消息也是在控制信道上传输的，移动台只有在空闲状态下才可接收广播消息，其信息量限制为 93 个字符。

④可视图文接入是一种通过网络完成文本、图形信息检索和电子邮件功能的业务。

⑤智能用户电报传输能够提供智能用户电报终端间的文本通信业务。此类终端具有文本信息的编辑、存储处理等能力。

⑥传真。交替的语音和三类传真是指与三类传真交替传输的业务。而自动三类传真是指使用户经 PLMN 网以传真编码信息文件的形式自动交换各种函件的业务。

5.2.4　GSM 的区域、号码、地址与识别

1. 区域定义

GSM 系统属于小区制大容量移动通信网，在它的服务区内，设置很多基站，移动通信网在此服务区内，具有控制、交换功能，以实现位置更新、呼叫接续、越区切换及漫游服务等功能。

在由 GSM 系统组成的移动通信网络结构中，其相应的区域定义如图 5.6 所示。

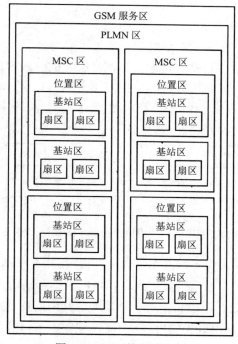

图 5.6　GSM 的区域定义

（1）GSM 服务区。服务区是指移动台可获得服务的区域，即不同通信网（如 PSTN 或 ISDN）用户无需知道移动台的实际位置而可与之通信的区域。

一个服务区可由一个或若干个公用陆地移动通信网组成。从地域而言，可以是一个国家或是一个国家的一部分，也可以是若干个国家。

（2）公用陆地移动通信网（PLMN）。一个公用陆地移动通信网可由一个或若干个移动交换中心组成。在该区内具有共同的编号制度和共同的路由计划。PLMN 与各种固定通信网之间的接口是 MSC，由 MSC 完成呼叫接续。

（3）MSC 区。MSC 区系指一个移动交换中心所控制的区域，通常它连接一个或若干个基站控制器，每个基站控制器控制多个基站收发信机。从地理位置来看，MSC 包含多个位置区。

（4）位置区。位置区一般由若干个小区（或基站区）组成，移动台在位置区内移动无需进行位置更新。通常呼叫移动台时，向一个位置区内的所有基站同时发寻呼信号。

（5）基站区。基站区系指基站收、发信机有效的无线覆盖区，简称小区。

（6）扇区。当基站收发信天线采用定向天线时，基站区分为若干个扇区。如采用120°定向天线时，一个小区分为3个扇区；若采用60°定向天线时，一个小区分为6个扇区。

2. 号码与识别

GSM网络是比较复杂的，它包含无线、有线信道，并与其他网络，如PSTN、ISDN、公用数据网或其他PLMN网互相连接。为了将一次呼叫接续传至某个移动用户，需要调用相应的实体。因此，正确地寻址非常重要，各种号码就是用于识别不同的移动用户、不同的移动设备以及不同的网络。

各种号码的定义及用途如下：

（1）移动用户识别码。在GSM系统中，每个用户均分配一个唯一的国际移动用户识别码（IMSI）。此码在所有位置（包括在漫游区）都是有效的。通常在呼叫建立和位置更新时，都需要使用IMSI。

IMSI的组成如图5.7所示。IMSI的总长不超过15位数字，每位数字仅使用0～9的数字。

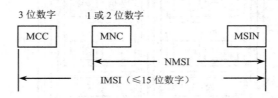

图5.7　国际移动用户识别码（IMSI）的格式

MCC：移动用户所属国家代号，占3位数字，我国的MCC规定为460。

MNC：移动网号码，最多由两位数字组成，用以识别移动用户所归属的移动通信网。

MSIN：移动用户识别码，用以识别某一移动通信网中的移动用户。

由MNC和MSIN两部分组成为国内移动用户识别码（NMSI）。

（2）临时移动用户识别码。考虑到移动用户识别码的安全性，GSM系统能提供安全保密措施，即空中接口无线传输的识别码采用临时移动用户识别码（TMSI）代替IMSI。两者之间可按一定的算法互相转换。访问位置寄存器可给来访的移动用户分配一个TMSI（只限于在该访问服务区使用）。总之，IMSI只在起始入网登记时使用，在后续的呼叫中，使用TMSI，以避免通过无线信道发送其IMSI，从而防止窃听者检测用户的通信内容，或者非法盗用合法用户的IMSI。

TMSI总长不超过4个字节，其格式可由各运营部门决定。

（3）国际移动设备识别码。国际移动设备识别码是区别移动台设备的标志，可用于监控被窃或无效的移动设备。IMEI的格式如图5.8所示。

TAC：型号批准码，由欧洲型号标准中心分配。

FAC：装配厂家号码。

SNR：产品序号，用于区别同一个 TAC 和 FAC 中的每台移动设备。

SP：备用。

图 5.8　国际移动设备识别码（IMEI）的格式

（4）移动台的号码。移动台的号码类似于 PSTN 中的电话号码，即在呼叫接续时所需拨的号码，其编号规则应与各国的编号规则相一致。移动台的号码有下列两种：

①移动台国际 ISDN 号码（MSISDN）。MSISDN 为呼叫 GSM 系统中的某个移动用户所需拨的号码。一个移动台可分配一个或几个 MSISDN 号码，其组成的格式如图 5.9 所示。

CC：国家代号，即移动台注册登记的国家代号，中国为 86。

NDC：国内地区码，每个 PLMN 有一个 NDC。

SN：移动用户号码。

由 NDC 和 SN 两部分组成国内 ISDN 号码，其长度不超过 13 位数。

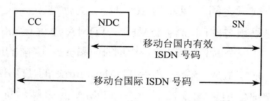

图 5.9　移动台国际 ISDN 的格式

②移动台漫游号码（MSRN）。当移动台漫游到一个新的服务区时，由 VLR 给它分配一个临时性的漫游号码，并通知该移动台的 HLR，用于建立通信路由。一旦该移动台离开该服务区，此漫游号码即被收回，并可分配给其他来访的移动台使用。

漫游号码的组成格式与移动台国际（或国内）ISDN 号码相同。

（5）位置区和基站的识别码。

①位置区识别码（LAI）。在检测位置更新和信道切换时，要使用位置区识别标志（LAI），LAI 的组成格式如图 5.10 所示。

MCC 和 MNC 均与 IMSI 的 MCC 和 MNC 相同。

LAC：位置区码，用于识别 GSM 移动通信网中的一个位置区，最多不超过两个字节，采用十六进制编码，由各运营部门自定。在 LAI 后面加上小区的标志号（CI），还可以组成小区识别码。

②基站识别色码（BSIC）。BSIC 用于移动台识别相同载频的不同基站，特别用于区别在不同国家的边界地区采用相同载频且相邻的基站。BSIC 为一个 6 比特编码，其格式如图 5.11 所示。

NCC：PLMN 色码，用来识别相邻的 PLMN 网。

BCC：BTS 色码，用来识别相同载频的不同基站。

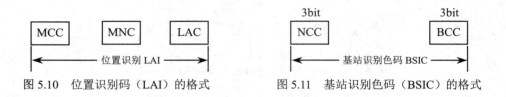

图 5.10　位置识别码（LAI）的格式　　　　图 5.11　基站识别色码（BSIC）的格式

5.3　GSM 信道配置

5.3.1　物理信道与逻辑信道

1．物理信道

由前面的讨论已经知道，GSM 系统采用的是频分多址接入（FDMA）和时分多址接入（TDMA）混合技术，具有较高的频率利用率。FDMA 是说在 GSM900 频段的上行（MS 到 BTS）890MHz～915MHz 或下行（BTS 到 MS）935MHz～960MHz 频率范围内分配了 124 个载波频率，简称载频，各个载频之间的间隔为 200kHz。上行与下行载频是成对的，即是所谓的双工通信方式。双工收发载频对的间隔为 45MHz。TDMA 是说在 GSM900 频段的每个载频上按时间分为 8 个时间段，每一个时间段称为一个时隙（slot），这样的时隙叫做信道或物理信道。一个载频上连续的 8 个时隙组成一个称之为 TDMA Frame 的 TDMA 帧，也就是说，GSM 的一个载频上可提供 8 个物理信道。图 5.12 所示为 TDMA 的原理示意图。

为了更好地理解目前我国正在广泛使用的 GSM900 和 GSM1800 的频率配置情况，下面给出我国 GSM 技术体制对频率配置所做的规定。

（1）工作频段。GSM 网络采用 900/1800MHz 频段，如表 5.2 所示。

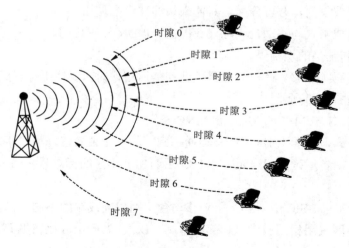

图 5.12　TDMA 的原理示意图

表 5.2　GSM 网络采用 900/1800MHz 频段

		移动台发、基站收	基站发、移动台收
GSM900/1800 频段（MHz）	900	890～915	935～960
	1800	1710～1785	1805～1880
国家无线电管理委员会分配给中国移动的频段（MHz）	900	886～909	931～954
	1800	1710～1720	1805～1815

注：国家无线电管理委员会分配的 900MHz 频段包括原来分配的 TACS 频段和新分配的 ETACS 频段。

　　GSM 网络总的可用频带为 100MHz。中国移动应使用原国家无线电管理委员会分配的频率建设网络，随着业务的不断发展，在频谱资源不能满足用户容量需求时，可通过如下方式扩展频段：

　　1）充分利用 900MHz 的频率资源，尽量挖掘 900MHz 频段的潜力，根据不同地区的具体情况，可视需要向下扩展 900MHz 频段，相应地向 ETACS 频段压缩模拟公用移动电话网的频段。

　　2）当 900MHz 频段无法满足用户容量需求时，可启用 1800MHz 频段。

　　3）考虑远期需要，向频率管理单位申请新的 1800MHz 频段。

　　（2）频道间隔。相邻频道间隔为 200kHz。每个频道采用 TDMA 方式分为 8 个时隙，即为 8 个信道。

　　（3）双工收发间隔。在 900MHz 频段，双工收发间隔为 45MHz。在 1800MHz 频段，双工收发间隔为 95MHz。

　　（4）发射标识。业务信道发射标识为 271kF7W，控制信道发射标识为 271kF7W。

　　GSM 的发射标识具体含义如下：

271k	F	7	W
↑	↑	↑	↑
必要带宽271kHz	主载波调制方式：调频	调制主载波的信号性质：包含量化或数字信息的双信道或多信道	被发送信息的类型：电报传真数据、遥测、遥控、视频和电话的组合

　　（5）频道配置。采用等间隔频道配置方法。

　　①在 900MHz 频段，频道序号为 1～124，共 124 个频道。频道序号与频道标称中心频率的关系为

$$f_l(n)=890.200\text{MHz}+(n-1)\times0.200\text{MHz}\quad \text{移动台发、基站收}$$
$$f_h(n)=f_l(n)+45\text{MHz}\qquad\qquad\qquad \text{基站发、移动台收}$$

其中：$n=1\sim124$。

　　②在 1800MHz 频段，频道序号为 512～885，共 374 个频道。频道序号与频道标称中心频率的关系为

$$f_l(n)=1710.200\text{MHz}+(n-512)\times0.200\text{MHz}\quad \text{移动台发、基站收}$$
$$f_h(n)=f_l(n)+95\text{MHz}\qquad\qquad\qquad \text{基站发、移动台收}$$

其中：$n=512\sim885$。

（6）频率复用方式。一般建议在建网初期使用 4×3 的复用方式，即 *N*=4，采用定向天线，每基站用 3 个 120°方向性天线构成 3 个扇形小区，如图 5.13 所示。业务量较大的地区，根据设备的能力可采用其他的复用方式，如 3×3、2×6、1×3 复用方式等。邻省之间协调时应采用 4×3 复用方式。若采用全向天线，建议采用 *N*=7 的复用方式，为便于频率协调，其 7 组频率可从 4×3 复用方式所分的 12 组中任选 7 组，频道不够用的小区可以从剩余频率组中借用频道，但相邻频率组尽量不在相邻小区使用，如图 5.14 所示。

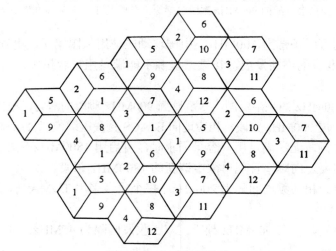

图 5.13　4×3 复用模式

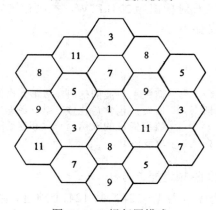

图 5.14　7 组复用模式

在话务密度高的地区，应根据需要适当采用新技术提高频谱利用率。可采用的技术主要有：同心圆小区覆盖技术、智能双层网技术、微蜂窝技术等。

考虑到微蜂窝的频率复用方式与正常的频率复用方式不同，在频率配置时，可根据需要保留一些频率专门用于微蜂窝。

（7）干扰保护比。无论是采用无方向性天线还是方向性天线，无论采用哪种复用方式，在进行频率配置时，其基本原则是在考虑不同的传播条件、不同的复用方式及多个干扰等因素后还必需满足如表 5.3 所示的干扰保护比要求。

表 5.3　干扰保护比

干扰	参考载干比（dB）	干扰	参考载干比（dB）
同道干扰 C/I	9	400kHz 邻道干扰 C/I_2	−41
200kHz 邻道干扰 C/I_1	−9	600kHz 邻道干扰 C/I_3	−49

（8）保护频带。保护频带设置的原则是确保数字蜂窝移动通信系统能满足上面所述的干扰保护比要求。

当一个地方的 GSM900 系统与模拟蜂窝移动电话系统共存时，两系统之间（频道中心频率之间）应有约 400kHz 的保护带宽（我国模拟蜂窝移动通信系统已被淘汰）。

当一个地方的 GSM1800 系统与其他无线电系统的频率相邻时，应考虑系统间的相互干扰情况，留出足够的保护频带。

2. 逻辑信道

如果把 TDMA 帧的每个时隙看作物理信道，那么物理信道所传输的内容就是逻辑信道。逻辑信道是指依据移动网通信的需要，为传输的各种控制信令和语音或数据业务在 TDMA 的 8 个时隙所分配的控制逻辑信道或语音、数据逻辑信道。

GSM 数字系统在物理信道上传输的信息是由大约 100 多个调制比特组成的脉冲串，称为突发脉冲序列（Burst）。以不同的"Burst"信息格式来携带不同的逻辑信道。

逻辑信道分为公共信道和专用信道两大类。公共信道主要是指用于传输基站向移动台广播消息的广播控制信道和用于传输移动业务交换中心与移动台之间建立连接所需的双向信号的公共控制信道；专用信道主要是指用于传输用户语音或数据的业务信道，另外还包括一些用于控制的专用控制信道。

图 5.15 所示为 GSM 所定义的各种逻辑信道。

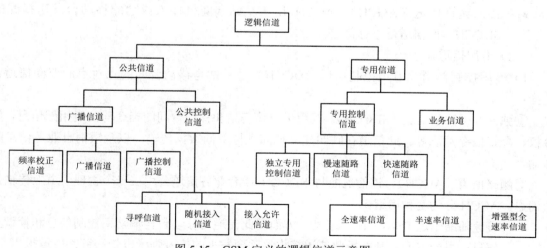

图 5.15　GSM 定义的逻辑信道示意图

（1）公共信道。

1）广播信道。广播信道（BCH）是从基站到移动台的单向信道。包括：

- 频率校正信道（FCCH）。此信道用于给用户传输校正移动台频率的信息。移动台在该信道接收频率校正信息并用来校正移动台用户自己的时基频率。
- 同步信道（SYCH）。此信道用于传输帧同步（TDMA 帧号）信息和 BTS 识别码（BSIC）信息给移动台。
- 广播控制信道（BCCH）。此信道用于向每个 BTS 广播通用的信息。例如在该信道上广播本小区和相邻小区的信息以及同步信息（频率和时间信息）。移动台则周期地监听 BCCH，以获取 BCCH 上的如下信息：
  - ——本地区识别（Local Area Identity）；
  - ——相邻小区列表（List of Neighbouring Cell）；
  - ——本小区使用的频率表；
  - ——小区识别（Cell Identity）；
  - ——功率控制指示（Power Control Indicator）；
  - ——间断传输允许（DTX Permitted）；
  - ——接入控制（Access Control），例如紧急呼叫等；
  - ——CBCH（Cell Broadcast Control Channel）的说明。

CBCH 载波是由基站以固定功率发射，其信号强度被所有移动台测量。

2）公共控制信道。公共控制信道（CCCH）是基站与移动台间的一点对多点的双向信道。包括：

- 寻呼信道（PCH）。此信道用于广播基站寻呼移动台的寻呼消息，是下行信道。
- 随机接入信道（RACH）。移动台随机接入网络时用此信道向基站发送信息。发送的信息包括对基站寻呼消息的应答，移动台始呼时的接入。并且移动台在此信道还向基站申请指配一独立专用控制信道（SDCCH）。此信道是上行信道。
- 接入允许信道（AGCH）。AGCH 用于基站向随机接入成功的移动台发送指配的 SDCCH。此信道是下行信道。

（2）专用信道。

1）专用控制信道。专用控制信道（DCCH）是基站与移动台间的点对点的双向信道。包括：

①独立专用控制信道（SDCCH）。其用于传输基站和移动台间的指令与信道指配信息，如鉴权、登记信令消息等。此信道在呼叫建立期间支持双向数据传输，以及短消息业务信息的传输。

②随路信道（ACCH）。该信道能与 SDCCH 或者业务信道公用在一个物理信道上传输信令消息。ACCH 分为两种信道。

- 慢速随路信道（SACCH）。基站一方面用此信道向移动台传输功率控制信息和帧调整信息；另一方面，基站用此信道接收移动台发来的信号强度报告和链路质量报告。
- 快速随路信道（FACCH）。此信道主要用于传输基站与移动台间的越区切换的信令消息。

2）业务信道

业务信道（TCH）是用于传输用户的语音和数据业务的信道。根据交换方式的不同，业务信道可分为电路交换信道和数据交换信道；依据传输速率的不同，可分为全速率信道和半速率信道。GSM 系统全速率信道的速率为 13kb/s，半速率信道的速率为 6.5kb/s。另外，增强型全速率信道是指其速率与全速率信道的速率一样为 13kb/s，只是其压缩编码方案比全速率信道的压缩编码方案优越，所以它有较好的语音质量。

5.3.2　GSM 的时隙帧结构

前面论述了 GSM 的逻辑信道和物理信道，在此基础上给出 GSM 的帧结构。

GSM 的时隙帧结构有五个层次，即时隙、TDMA 帧、复帧（multiframe）、超帧（superframe）和超高帧。

①时隙是物理信道的基本单元。

②TDMA 帧是由 8 个时隙组成的，是占据载频带宽的基本单元，即每个载频有 8 个时隙。

③复帧有以下两种类型：

- 由 26 个 TDMA 帧组成的复帧。这种复帧用于 TCH、SACCH 和 FACCH。
- 由 51 个 TDMA 帧组成的复帧。这种复帧用于 BCCH 和 CCCH。

④超帧是由 51 个 26 帧的复帧或 26 个 51 帧的复帧构成。

⑤超高帧等于 2048 个超帧。

图 5.16 所示为 GSM 系统分级帧结构的示意图。

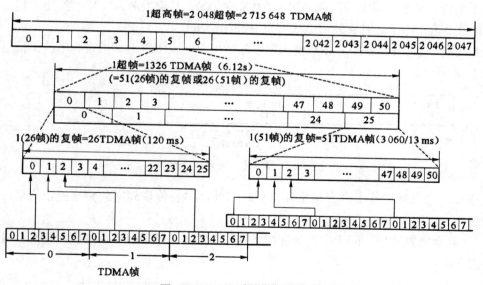

图 5.16　GSM 系统分级帧结构

在 GSM 系统中，超高帧的周期是与加密和跳频有关的。每经过一个超高帧的周期，循环长度为 2715648 个 TDMA 帧，相当于 3 小时 28 分 53 秒 760 毫秒，系统将重新启动密码和跳频算法。

1. 突发脉冲

突发脉冲是以不同的信息格式携带不同的逻辑信道，在一个时隙内传输，由 100 多个调制比特组成的脉冲序列。因此可以将突发脉冲看成是逻辑信道在物理信道传输的载体。根据逻辑信道的不同，突发脉冲也不尽相同。通常突发脉冲有五种类型。

（1）普通突发脉冲。普通突发脉冲用于构成 TCH，以及除 FCCH、SYCH、RACH 和空闲突发脉冲以外的所有控制信息信道，携带它们的业务信息和控制信息。普通突发脉冲的构成如图 5.17 所示。

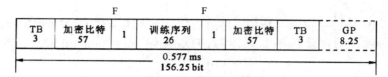

图 5.17　普通突发脉冲序列

由图中可看出：普通突发脉冲是由加密比特（2×57bit）、训练序列（26bit）、尾位 TB（2×3bit）、借用标志 F（Stealing Flag，2×1bit）和保护时间 GP（Guard Period，8.25bit）构成的，总计 156.25bit。因为每个比特的持续时间为 3.6923μs，所以一个普通突发脉冲所占用的时间为 0.577ms。

在普通突发脉冲中，加密比特是 57bit 的加密语音、数据或控制信息；另外有 1bit 的"借用标志"，当业务信道被 FACCH 借用时，以此标志表明借用一半业务信道资源；训练序列是一串已知比特，是供信道均衡用的；尾位 TB 总是 000，是突发脉冲开始与结尾的标志；保护时间 GP 用来防止由于定时误差而造成突发脉冲间的重叠。

（2）频率校正突发脉冲。频率校正突发脉冲用于构成 FCCH，携带频率校正信息，其结构如图 5.18 所示。

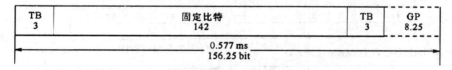

图 5.18　频率校正突发脉冲序列

频率校正突发脉冲除了含有尾位和保护时间外，主要传输固定的频率校正信息，即 142 个全 0bit。

（3）同步突发脉冲。同步突发脉冲用于构成 SYCH，携带有系统的同步信息，其结构如图 5.19 所示。

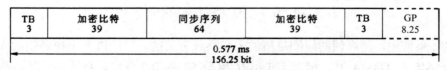

图 5.19　同步突发脉冲序列

同步突发脉冲主要由加密比特（2×39bit）和一个易被检测的长同步序列（64bit）构成。加密比特携带有 TDMA 帧号（TN）以及基站识别码（BSIC）信息。

（4）接入突发脉冲。接入突发脉冲用于构成移动台的 RACH，携带随机接入信息。接入突发脉冲的结构如图 5.20 所示。

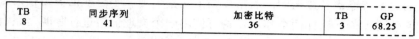

TB 8	同步序列 41	加密比特 36	TB 3	GP 68.25

图 5.20　接入突发脉冲序列

接入突发脉冲由同步序列（41bit）、加密比特（36bit）、尾位（8+3bit）和保护时间构成。其中保护时间间隔较长，这是为了使移动台首次接入或切换到一个新的基站时不知道时间的提前量而设置的。当保护时间长达 252μs 时，允许小区半径为 35km，在此范围内可保证移动台随机接入移动网。

（5）空闲突发脉冲。空闲突发脉冲的结构与普通突发脉冲的结构相同，只是将普通突发脉冲中的加密比特换成固定比特。其结构如图 5.21 所示。

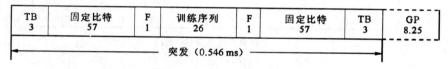

TB 3	固定比特 57	F 1	训练序列 26	F 1	固定比特 57	TB 3	GP 8.25

突发（0.546 ms）

图 5.21　空闲突发脉冲序列

空闲突发脉冲的作用是当无用户信息传输时，用空闲突发脉冲替代普通突发脉冲在 TDMA 时隙中传输。

2.　帧偏离、定时提前量与半速率信道

（1）帧偏离。帧偏离是指前向信道的 TDMA 帧定时与反向信道的 TDMA 帧定时的固定偏差。GSM 系统中规定帧偏差为 3 个时隙，如图 5.22 所示。这样做的目的是简化设计，避免移动台同一时隙收发，从而保证收发的时隙号不变。

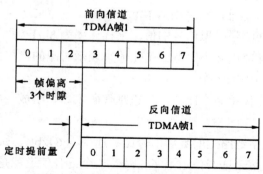

图 5.22　帧偏离与定时提前量示意图

（2）定时提前量。在 GSM 系统中，突发脉冲的发送与接收必须严格地在相应的时隙中进行，所以系统必须保证严格的同步。然而，移动用户是随机移动的，当移动台与基站距离远近不同时，它的突发脉冲的传输时延就不同。为了克服由突发脉冲的传输时延所带来的定时的不确定，基站要指示移动台以一定的提前量发送突发脉冲，以补偿所增加的延时，如图 5.22 所示。

（3）半速率信道。全速率是指 GSM 中用于无线传输的 13kb/s 的语音信号，即 GSM 系统中的语音编码器将 64kb/s 的语音信号变换成 13kb/s 的语音信号。前面所介绍的业务信道都是以 13kb/s 的速率传输语音数据的，通常称为全速率信道。半速率信道是指语音速率从原来的 13kb/s 下降到 6.5kb/s。这样两个移动台将可使用一个物理信道进行呼叫，系统容量可增加一倍。图 5.23 所示为全速率信道和半速率信道的示意图。

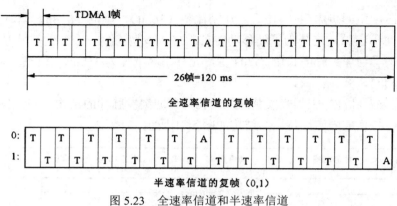

图 5.23　全速率信道和半速率信道

5.4　GSM 系统采用的有关技术

5.4.1　语音编码

由于 GSM 系统是一种全数字系统，语音或其他信号都要进行数字化处理，因而第一步要把模拟语音信号转换成数字信号（即 1 和 0 的组合）。

我们对 PCM 编码比较熟悉，它采用 A 律波形编码，分为 3 步：

（1）采样。在某瞬间测量模拟信号的值。采样速率为 8kHz/s。

（2）量化。对每个样值用 8 个比特的量化值来表示对应的模拟信号瞬间值，即为样值指配 256（2^8）个不同电平值中的一个。

（3）编码。每个量化值用 8 个比特的二进制代码表示，组成一串具有离散特性的数字信号流。

用这种编码方式，数字链路上的数字信号比特速率为 64kb/s。如果 GSM 系统也采用此种方式进行语音编码，那么每个语音信道是 64kb/s，8 个语音信道就是 512kb/s。考虑实际可使用的带宽，GSM 规范中规定载频间隔是 200kHz。因此要把它们保持在规定的频带内，必需大大地降低每个语音信道的编码比特率，这就要靠改变语音编码的方式来实现。

声码器编码可以是很低的速率（可以低于 5kb/s），虽然不影响语音的可懂性，但语音的失真性很大，很难分辨是谁在讲话。波形编码器语音质量较高，但要求的比特速率相应的较高。因此 GSM 系统语音编码器是采用声码器和波形编码器的混合物——混合编码器，全称为线性预测编码—长期预测编码—规则脉冲激励编码器（LPC-LTP-RPE 编码器），如图 5.24 所示。

LPC+LTP 为声码器，RPE 为波形编码，再通过复用器混合完成模拟语音信号的数字编码，每语音信道的编码速率为 13kb/s。

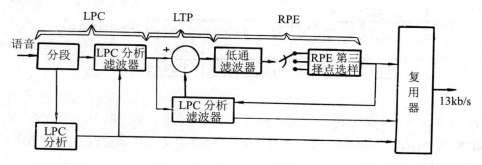

图 5.24　GSM 语音编码器框图

　　声码器的原理是模仿人类发音器官喉、嘴、舌的组合，将该组合看作一个滤波器，人发出的声音使声带振动就成为激励脉冲。当然这种"滤波器"和"脉冲"频率是在不断地变换的，但在很短的时间（10 ms～30 ms）内观察它，则发音器官是没有变换的，因此声码器要做的事就是将语音信号分成 20 ms 的段，然后分析这一时间段内所相应的滤波器的参数，并提取此时的脉冲串频率，输出其激励脉冲序列。相继的语音段是十分相似的，LTP 将当前段与前一段进行比较，相应的差值被低通滤波后形成一种波形编码。

　　LPC+LTP 参数：3.6kb/s。

　　RPE 参数：9.4kb/s。

　　因此，语音编码器的输出比特速率是 13kb/s。

5.4.2　交织技术

　　在陆地移动通信这种变参信道上，比特差错经常是成串发生的。这是由于持续较长的深衰落谷点会影响到相继一串的比特。然而，信道编码仅在检测和校正单个差错和不太长的差错串时才有效。为了解决这一问题，希望能找到把一条消息中的相继比特分散开的方法，即一条消息中的相继比特以非相继方式被发送。这样，在传输过程中即使发生了成串差错，恢复成一条相继比特串的消息时，差错也就变成单个（或长度很短），这时再用信道编码纠错功能纠正差错，恢复原消息。这种方法就是交织技术。

　　1. 交织技术的一般原理

　　假定由一些 4 比特组成的消息分组，把 4 个相继分组中的第 1 个比特取出来，并让这 4 个第 1 比特组成一个新的 4 比特分组，称作第一帧，4 个消息分组中的比特 2～4 也作同样处理，如图 5.25 所示。

　　然后依次传输第 1 比特组成的帧，第 2 比特组成的帧，……在传输期间，帧 2 丢失，如果没有交织，那么就会丢失某一整个消息分组，但采用了交织，仅每个消息分组的第 2 比特丢失，再利用信道编码，全部分组中的消息仍能得以恢复，这就是交织技术的基本原理。概括地说，交织就是把码字的 b 个比特分散到 n 个帧中，以改变比特间的邻近关系，因此 n 值越大，传输特性越好，但传输时延也越大，所以在实际应用中必须作折衷考虑。

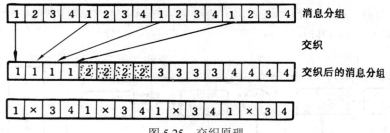

图 5.25　交织原理

2. GSM 系统中的交织方式

在 GSM 系统中，信道编码后进行交织，交织分为两次，第一次交织为内部交织，第二次交织为块间交织。

语音编码器和信道编码器将每一 20ms 语音数字化并编码，提供 456 个比特。首先对它进行内部交织，即将 456 个比特分成 8 帧，每帧 57 比特，如图 5.26 所示。

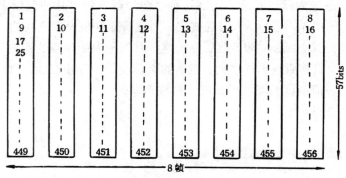

图 5.26　GSM 20ms 语音编码交织

如果将同一 20ms 语音的 2 组 57 比特插入到同一普通突发脉冲序列中（如图 5.27 所示），那么该突发脉冲串丢失则会导致该 20ms 的语音损失 25% 的比特，显然信道编码难以恢复这么多丢失的比特。因此必须在两个语音帧间再进行一次交织，即块间交织。

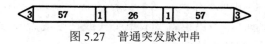

图 5.27　普通突发脉冲串

每 20ms 语音 456 比特分成的 8 帧为一个块。假设有 A、B、C、D 四块，如图 5.28 所示，在第一个普通突发脉冲串中，两个 57 比特组分别插入 A 块和 D 块的各 1 帧，插入方式如图 5.29 所示，这就是二次交织。这样一个 20ms 的语音 8 帧分别插入到 8 个不同的普通突发脉冲序列中，然后一个一个突发脉冲序列地发送，发送的突发脉冲序列首尾相接处不是同一语音块，这样即使在传输中丢失一个脉冲串，只影响每一语音比特数的 12.5%，而这能通过信道编码加以校正。

A	B	C	D
20ms 语音 456b/s=8×57	20ms 语音 456b/s=8×57	20ms 语音 456b/s=8×57	20ms 语音 456b/s=8×57

图 5.28　语音信道编码

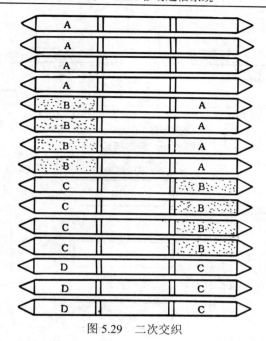

图 5.29　二次交织

二次交织经得住丧失一整个突发脉冲串的打击，但增加了系统时延。因此，在 GSM 系统中，移动台和中继电路上增加了回波抵消器，以改善由于时延而引起的通话回音。

5.4.3　跳频技术

采用跳频技术是为了确保通信的保密性和抗干扰性，它首先被用于军事通信，后来在 GSM 标准中也被采纳。

跳频功能主要是：

①改善衰落。

②处于多径环境中的漫速移动的移动台通过采用跳频技术，大大改善移动台的通信质量。

③相当于频率分集。

GSM 系统中的跳频分为基带跳频和射频跳频两种。基带跳频的原理是将语音信号随着时间的变换使用不同频率的发射机发射，其原理如图 5.30 所示，实施的方框图如图 5.31 所示。射频跳频是将语音信号用固定的发射机，由跳频序列控制，采用不同频率发射，原理如图 5.32 所示，实施框图如图 5.33 所示。需要说明的是，射频跳频必须有两个发射机，一个固定发射载频 f_0，因为它带有控制信道 BCCH；另一发射机载波频率可随着跳频序列的序列值的改变而改变。

射频跳频比基带跳频具有更好的性能和更高的抗同频干扰能力，但其缺点是：

①射频跳频技术目前还不成熟。

②射频跳频只有当每小区拥有 4 个频率以上时效果才比较明显。

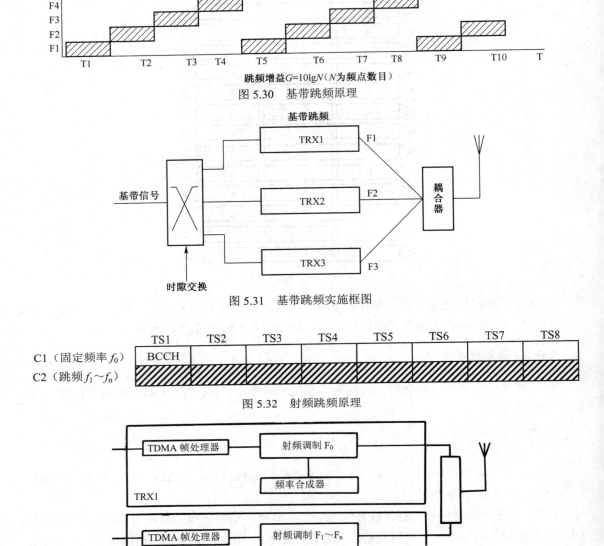

跳频增益$G=10\lg N$（N为频点数目）

图 5.30　基带跳频原理

图 5.31　基带跳频实施框图

图 5.32　射频跳频原理

图 5.33　射频跳频实施框图

③射频跳频必须使用 HYBRID 合成器，每小区如果使用 4 个载频就需要配置 3 个 HYBRID，损耗约 6dB，比空腔合成器的损耗大 3 dB 左右。对基站覆盖范围有一定影响。

④合成器要求网络中各基站必须同步，而目前很多供货商难以满足。

综上原因，大多数厂家的 BTS 采用基带跳频技术，而不采用射频跳频技术。

5.4.4　语音激活与功率控制

在 GSM 系统中，采用语音激活与功率控制可以有效地减少同信道干扰。

（1）语音激活控制就是采用非连续发射，其原理图如图 5.34 所示。

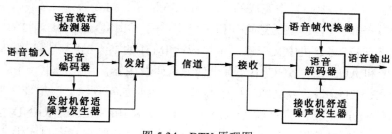

图 5.34　DTX 原理图

在发送端有一个语音激活检测器（VAD），其功能是检测是否有语音或仅仅是噪音。VAD 的示意图如图 5.35 所示。

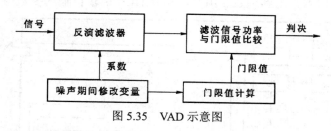

图 5.35　VAD 示意图

在图 5.34 中还有一个发射机舒适噪音发生器，用于产生与发射机背景噪音相似的信号参数，并发送给接收端。在接收端，同样有一个接收机舒适噪音发生器，可根据收到的背景噪音信号参数产生一个与发射机背景噪音相似的背景噪音信号。其目的在于使收听者觉察不到谈话过程中语音激活控制开关的动作。另外，在接收端还有一个语音帧代换器（SFS），其作用是当语音编码数据中的某些重要码位受到干扰而译码器又无法纠正时，将前面未受到干扰的语音帧取代受到干扰的语音帧，从而保证接收的语音质量。

（2）功率自适应控制的目的是，在保证通信服务质量的条件下，使发射机的发射功率最小。平均功率的减小就相应地降低了系统内的同信道干扰的平均电平。GSM 支持基站和移动台各自独立地进行发射功率控制。GSM 规定总的控制范围是 30dB，每步调节范围是 2dB，从 20mW～20W 之间的 16 个功率电平，每步精度为±3dB，最大功率电平的精度为±1.5dB。

功率自适应控制的过程是：移动台测量信号强度和信号质量，并定期向基站报告，基站按预置的门限参数与之相比较，然后确定发射功率的增减量。同理，移动台按预置的门限参数与之相比较，然后确定发射功率的增减量。通常在实际应用中，对基站不采用发射功率控制，主要是对移动台的发射功率进行控制。其发射功率以满足覆盖区内移动用户能正常接收为准。

5.4.5　保密措施

大家都知道，GSM 系统在安全性方面有了显著的改进，其主要是在下列部分加强了保护：

接入网络方面采用了对客户鉴权，无线路径上采用对通信信息加密，对移动设备采用设备识别，对客户识别码用临时识别码保护，SIM 卡用 PIN 码保护。

1. 提供三参数组

客户的鉴权与加密是通过系统提供的客户三参数组来完成的。客户三参数组的产生是在 GSM 系统的 AUC（鉴权中心）中完成的，如图 5.36 所示。每个客户在签约（注册登记）时，就被分配一个客户号码（客户电话号码）和客户识别码（IMSI）。IMSI 通过 SIM 写卡机写入客户 SIM 卡中，同时在写卡机中又产生一个对应此 IMSI 的唯一的客户鉴权键 K_i，它被分别存储在客户 SIM 卡和 AUC 中。AUC 中还有个伪随机码发生器，用于产生一个不可预测的伪随机数（RAND）。RAND 和 K_i 经 AUC 中的 A_8 算法（也叫加密算法）产生一个 K_c（密钥），经 A_3 算法（鉴权算法）产生一个响应数（SRES）。由产生 K_c 和 SRES 的 RAND 与 K_c、SRES 一起组成该客户的一个三参数组，传输给 HLR，存储在该客户的客户资料库中。一般情况下，AUC 一次产生 5 组三参数组，传输给 HLR，HLR 自动存储。HLR 可存储 10 组三参数组，当 MSC/VLR 向 HLR 请求传输三参数组时，HLR 又一次性地向 MSC/VLR 传输 5 组三参数组。MSC/VLR 一组一组地用，用到剩余 2 组时，再向 HLR 请求传输三参数组。

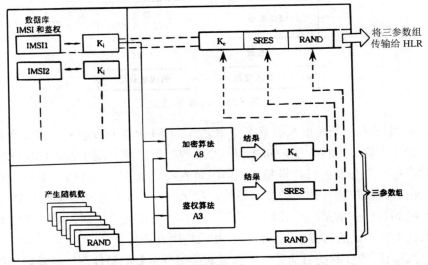

IMSI：国际移动识别　　K_c：密钥　　K_i：用户鉴权键　　SRES：符号响应　　RAND：随机数

图 5.36　AUC 三参数组的提供

2. 鉴权

鉴权的作用是保护网络，防止非法盗用。同时通过拒绝假冒合法客户的"入侵"而保护 GSM 移动网络的客户。鉴权的程序如图 5.37 所示，当移动客户开机请求接入网络时，MSC/VLR 通过控制信道将三参数组的一个参数伪随机数 RAND 传输给客户，SIM 卡收到 RAND 后，用此 RAND 与 SIM 卡存储的客户鉴权键 K_i，经同样的 A_3 算法得出一个响应数 SRES，传输给 MSC/VLR。MSC/VLR 将收到的 SRES 与三参数组中的 SRES 进行比较。由于是同一 RAND，同样的 K_i 和 A_3 算法，因此结果 SRES 应相同。MSC/VLR 比较的结果相同就允许接入，否则为非法客户，网络拒绝为此客户服务。

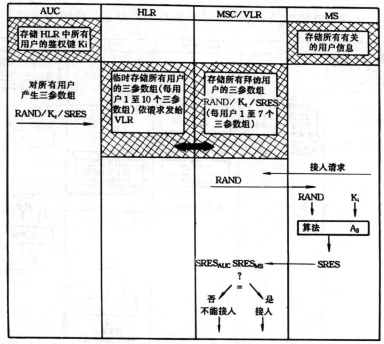

图 5.37　鉴权程序

在每次登记，呼叫建立尝试，位置更新以及在补充业务的激活、去活、登记或删除之前均需要鉴权。

3. 加密

GSM 系统中的加密也只是指无线路径上的加密，是指 BTS 和 MS 之间交换客户信息和客户参数时不被非法个人或团体所得或监听，加密程序如图 5.38 所示。在鉴权程序中，当客户侧计算 SRES 时，同时用另一算法（A_8 算法）也计算出密钥 K_c。根据 MSC/VLR 发送出的加密命令，BTS 侧和 MS 侧均开始使用 K_c。在 MS 侧，由 K_c、TDMA 帧号和加密命令 M 一起经 A_5 算法，对客户信息数据流进行加密（也叫扰码），在无线路径上传输。在 BTS 侧，把从无线信道上收到的加密信息数据流、TDAM 帧号和 K_c，再经过 A_5 算法解密后，传输给 BSC 和 MSC。

所有的语音和数据均需加密，并且所有有关客户参数也均需加密。

4. 设备识别

每个移动台设备均有设备识别码（IMEI），移动台设备如允许进入运营网，必需经过欧洲型号认证中心认可，并分配一个十进制 6 位数字，占用 IMEI 中 15 位十进制数字的前 6 位。

设备识别的作用就是确保系统中使用的移动台设备不是盗用的或非法的。设备的识别是在设备识别寄存器 EIR 中完成的。

EIR 中存有三种名单：

①白名单——包括已分配给可参与运营的 GSM 各国的所有设备识别序列号码。

②黑名单——包括所有应被禁用的设备识别码。

③灰名单——包括有故障的及未经型号认证的移动台设备，由网络运营者决定。

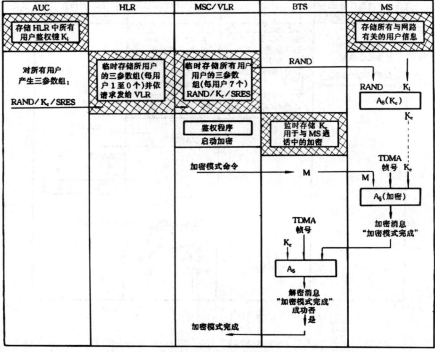

图 5.38　加密程序

　　设备识别的程序如图 5.39 所示，MSC/VLR 向 MS 请求 IMEI，并将其发送给 EIR，EIR 将收到的 IMEI 与白、黑、灰三种表进行比较，把结果发送给 MSC/VLR，以便 MSC/VLR 决定是否允许该移动台设备进入网络。

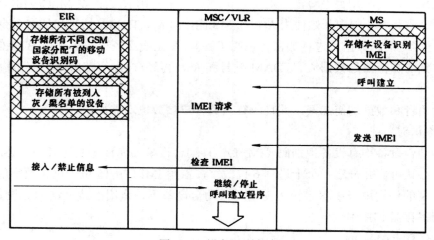

图 5.39　设备识别程序

　　何时需要设备识别取决于网络运营者。目前我国大部分省市的 GSM 网络均未配置此设备（EIR），所以此保护措施也未采用。

5. 临时识别码

临时识别码（TMSI）的设置是为了防止非法个人或团体通过监听无线路径上的信令交换而窃得移动客户真实的客户识别码（IMSI）或跟踪移动客户的位置。

客户临时识别码是由 MSC/VLR 分配，并不断地进行更换，更换周期由网络运营者设置。更换的频次越快，起到的保密性越好，但对客户的 SIM 卡寿命有影响。

客户识别码保密程序如图 5.40 所示，每当 MS 用 IMSI 向系统请求位置更新、呼叫尝试或业务激活时，MSC/VLR 便对它进行鉴权。允许接入网络后，MSC/VLR 产生一个新的 TMSI，通过给 IMSI 分配 TMIS 的命令将其传输给移动台，写入客户 SIM 卡。此后，MSC/VLR 和 MS 之间的命令交换就使用 TMIS，客户实际的识别码 IMSI 便不再在无线路径上传输。

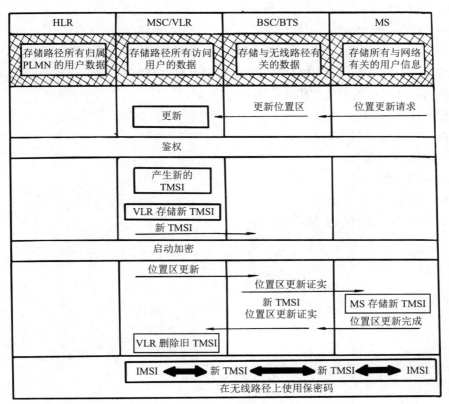

图 5.40　位置更新

6. PIN 码

在 GSM 系统中，客户签约等信息均被记录在一个客户识别模块（SIM）中，此模块称作客户卡。客户卡插到某个 GSM 终端设备中，便视作自己的电话机，通话的计费账单便记录在此客户卡户名下。为防止账单上产生讹误计费，保证入局呼叫被正确传输，在 SIM 卡上设置了 PIN 码操作（类似计算机上的 Password 功能）。PIN 码由 4～8 位数字组成，其位数由客户自己决定。如客户输入了一个错误的 PIN 码，它会给客户一个提示，重新输入，若连续 3 次输入错误，SIM 卡就被闭锁，即使将 SIM 卡拔出或关掉手机电源也无济于事。闭锁后，还有个"个人解锁码",是由 8 位数字组成的,若连续 10 次输入错误,SIM 卡将再一次闭锁,这时只有到 SIM 卡管理中心,由 SIM 卡业务激活器才能解决。

习题

1．说明数字蜂窝系统比模拟蜂窝系统能获得更大通信容量的原因。

2．解释下列术语:

全速率和半速率语音信道,广播控制信道,共用(或公共)控制信道,专用控制信道,鉴权,HLR 和 VLR。

3．根据图 5.17～图 5.19,回答下列问题:

(1)尾位和加密比特的作用是什么?

(2)训练序列的作用是什么?从图中可以看出训练序列大约放在帧中间位置,请说出这样安排的优点。如果把训练序列放在帧开始或结尾有什么影响?

4．画出 GSM 系统的网络结构并简述各部分的作用。

5．GSM 为什么采用交织技术?

6．APC 在 GSM 系统中有何应用?

7．什么叫越区切换?

8．TDMA 有何特点?

9．GSM 系统通信安全采取了哪些措施?

10．GSM 采取了哪些抗干扰措施?

第 6 章　CDMA 移动通信系统

📖 **知识点**

- CDMA 的原理
- CDMA 系统的构成及业务功能
- CDMA 采用的关键技术

📢 **难点**

- 扩频的概念
- CDMA 软切换及漫游
- 物理信道与逻辑信道的关系

✍ **要求**

掌握：
- CDMA 基本原理及系统构成

理解：
- CDMA 的关键技术

了解：
- CDMA 设备的构成

6.1　CDMA 技术基础

6.1.1　扩频通信的基本概念

1. 扩频通信的含义

扩展频谱（SS，Spread Spectrum）通信简称扩频通信。扩频通信的定义简单表述如下：是一种信息传输方式，在发端采用扩频码调制，使信号所占的频带宽度远大于所传信息必须的带宽，在收端采用相同的扩频码进行相关解调来解扩以恢复所传信息数据。这一定义其实包含了以下三方面意思：

首先，信号的频谱被展宽了。众所周知，传输任何信息都需要一定的频带，称为信息带宽或基带信号频带宽度。例如，人类语音主要的信息带宽为 300~3400Hz，电视图像信息带宽为 6.5MHz。在常规通信系统中，为了提高频率利用率，通常都是尽量采用大体相当的带宽的信号来传输信息，亦即在无线电通信中射频信号的带宽与所传信息的带宽是相比拟的，即一般属于同一个数量级。如用调幅（AM）信号来传输语言信息，其带宽为语言信息带宽的两倍，用单边带（SSB）信号来传输其信号带宽更小。即使是调频（FM）或脉冲编码调制（PCM）信号，其带宽也只是信息带宽的几倍。扩频通信的信号带宽与信息带宽之比则高达 100～1000，属于宽带通信。为什么要用这么宽的频带的信号来传输信息呢？这样岂不是太浪费宝贵的频率资源了吗?我们将在下面用信息论和抗干扰理论来回答这个问题。可以证明，CDMA 蜂窝系统的容量将是 GSM 系统的 4 倍，是模拟蜂窝系统的 20 倍。

其次，采用扩频码序列调制的方式来展宽信号频谱。由信号理论可知，在时间上是有限的信号，其频谱是无限的。脉冲信号宽度越窄，其频谱就越宽。作为工程估算，信号的频带宽度与其脉冲宽度近似成反比。例如，1μs 脉冲的带宽约为 1MHz。因此，如果很窄的脉冲序列被所传信息调制，则可产生很宽频带的信号。CDMA 蜂窝网移动通信系统就是采用这种方式获得扩频信号的，该方式称作直接序列扩频系统（简称直扩）。这种很窄的脉冲码序列（其码速率是很高的）称为扩频码序列。其他的扩频系统（如跳频系统），也都是采用扩频码调制的方式来实现信号频谱扩展的。需要说明的是，所采用的扩频码序列与所传的信息数据是无关的，也就是说，它与一般的正弦载波信号是相类似的，丝毫不影响信息传输的透明性。扩频码序列仅仅起扩展信号频谱的作用。

第三，在接收端用相关解调（或相干解调）来解扩。正如在一般的窄带通信中，已调信号在接收端都要进行解调来恢复发端所传的信息。在扩频通信中接收端则用与发送端完全相同的扩频码序列与收到的扩频信号进行相关解扩，恢复所传信息。

这种在发端把窄带信息扩展成宽带信号，而在收端又将其解扩成窄带信息的处理过程，会带来一系列好处，我们将在后面做进一步说明。

2. 扩频通信的理论基础

长期以来，人们总是想方设法使信号所占频谱尽量窄，以充分提高十分宝贵的频率资源的利用率。为什么要用宽频带信号来传输窄带信息呢?简单的回答就是，为了通信的安全可靠。这一点可以用信息论和抗干扰理论的基本观点加以说明。顺便指出，扩频通信技术可用来实现码分多址方式，并为数字化通信（包括数字化移动通信）增添一种新的多址方式。

香农（Shanon）在其信息论中得出带宽与信噪比互换的关系式，即香农公式

$$C = B \log_2 \left(1 + \frac{S}{N}\right) \qquad (6\text{-}1)$$

式中，C 为信道容量，单位为 b/s；B 为信号频带宽度，单位为 Hz；S 为信号平均功率，单位为 W；N 为噪声平均功率，单位为 W。

香农公式原意是说，在给定信号功率和白噪声功率 N 的情况下，只要采用某种编码系统，就能以任意小的差错概率，以接近于 C 的传输速率来传输信息。这个公式还暗示：在保持信息传输速率 C 不变的条件下，可以用不同频带宽度 B 和信噪功率比（简称信噪比）来传输信息。换言之，频带 B 和信噪比是可以互换的。也就是说，如果增加信号频带宽度，就可以在较低的信噪比的条件下以任意小的差错概率来传输信息。甚至在信号被噪声淹没的情况下，即 $S/N < 1$，或 $10\log_2(S/N) < 0$dB，只要相应地增加信号带宽，也能进行可靠的通信。上述表明，采用扩频信号进行通信的优越性在于用扩展频谱的方法可以换取信噪比上的好处。

　　柯捷尔尼可夫在其潜在抗干扰性理论中得到如下关于信息传输差错概率的公式：

$$P_e \approx f\left(\frac{E}{n_0}\right) \qquad （6\text{-}2）$$

上面公式指出，差错概率 P_e 是信号能量 E 与噪声功率谱密度 n_0 之比的函数。设信息持续时间为 T，或数字信息的码元宽度为 T，则信息带宽为

$$B_m = \frac{1}{T} \qquad （6\text{-}3）$$

信号功率为

$$S = \frac{E}{T} \qquad （6\text{-}4）$$

已调（或已扩频）信号的带宽为 B，则噪声功率为

$$N = n_0 B \qquad （6\text{-}5）$$

将式（6-3）至式（6-5）代入式（6-2），可得

$$P_e \approx f\left(\frac{ST}{N} \cdot B\right) = f\left(\frac{S}{N} \cdot \frac{B}{B_m}\right) \qquad （6\text{-}6）$$

上面公式指出，差错概率 P_e 是输入信号与噪声功率之比 S/N 和信号带宽与信息带宽之比 B/B_m 二者乘积的函数，信噪比与带宽是可以互换的。它同样指出了用增加带宽的方法可以换取信噪比上的好处这一客观规律。

　　综上所述，将信息带宽扩展 100 倍，甚至 1000 倍以上的宽带信号来传输信息，就是为了提高通信的抗干扰能力，即在强干扰条件下保证可靠安全地通信。这就是扩频通信的基本思想和理论依据。

　　3. 处理增益和抗干扰容限

　　扩频通信系统由于在发端扩展了信号频谱，在收端解扩后恢复了所传信息，这一处理过程带来了信噪比上的好处，即接收机输出的信噪比相对于输入的信噪比大有改善，从而提高了系统的抗干扰能力。因此，可以用系统输出信噪比与输入信噪比二者之比来表征扩频系统的抗干扰能力。理论分析表明，各种扩频系统的抗干扰能力大体上都与扩频信号带宽 B 与信息带宽 B_m 之比成正比。工程上常以分贝（dB）表示，即

$$G_p = 10\lg\frac{B}{B_m} \qquad （6\text{-}7）$$

G_p 称作扩频系统的处理增益。它表示了扩频系统信噪比改善的程度，因此 G_p 是扩频系统一个重要的性能指标。

　　仅仅知道了扩频系统的处理增益，还不能充分地说明系统在干扰环境下的工作性能。因为通信系统要正常工作，还需要保证输出端有一定的信噪比（如 CDMA 蜂窝移动通信系统为 7 dB），并需扣除系统内部信噪比的损耗，因此需引入抗干扰容限 M_j，其定义如下

$$M_j = G_p - [(S/N)_o + L_s] \qquad （6\text{-}8）$$

式中，$(S/N)_o$ 为输出端的信噪比；L_s 为系统损耗。

　　例如，一个扩频系统的 G_p 为 30dB，$(S/N)_o$ 为 10dB，L_s 为 2dB，则 M_j 为 18dB。它表明干

扰功率超过信号功率 18dB 时，系统就不能正常工作；而在二者之差不大于 18dB 时，系统仍能正常工作，即信号在一定的噪声（或干扰）湮没下也能正常通信。

6.1.2　扩频通信的主要特性

扩频通信在 20 世纪 80 年代已广泛应用于各种军事通信系统中，成为电子战中通信反对抗的一种必不可少的手段。除军事通信外，扩频通信技术也广泛应用于跟踪、导航、测距、雷达、遥控等各个领域。尤其是近十几年以来，移动通信、卫星通信等获得了飞速发展。利用扩频技术可以实现码分多址，在数字蜂窝移动通信系统、卫星移动通信、室内无线通信和未来的个人通信中广泛采用扩频技术。扩频通信之所以得到应用和发展，成为现代通信发展的方向，就是因为它具有许多独特的性能。下面分别加以介绍。

1. 抗干扰能力强

扩频通信系统扩展的频谱越宽，处理增益越高，抗干扰能力就越强。在前述例子中，处理增益为 30dB，其抗干扰容限为 18dB。从理论上讲它可在信噪比为 -18dB 时也能把信号从噪声湮没中提取出来。当然，在接收端一般应采用相关器或匹配滤波器（如声表面波匹配滤波器）的方法来提取信号、抑制干扰。相关器的作用是：当接收机本地解扩码与收到的信码相一致时，即将扩频信号恢复为原来信息，而其他任何不相关的干扰信号通过相关器其频谱被扩散，从而落入到信息带宽的干扰强度被大大降低了，当通过窄带滤波器（其频带宽度为信息带宽）时，就抑制了滤波器的带外干扰。

对于单频及多频载波信号的干扰、其他伪随机调制信号的干扰，以及脉冲正弦信号的干扰等，扩频系统都有抑制干扰、提高输出信噪比的作用。特别是对抗敌方人为干扰方面，效果很突出。简单举例来说，如果信号频带展宽 1000 倍（30 dB），干扰方需要在更宽的频带上去进行干扰，分散了干扰功率。在总功率不变的条件下，其干扰强度只有原来的 1/1000。而要保持原有的干扰强度，则必须使功率增加为原来的 1000 倍，这在实际情况下是难以实现的。

综上所述，扩频通信系统抗干扰能力强是扩频通信系统最突出的优点。

2. 隐蔽性好

由于扩频信号在很宽的频带上被扩展了，单位频带内的功率就很小，即信号的功率谱密度就很低。所以，应用扩频码序列扩展频谱的直接序列扩频系统，可在信道噪声和热噪声的背景下，在很低的信号功率谱密度上进行通信。信号既然被湮没在噪声里，敌方就很不容易发现有信号存在，而想进一步检测出信号的参数就更困难了。因此，扩频信号具有很低的被截获概率。这在军事通信上十分有用，即可进行隐蔽通信。

此外，值得指出的是，由于扩频信号具有很低的功率谱密度，它对目前广泛使用的各种窄带通信系统的干扰就很小。近年来，在民用通信中，各国都在研究和试验在原有窄带通信的频段内同时进行扩频通信，这可大大提高频率的利用率。这是鉴于上述的扩频通信系统既有很强的抗干扰性能，又以低功率谱密度发射信号，对窄带通信系统的干扰很小之故。

3. 可以实现码分多址

扩频通信具有较强的抗干扰性能，但付出了占用频带宽的代价。如果让许多用户共用这一宽频带，则可大大提高频带的利用率。由于在扩频通信中存在扩频码序列的扩频调制，充分利用正交或准正交的扩频码序列之间的相关特性，在接收端利用相关检测技术进行解扩，则在分配给不同用户以不同码型的情况下可以区分不同用户的信号，提取出有用信号。这样一来，在一宽频带上许多用户可以同时通信而互不造成严重干扰。它与利用频带分割的频分多址（FDMA）或时间分割的时分多址（TDMA）通信的概念类似，即利用不同的码型进行分割，所以称为码分多址（CDMA）。FDMA、TDMA 和 CDMA 三种多址方式示意图如图 6.1 所示。这种码分多址方式，虽然要占用较宽的频带，但平均到每个用户占用的频带来计算，其频带利用率是较高的。最近研究表明，在 3 种蜂窝网移动通信系统，即 FDMA 的 AMPS 系统、TDMA 的 GSM 系统和 CDMA 的蜂窝系统中，CDMA 系统的通信容量最大，即为 FDMA 的 20 倍，是 TDMA 的 4 倍。除此之外，码分多址蜂窝网移动通信系统还具有软容量、软切换等一些独特的优点，其详细情况将在后面介绍。

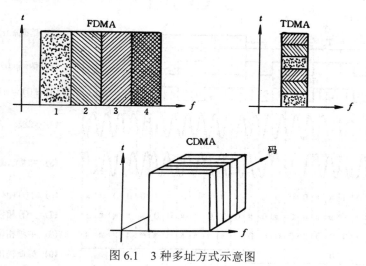

图 6.1　3 种多址方式示意图

4. 抗衰落、抗多径干扰

众所周知，移动信道属随参信道，信道条件最为恶劣。由于移动台不断移动，受地形地物的影响产生慢衰落现象。更为严重的是，由于多径效应产生快衰落现象，其衰落深度可达 30dB。在频域上来看，多径效应会产生频率选择性衰落。扩频系统具有潜在的抗频率选择性衰落的能力。这是因为扩频通信系统所传输的信号频谱已扩展很宽，频谱密度很低，如在传输中小部分频谱衰落时，不会使信号造成严重的畸变。

在码分多址蜂窝系统中，还采取把多个路径来的同一码序的波形相加合成，从而能有效地克服多径效应，其原理也将在后面介绍。

除此之外，扩频技术还能精确地定时和测距，例如，目前广泛应用的全球定位系统（GPS）就是利用扩频技术的特点来精确定位和定时的。限于篇幅，这里只讨论与 CDMA 蜂窝系统相关的问题。

6.1.3　直接序列扩频（DS-SS）原理

前面已经说过，所谓直接序列扩频（DS-SS），就是直接用高速率的扩频码序列码在发端去扩展信号的频谱。而在接收端，用相同的扩频码序列进行解扩，把展宽的扩频信号还原成原始信息。直扩通信系统原理及有关波形或相位关系如图 6.2 所示。

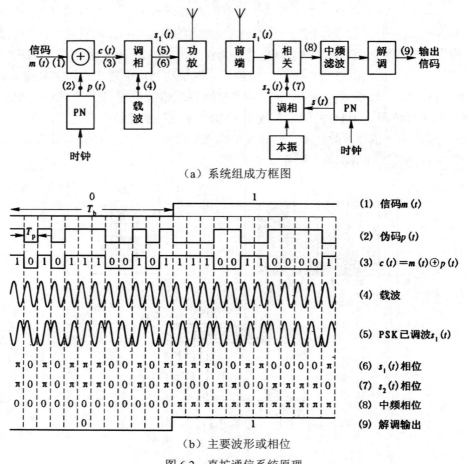

（a）系统组成方框图

（b）主要波形或相位

图 6.2　直扩通信系统原理

在发送端输入信息码元 $m(t)$，它是二进制数据，图中为 0、1 两个码元，其码元宽度为 T_b，加入扩频调制器，图中为一个模 2 加法器，扩频码为一个伪随机码（PN 码），记作 $p(t)$，伪码的波形如图 6.2（b）中第（2）个波形，其码元宽度为 T_p，且取 $T_b=16T_p$。通常在 DS 系统中，伪码的速率 R_p 远大于信码速率 R_m，即 $R_p \gg R_m$，也就是说，伪码的宽度 T_p 远远小于信码的宽度，即 $T_p \ll T_b$，这样才能展宽频谱。模 2 加法器运算规则可用下式表示

$$c(t) = m(t) \oplus p(t) \tag{6-9}$$

当 $m(t)$ 与 $p(t)$ 符号相同时，$c(t)$ 为 0；而当 $m(t)$ 与 $p(t)$ 符号不同时，则为 1。$c(t)$ 的波形如图 6.2（b）中的第（3）个波形。由图可见，当信码 $m(t)$ 为 0 时，$c(t)$ 与 $p(t)$ 相同；而当信码 $m(t)$ 为 1 时，则 $c(t)$ 为 $p(t)$ 取反即是。显然，包含信码的 $c(t)$ 其码元宽度已变成了 T_p，亦即已进行了扩展频谱。其扩频处理增益也可用下式表示

$$G_p = 10 \lg \frac{T_b}{T_p} \tag{6-10}$$

在 T_b 一定的情况下，若伪码速率越高，亦即伪码宽度（码片宽度）越窄，则扩频处理增益越大。

　　经过扩频的信号，还要进行载频调制，以便在信道上有效地传输。图中采用二相相移键控方式。调相器可由环形调制器完成，即将 $c(t)$ 与载频 $A\cos\omega_1 t$ 相乘，输出为 $s_1(t)$，即

$$s_1(t)=A\cos\omega_1 t$$

式中，

$$c(t)=\begin{cases} 1 & \text{二进制序列为 0 码} \\ -1 & \text{二进制序列为 1 码} \end{cases} \tag{6-11}$$

因此，经过扩频和相位调制后的信号 $s_1(t)$ 为

$$s_1(t)=A\cos\omega_1 t$$

$$=\begin{cases} A\cos\omega_1 t \\ -A\cos\omega_1 t \end{cases} \tag{6-12}$$

　　由上面讨论可知，经过扩频调制的信号 $c(t)$ 可看作只取 ±1 的二值波形，然后对载频进行调制，这里是采用调相（BPSK）。所谓调制，就是相乘过程，可采用相乘器、环形调制器（或平衡调制器），最后得到的是抑制载波双边带振幅调制信号。这里假定平衡调制器是理想对称的，码序列取 +1、−1 的概率相同，即调制信号无直流分量，这样平衡调制器输出的已调波中，无载波分量。$s_1(t)$ 通过发射机中推动级、功放和输出电路加至天线发射出去。通常载波频率较高，或者说载频周期 T_c 较小，它远小于伪码的周期 T_p，即满足 $T_c \ll T_p$。但图 6.2（b）中（4）示出的载频波形是 $T_c = T_p$，这是便于看得清楚一些，否则要在一个 T_p 期间内画几十个甚至几百个正弦波。对于 PSK 来说，主要是看清楚已调波与调制信号之间的相位关系。图 6.2（b）中（5）为已调波 $s_1(t)$ 的波形。这里，当 $c(t)$ 为 1 时，已调波与载波取反相；而当 $c(t)$ 为 0 时，取同相。已调波与载波相位关系如图 6.2（b）中（6）所示。

　　下面分析接收端工作原理。

　　假设发射的信号经过信道传输，不出现差错，经过接收机前端电路（包括输入电路、高频放大器等），输出仍为 $s_1(t)$。这里不考虑信道衰减等问题，因为对 PSK 调制信号而言，重要的是相位问题，这样的假定对分析工作原理是不受影响的。相关器完成相干解调和解扩。接收机中的本振信号频率与载频相差为一个固定的中频。假定收端的伪码与发端的伪码相同，且已同步。接收端本地调相情况与发端相类似，这里的调制信号是 $p(t)$，亦即调相器输出信号 $s_2(t)$ 的相位仅取决于 $p(t)$，当 $p(t)=1$ 时，$s_2(t)$ 的相位为 π；当 $p(t)=0$ 时，$s_2(t)$ 的相位为 0。$s_2(t)$ 的相位如图 6.2（b）中（7）所示。

　　相关器的作用在这里可等效为对输入相关器的 $s_1(t)$、$s_2(t)$ 相位进行模 2 加。对二元制的 0、π 而言，同号模 2 加为 0，异号模 2 加为 π。因此相关器输出的中频相位如图 6.2（b）中（8）所示。然后通过中频滤波器，滤除不相关的各种干扰，经解调恢复出原始信息。

　　需要补充说明的是：这里解扩使用了相关检测的方法，除此之外还可以用匹配滤波器法，对 PSK 信号，还可以用声表面波滤波器（SAW）同时完成解扩、解调任务。

　　所谓相关器或相关检测的概念，一种简单的比喻就是用照片去对照找人。如果你想在一群人中寻找某个不相识的人，最简单且有效的方法是用照片去对照，只要这一群人当中，存在这

一个人，自然就会找到。同理，当你想检测出所需要的有用信号，有效的方法是在接收端产生一个相同的信号，然后用它与接收到的信号对比，求其相似性，或者说进行相关运算，其中相关性最大的，就最可能是你所要的有用信号。相关性通常用相关函数和相关系数来表征。

6.2　CDMA 数字蜂窝通信系统

6.2.1　总体要求与标准

1. 对系统的要求

由于移动通信的迅速发展，在 20 世纪 80 年代中期，不少国家都在探索蜂窝通信系统如何从模拟蜂窝系统向数字蜂窝系统转变的办法。美国蜂窝通信工业协会（CTIA）于 1988 年9 月发表了"用户的性能要求（UPR）"文件，制订了对下一代蜂窝网的技术要求。这些要求包括：

（1）系统的容量至少是 AMPS 的 10 倍。

（2）通信质量等于或优于现有的AMPS系统。

（3）易于过渡并和现有的模拟蜂窝系统兼用。

（4）具有保密性。

（5）有先进的特征。

（6）较低的成本。

（7）使用开放的网络结构（CONA）等。

其中需要特别说明的是，关于新一代蜂窝网和原有模拟蜂窝网兼容问题。由于 20 世纪 70年代末期，美国以及北美各国都已使用了模拟蜂窝系统，经过近 10 年经营使用，已颇具规模。因此要求新一代的蜂窝系统能与原系统兼容。具体而言，新一代蜂窝系统的移动台既能工作于新系统，也能工作于模拟蜂窝网系统（AMPS 系统），这就是双模式移动台的概念。双模式移动台既能以模拟调频方式工作，又能以新系统的方式工作。或者说，双模式移动台无论在模拟蜂窝系统中还是在某一种数字蜂窝系统中，均能向其他用户发起呼叫和接收呼叫，两种蜂窝系统也能向双模式移动台发起呼叫和接收呼叫，而且这种呼叫无论在定点上或在移动漫游过程中都是自动完成的。

2. IS-95 标准

IS-95 公共空中接口是美国 TIA 于 1993 年公布的双模式（CDMA/AMPS）的标准，简称QCDMA 标准。其主要包括下列几部分。

频段：

下行　869～894 MHz（基站发射）；

　　　824～849 MHz（基站接收）；

上行　824～849 MHz（移动台发射）；

　　　869～894 MHz（移动台接收）。

射频带宽：

第一频道 2×1.77MHz；

其他频道 2×1.23MHz。

调制方式：

基站　QPSK

移动台　OQPSK

扩频方式：DS-SS（直接序列扩频）。

语音编码：可变速率 CELP，最大速率为 8kb/s，最大数据速率为 9.6kb/s，每帧时间为 20ms。

信道编码：

卷积编码　下行码率 R=1/2，约束长度 K=9；

　　　　　上行码率 R=1/3，约束长度 K=9。

交织编码：交织间距 20ms。

PN 码：码片的速率为 1.2288Mc/s；

基站识别码为 m 序列，周期为 $2^{15}-1$；

64 个正交沃尔什函数组成 64 个码分信道。

导频、同步信道：供移动台作载频和时间同步。

多径利用：采用 RAKE 接收方式，移动台为 3 个，基站为 4 个。

6.2.2　无线信道

无线信道用来传输无线信号，包括：基站发往移动台，称前向（或下行）无线信道，有时称作正向链路；移动台发往基站，称反向（或上行）无线信道，或称作反向链路。

码分多址系统中一个频道含有 64 个物理信道，另一载频又可组成 64 个物理信道。由于码分多址与模拟蜂窝系统相互兼容，因此合理分配频道至关重要。

1. CDMA 频道号码与相应频率值

频道号 1～666，占 20MHz 频段，其中 1～333 属系统 A，334～666 属系统 B。系统 A、B 分别为两个不同的经营部门，各自组成蜂窝网，它类似于我国的"移动"和"联通"两个不同的运营商。A 和 B 是基本的频道。此外，又外加 5MHz 频带作为 A 系统的扩展（A'，A"）和 B 系统的扩展（B'），其频道号码为 667～779 和 991～1023。

IS-95 规定的基本频道（或首选频道）号码：A 系统为 283，B 系统为 384。由表 6.1 可分别计算出相应的频率值。

表 6.1　由频道编号计算 CDMA 频率

发射机	CDMA 频道号	CDMA 频率(MHz)
移动台	$1 \leqslant N \leqslant 777$	$0.03N+825.000$
	$1\,013 \leqslant N \leqslant 1\,023$	$0.03(N-1\,023)+825.000$
基站	$1 \leqslant N \leqslant 777$	$0.03N+870.000$
	$1\,013 \leqslant N \leqslant 1\,023$	$0.03(N-1\,023)+870.000$

A 系统，频道号码为 283：

移动台发射频率=0.03×283+825.00=833.49（MHz）

基站发射频率=0.03×283+870.00=878.49（MHz）

B 系统，频道号码为 384：

移动台发射频率=0.03×384+825.00=836.52（MHz）

基站发射频率=0.03×384+870.00=881.52（MHz）

IS-95 规定的辅助频道（即第二个载频）号码，A 系统为 691，相应的移动台和基站的发射频率分别为 845.73MHz 和 890.73MHz；B 系统的辅助频道号码为 771，相应的移动台和基站的发射频率分别为 848.13MHz 和 893.13MHz。

此外，规定的频率容差是：基站发射的载波频率要保持在额定频率的 $\pm 5 \times 10^{-8}$ 之内，移动台发射的载波频率要保持在比基站发射频率低 45MHz±300Hz。

由于 AMPS 和 CDMA 带宽相差很大，AMPS 系统中一个频道就是一个信道。系统采用集中控制方式，除了话务频道之外，还有控制频道（或建立频道）。而 CDMA 系统一个频道的带宽约 1.23MHz，是 AMPS 频道间隔的 41 倍。CDMA 系统也是采用集中控制方式，它的逻辑信道也是分为业务信道和控制信道两大类。不过，它们是同一个载频，靠码分来区分逻辑信道。

2. CDMA 系统的逻辑信道

在 CDMA 系统中，各种逻辑信道都是由不同的码序列来区分的。因为任一个通信网络除去要传输业务信息外，还必须传输有关的控制信息。对于大容量系统，一般采用集中控制方式，以便加快建立链路的过程。为此，CDMA 蜂窝系统在基站至移动台的传输方向（正向传输）上，设置了导频信道、同步信道、寻呼信道和正向业务信道；在移动台至基站的传输方向（反向传输）上，设置了接入信道和反向业务信道。这些信道的示意图如图 6.3 所示。

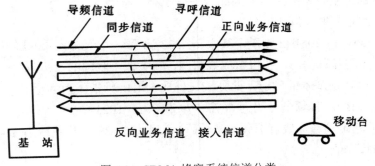

图 6.3 CDMA 蜂窝系统信道分类

前已指出，CDMA 蜂窝系统采用码分多址方式，收发使用不同载频（收发频差 45MHz），亦即通信方式是频分双工。一个载频包含 64 个逻辑信道，占用带宽约 1.23MHz。由于正向传输（下行）和反向传输的要求及条件不同，因此逻辑信道的构成及产生方式也不同，下面分别予以说明。

（1）正向逻辑信道。在基站至移动台的下向链路中，即 CDMA 正向传输的逻辑信道的组成如图 6.4 所示。

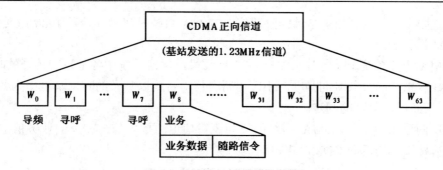

图 6.4　正向传输的逻辑信道的组成

正向传输中，采用 64 阶沃尔什函数区分逻辑信道，分别用 W_0，W_1，…，W_{63} 表示。其中 W_0 用作导频信道，W_1 是首选的寻呼信道，W_2，…，W_7 也是寻呼信道，即寻呼信道最多可达 7 个。W_8，…，W_{63} 用作业务信道（其中 W_{32} 为同步信道），共计 55 个。

导频信道用于传输导频信息，由基站连续不断地发送一种直接序列扩频信号，供移动台从中获得信道的信息并提取相干载波以进行相干解调。并可对导频信号电平进行检测，以比较相邻基站的信号强度和决定是否需要进行越区切换。为了保证各移动台载波检测和提取可靠性，导频信道的功率高于业务信道和寻呼信道的平均功率。例如导频信道可占 64 信道总功率的 12%。

同步信道用于传输同步信息，在基站覆盖范围内，各移动台可利用这些信息进行同步捕获。同步信道上载有系统的时间和基站引导 PN 码的偏置系数，以实现移动台接收解调。同步信道在捕捉阶段使用，一旦捕获成功，一般就不再使用。同步信道的数据速率是固定的，为 1200b/s。

寻呼信道供基站在呼叫建立阶段传输控制信息，每个基站有一个或几个（最多 7 个）寻呼信道，当有市话用户呼叫移动用户时，经移动交换中心（MSC）或移动电话交换局（MT-SO）送至基站，寻呼信道上就播送该移动用户识别码。通常，移动台在建立同步后，就在首选的 W_1 寻呼信道（或在基站指定的寻呼信道）上监听由基站发来的信令，当收到基站分配业务信道的指令后，就转入指配的业务信道中进行信息传输。当小区内需要通信的用户数目很多，业务信道不敷应用时，某几个寻呼信道可临时用作业务信道。在极端情况下，7 个寻呼信道和一个同步信道都可改作业务信道。这时，总数为 64 的逻辑信道中，除去一个导频信道外，其余 63 个均用于业务信道。在寻呼信道上的数据速率是 4800b/s 或 9600b/s，由运营商自行决定。

业务信道载有编码的语音或其他业务数据，除此之外，还可以插入必需的随路信令，例如必须安排功率控制子信道，传输功率控制指令；又如在通话过程中，发生越区切换时，必须插入越区切换指令等。

在 CDMA 蜂窝通信系统中，全网必须有统一的时间基准，以保证整个系统有条不紊地进行信息的传输、处理和交换，协调一致地对系统内各种设备进行管理、控制和操作，这种统一而精确的时间基准对 CDMA 系统尤为重要。

CDMA 蜂窝系统利用"全球定位系统（GPS）"的时标，GPS 的时间与"世界协调时间

（UTC）"是同步的，二者相差是秒的整数倍。CDMA 系统时间的开始是 1980.1.6 UTC，这与 GPS 的开始时间正好重合。

在 CDMA 蜂窝系统中，各基站配有 GPS 接收机，保证系统中各基站有统一的时间基准，即 CDMA 蜂窝系统的公共时间基准。小区内所有移动台均以基站的时间基准作为各移动台的时间基准，从而保证全网的同步。

（2）反向逻辑信道。CDMA 系统的反向逻辑信道由接入信道和反向业务信道组成。图 6.5 所示为基站接收的反向 CDMA 逻辑信道的实例。

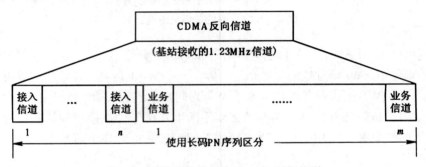

图 6.5　基站接收的反向 CDMA 逻辑信道

在反向传输逻辑信道中，接入信道与正向传输的寻呼信道相对应，其作用是在移动台接续开始阶段提供通路，即在移动台没有占用业务信道之前，提供由移动台至基站的传输道路。供移动台发起呼叫或对基站的寻呼进行响应，以及向基站发送登记注册的信息等。接入信道使用一种随机接入协议，允许多个用户以竞争的方式占用。在一个反向信道中，接入信道数 n 最多可达 32 个。在极端情况下，业务信道数 m 最多可达 64 个，每个业务信道用不同的用户长码序列加以识别，每个接入信道也采用不同的接入信道长码序列加以区别。

在反向传输方向上无导频信道，这样，基站接收反向传输信号时，只能用非相干解调。

6.3　CDMA 网络结构与组成

CDMA 蜂窝通信系统的网络结构如图 6.6 所示，它与 TDMA 蜂窝系统的网络相类似，主要由 3 大部分组成：网络子系统、基站子系统和移动台。图 6.6 中已表明了各部分之间以及与市话网（PSTN 或 ISDN）之间的接口关系。其中小区分为全向小区和扇形小区两种类型。下面对各部分功能及主要组成做简要说明。

6.3.1　网络子系统

网络子系统处于市话网与基站控制器之间，它主要由移动交换中心（MSC），或称为移动电话交换局（MTSO）组成。此外，还有本地用户位置寄存器（HLR）、访问用户位置寄存器（VLR）、操作管理中心（OMC）以及鉴权中心（图中未画）等设备。

移动交换中心是蜂窝通信网络的核心，其主要功能是对位于本 MSC 控制区域内的移动用户进行通信控制和管理。MSC 的结构如图 6.7 所示。所有基站都有线路连至 MSC，包括业务线路和控制线路。每一基站对每一声码器为 20ms（1 帧）长的数据组信号质量（即信噪比）做出估算，并将估算结果随同声码器输出的数据传输至移动交换中心。由于移动台至相邻各基站的无线链路受到的衰落和干扰情况不同，从某一基站到移动交换中心的信号有可能比从其他基站传到的同一信号质量好。移动交换中心将收到的信息送入选择器和相应的声码器。选择器对两个或更多基站传来的信号质量进行比较，逐帧（20ms 为 1 帧）选取质量最高的信号送入声码器，即完成选择式合并。声码器再把数字信号转换至 64kb/s 的 PCM 电话信号或模拟电话信号，送往公用电话网。在相反方向，公用电话网用户的语音信号送往移动台时，首先是由市话网连至交换中心的声码器，再连至一个或几个基站，再由基站发往移动台。交换中心的控制器确定语音传给哪一个基站或哪一个声码器，该控制器与每一个基站控制器都是连通的，起到系统控制作用。

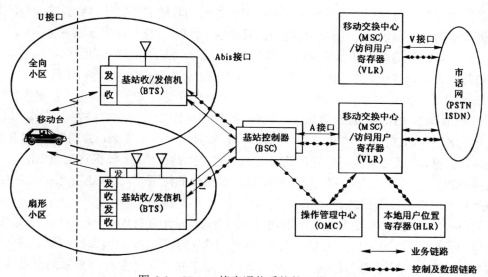

图 6.6　CDMA 蜂窝通信系统的网络结构

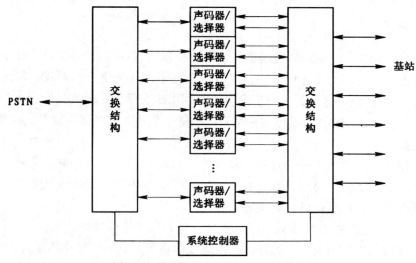

图 6.7　移动交换中心（MSC）的结构

CDMA 移动交换中心的其他功能与 GSM 的移动交换中心的功能是类同的，主要有：信道的管理和分配，呼叫的处理和控制，过区切换与漫游的控制，用户位置信息的登记与管理，用户号码和移动设备号码的登记与管理，服务类型的控制，对用户实施鉴权，为系统连接别的 MSC 和为其他公用通信网络如公用交换电信网（PSTN）、综合业务数字网（ISDN）提供链路接口。

由此可见，MSC 的功能与数字程控交换机有相似之处，如呼叫的接续和信息的交换；也有特殊的要求，如无线资源的管理和适应用户移动性的控制。因此，MSC 是一台专用的数字程控交换机。

本地位置寄存器（HLR），也称原籍位置寄存器，是一种用来存储本地用户位置信息的数据库。每个用户都必须在当地入网时，在相应的 HLR 中进行登记，该 HLR 就为该用户的原籍位置寄存器。登记的内容分为两类：一种是永久性的参数，如用户号码、移动设备号码、接入的优先等级、预定的业务类型以及保密参数等；另一种是临时性的需要随时更新的参数，即用户当前所处位置的有关参数。即使移动台漫游到新的服务区时，HLR 也要登记新区传来的新的位置信息。这样做的目的是保证当呼叫任一个不知处于哪一个地区的移动用户时，均可由该移动用户的原籍位置寄存器获知它当时处于哪一个地区，进而能迅速地建立起通信链路。

访问用户（位置）寄存器（VLR）是一个用于存储来访用户位置信息的数据库。一般而言，一个 VLR 为一个 MSC 控制区服务。当移动用户漫游到新的 MSC 控制区（服务区）时，它必须向该区的 VLR 登记。VLR 要从该用户的 HLR 查询其有关参数，并通知其 HLR 修改该用户的位置信息，准备为其他用户呼叫此移动用户时提供路由信息。如果移动用户由一个 VLR 服务区移动到另一个 VLR 服务区时，HLR 在修改该用户的位置信息后，还要通知原来的 VLR，并删除此移动用户的位置信息。

鉴权中心（AUC）的作用是可靠地识别用户的身份，只允许有权用户接入网络并获得服务。

操作和管理（维护）中心（OMC）的任务是对全网进行监控和操作，例如系统的自检、报警与备用设备的激活，系统的故障诊断与处理，话务量的统计和计费数据的记录与传递，以及各种资料的收集、分析与显示等。

6.3.2 基站子系统

基站子系统（BSS）包括基站控制器（BSC）和基站收发设备（BTS）。每个基站的有效覆盖范围即为无线小区，简称小区。小区可分为全向小区（采用全向天线）和扇形小区（采用定向天线），常用的是小区分为 3 个扇形区，分别用 α、β 和 γ 表示。

一个基站控制器（BSC）可以控制多个基站，每个基站含有多部收发信机。图 6.8 所示为基站控制器的结构。

基站控制器通过网络接口分别连接移动交换中心和基站收发信机群，此外，还与操作维护中心连接。基站控制器主要为大量的 BTS 提供集中控制和管理，如无线信道分配、建立或拆除无线链路、越区切换操作以及交换等功能。

由图 6.8 可见，基站控制器主要包括代码转换器和移动性管理器。

移动性管理器负责呼叫建立、拆除、切换无线信道等，这些工作由信道控制软件和 MSC 中的呼叫处理软件共同完成。

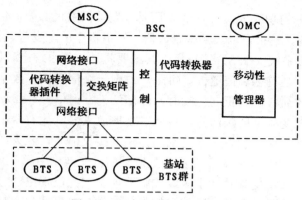

图 6.8　基站控制器结构简化图

代码转换器主要包含代码转换器插件、交换矩阵及网络接口单元。

代码转换功能按 EIA/TIA 宽带扩频标准规定，完成适应地面的 MSC 使用 64kb/s PCM 语音和无线信道中声码器语音转换，其声码器速率是可变的，即 8kb/s、4kb/s、2kb/s 和 0.8kb/s 四种。除此之外，代码转换器还将业务信道和控制信道分别送往 MSC 和移动性管理器。基站控制器无论是与 MSC 还是与 BTS 之间，其传输速率都很高，达 1.544Mb/s。

基站子系统中，数量最多的是收发信机（BTS）等设备，图 6.9 所示为单个扇形小区的设备组成方框图。由于接收部分采用空间分集方式，因此采用两副接收天线（R_X），1 副发射天线（T_X）。顶端为滤波器和线性功率放大器，即接收部分输入电路，选取射频信号，滤除带外干扰。接收部分的前置低噪声放大器（LNA）也置于第 1 层中，其主要作用是为了改善信噪比。

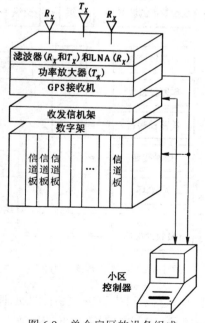

图 6.9　单个扇区的设备组成

第 2 层是发射部分的功率放大器。第 3 层是收发信机主机部分，包括发射机中的扩频、调制，接收机中的解调、解扩，以及频率合成器、发射机中的上变频、接收机中的下变频等。

第 4 层是全球定位系统（GPS）接收机，其主要就是起到系统定时作用。

最底层是数字机，装有多块信道板，每用户占用一块信道板。数字架中信道板以中频与收发信机架连接。具体而言，在正向传输时，即基站为发射信号往移动台、数字架输出的中频信号经收发信机架上变频到射频信号，再通过功率放大器、滤波器，最后反馈至天线。在反向传输信道，基站处于接收状态，通过空间分集的接收信号，经天线输入、滤波、低噪声放大（LNA），然后通过收发信机架下变频，把射频信号变换到中频，再送至数字架。

数字架和收发信机架均受基站（小区）控制器控制。前已指出，它的功能是控制管理蜂窝系统小区的运行，维护基站设备的硬件和软件的工作状况，使建立呼叫、接入、信道分配等正常运行，并收集有关的统计信息、监测设备故障、分配定时信息等。

需要说明的是，基站接收机除了上述的空间分集之外，还采用了多径分集，用 4 个相关器进行相关接收，简称 4 RAKE 接收机。

6.3.3 移动台

IS-95 标准规定的双模式移动台，它必须与原有的模拟蜂窝系统（AMPS）兼容。以便使 CDMA 系统的移动台也能用于所有的现有蜂窝系统的覆盖区，从而有利于发展 CDMA 蜂窝系统。这一点非常有价值，也利于从模拟蜂窝网平滑地过渡到数字蜂窝网。

双模式移动台与原有模拟蜂窝移动台之间的差别是增加了数字信号处理部分，如图 6.10 所示。图中，着重画出了增加的部分，模拟调频部分可参阅有关内容。

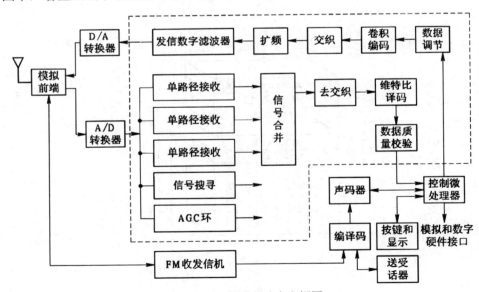

图 6.10 双模式移动台方框图

图 6.10 显示 CDMA 移动台收、发信机中有关数字信号处理的内容。发送时，由送话器输出语音信号，经编码输出 PCM 信号，由声码器输出低速率语音数据，再经数据速率调节、卷

积编码、交织、扩频、滤波后送至射频前端（含上变频、功放、滤波等），最后反馈至天线。

收、发合用一副天线，由天线共用器进行收、发隔离，收发频差为 45MHz。

从天线上接收信号经接收机的前端电路，它包括输入电路、第一变频器、第一中频（86MHz）放大器、第二变频器、第二中频（45MHz）放大器，送入并行相关器，其中 3 个单路径接收相关器，在完成解扩后进行信号合并，然后是经交织、卷积译码器（即维特比译码）、数据质量校验、声码器、译码器至受话器。

信号搜寻相关器用于搜索和估算基站的导频信号强度。不同的基站具有不同的引导 PN 码偏置系数，移动台据此判断不同基站。

第二中频放大器输出电平还为接收机自动增益控制（AGC）电路提供电平，以便减小信号强度起伏。

应该指出，移动台未采用空间天线分集，而且收、发只共用一副天线。

6.4 CDMA 蜂窝网的关键技术

CDMA 在蜂窝网移动通信中应用必须针对移动通信的特点，解决相关的技术问题。移动性要求进行自动功率控制；解决移动信道中的衰落问题，需采用分集接收技术；为了提高频带利用率，采用正交扩频调制。其他的还有低速语音编码及越区切换等技术。

6.4.1 自动功率控制

在 CDMA 蜂窝系统中，为了解决远近效应问题，同时避免对其他用户过大的干扰，必须采用严格的功率控制，包括反向链路开环功率控制和闭环功率控制，还有正向链路的功率控制。

1. 远近效应

由于移动通信中移动用户不断地移动，有时靠近基站，有时远离基站。如果移动台发射功率固定不变，那么离基站距离近时，过大的发射功率不仅浪费，而且会造成对其他用户的干扰，尤其是对离基站较远的移动台发给基站的信号影响较大。所谓远近效应就是当基站同时接收两个距离不同的移动台发来的信号时，由于两个移动台频率相同，则距基站近的（设距离为 d_1）移动台 MS_1 将对另一移动台 MS_2（它距基站距离为 d_2，$d_2 >> d_1$）信号产生严重干扰，如图 6.11 所示。

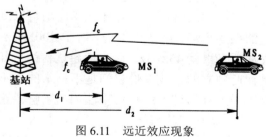

图 6.11 远近效应现象

由于 MS_1 和 MS_2 发射频率相同，图中均为 f_c，而且移动台设备相同，同样的发射机，同样的天线。因此当基站接收远距离 MS_2 时，必将受到 MS_1 信号的干扰。

假设不实施功率控制，亦即各移动台的发射功率相同，则两移动台至基站的功率电平的差异仅取决于传输损耗之差。即可定义近端对远端的干扰比为

$$R_{d_2 d_1} = L_A(d_2) - L_A(d_1)$$ （6-13）

式中，$L_A(d_2)$ 和 $L_A(d_1)$ 均以 dB 计，$L_A(d_2)$ 为 d_2 的路径传输损耗，$L_A(d_1)$ 为较近距离 MS_1 的路径传输损耗。

在同样地形、地物条件下，传输损耗近似与距离的 4 次方成正比，即有

$$\frac{L_A(d_2)}{L_A(d_1)} = \left(\frac{d_2}{d_1}\right)^4$$

则

$$R_{d_2 d_1} = 40\lg\frac{d_2}{d_1}$$ （6-14）

例如 d_1=500m，d_2=5km，则 $R_{d_2 d_1}$=40dB。由此可见，在移动通信网络中，远近效应问题是普遍存在的，并且十分严重，甚至影响网络的容量。为此 CDMA 系统需要采取功率控制技术。

2. 反向链路的功率控制

CDMA 系统的通信质量和容量主要受限于收到干扰功率的大小。若基站接收到移动台的信号功率太低，则误比特率太大而无法保证高质量通信；反之，若基站接收到某一移动台功率太高，虽然保证了该移动台与基站间的通信质量，却对其他移动台增加了干扰，导致整个系统质量恶化和容量减小。只有当每个移动台的发射功率控制到基站所需信噪比的最小值时，通信系统的容量才达到最大值。

上行链路功率控制就是控制各移动台的发射功率的大小。它可分为开环功率控制和闭环功率控制。

上行链路开环功率控制亦称反向链路开环功率控制，或简称反向开环功率控制。它的前提条件是假设上行与下行传输损耗相同，移动台接收并测量基站发来的信号强度，并估计下行传输损耗，然后根据这种估计，移动台自行调整其发射功率，即接收信号增强，就降低其发射功率；接收信号减弱，就增加其发射功率。开环功率控制的响应约毫秒级，控制动态范围约有几十分贝。

开环功率控制的优点是简单易行，不需要在移动台和基站之间交换控制信息，因而不仅控制速度快，而且节省开销。它对付慢衰落是比较有效的，即对车载移动台快速驶入（或驶出）高大建筑物遮蔽区所引起的衰落，通过开环功率控制可以减小慢衰落影响。但是对于信号因多径效应而引起的瑞利衰落，则效果不佳。对于 900MHz 的 CDMA 蜂窝系统，采用频分双工通信方式，收发频率相差 45MHz，已远远超过信道的相干带宽。因而上行或下行无线链路的多径衰落是彼此独立的，或者说它们是不相干的。不能认为移动台在下行信道上测得的衰落特性，就等于上行信道上的衰落特性。为了解决这个问题，可采用闭环功率控制方法。

所谓闭环功率控制，即由基站检测来自移动台的信号强度或信噪比，根据测得结果与预定的标准值相比较，形成功率调整指令，通知移动台调整其发射功率，调整阶距为 0.5dB。一般情况下这种调整指令每 1ms 发送一次就可以了。反向功率控制效果如图 6.12 所示。

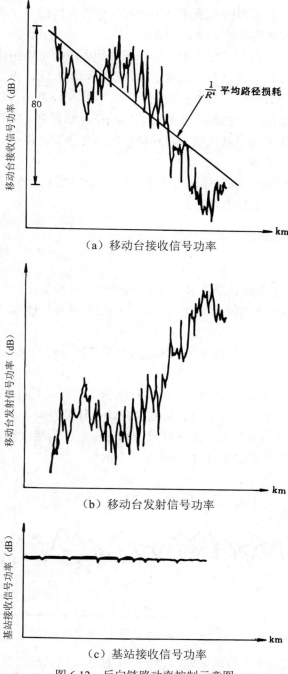

（a）移动台接收信号功率

（b）移动台发射信号功率

（c）基站接收信号功率

图 6.12　反向链路功率控制示意图

3. 正向链路的功率控制

正向链路也称为下行链路，所以正向链路的功率控制也称为正向功率控制。它是调整基站向移动台发射的功率，使任一移动台无论处于蜂窝小区中的任何位置上，收到基站发来的信号电平都恰好达到信干比所要求的门限值。做到这一点，就可以避免基站向距离近的移动台辐射过大的信号功率，也可以防止或减小由于移动台进入传播条件恶劣或背景干扰过强的地区而发生误码率增大或通信质量下降的现象。

正向功率控制方法与反向功率控制相类似，正向功率控制可以由移动台检测基站发来信号的强度，并不断地比较信号电平和干扰电平的比值。如果此比值小于预定的门限值，移动台就向基站发出增加功率的请求。基站收到调整功率的请求后，按 0.5dB 的调整阶距改变相应的发射功率。最大的调整范围约±6dB。上述的正向功率控制是属于闭环方式。正向功率控制也可以采用开环方式，即可由基站检测来自移动台的信号强度，以估计反向传输的损耗，并相应调整发给该移动台的功率。

总之，功率控制是 CDMA 蜂窝移动通信系统提高通信质量、增大系统容量的关键技术，也是实现这种通信系统的主要技术难题之一。

6.4.2　CDMA 系统的分集技术

1. 多种分集技术

CDMA 系统中采用了多种分集技术，包括"宏分集"（多基站分集）和多种"微分集"。下面着重就减小快衰落的微分集做一说明，主要是利用路径分集技术，即 RAKE 接收机做更详细的讨论。

CDMA 系统综合利用多种分集技术来减弱快衰落对信号的影响，从而获得高质量的通信性能。

减弱慢衰落采用宏分集（空间分集），即用几副独立天线或不同基站分别发射信号，保证各信号之间的衰落独立。由于这些信号传输路径的地理环境不同，因而各信号的慢衰落互不相关。通常，采用选择式合并方式，选择信号较强的一个作为接收机输出，从而减弱了慢衰落的影响，如图 6.13 所示。CDMA 软切换就是一个例证。

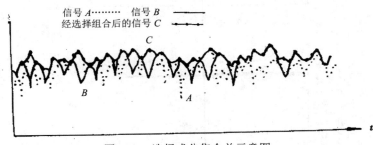

图 6.13　选择式分集合并示意图

CDMA 系统中为减弱瑞利衰落采取了多种分集技术，包括频率分集、时间分集和多径分集（或空间分集）。

码分多址采用扩频技术，属于宽带传输，例如 CDMA 蜂窝系统的带宽约 1.25MHz，它远远大于移动信道的相干带宽（约几十千赫兹），因此频率选择性衰落对宽带信号的影响是很小的，也就是说，码分多址的宽带传输起到了频率分集的作用。

CDMA 系统中采用的交织编码技术，用于克服突发性干扰，从分集技术而言是属于时间分集。通常将连续出现的误码分散开来，变成随机差错，采用分组纠错技术（如卷积编码）纠正随机差错，从而间接地纠正了连续的突发性差错。为此，必须解决将突发性差错分散的办法，其基本方法可举例说明。

假设原始数据为 1101001101001110 共计十六位，按 4×4 矩阵排列，依次按行写入发送矩阵，如表 6.2 所示。

从发送矩阵读出的顺序则按列顺序，即先取出第一列 1001，然后是第二列 1011……这样送入信道的数据流就是 1001101101011100。假定在数据传输过程中出现突发性差错，例如第 5~8 位发生了差错，即接收到的数据流可写成

$$1001××××01011100$$

由于发送端将数据按行写入、按列读出，为了恢复原始数据顺序，必须进行相反变换，即将接收到的数据送入接收矩阵，进行按列写入、按行读出。自然，发端若采用按列写入、按行读出，那么收端需要按行写入、按列读出。这两种方式其原理是相同的。针对表 6.2 的例子，现将接收到的数据流按列写入接收矩阵，如表 6.3 所示。

表 6.2　4×4 发送矩阵

1	1	0	1
0	0	1	1
0	1	0	0
1	1	1	0

表 6.3　4×4 接收矩阵

1	×	0	1
0	×	1	1
0	×	0	0
1	×	1	0

接收矩阵按行读出的数据是

$$1×01\ 0×11\ 0×00\ 1×10$$

由上可见，将上述连续错码已分散开来，且每组（4 位）中只有一个差错，通过分组码纠错技术，可以纠正少量的差错，从而纠正了突发性的连续差错。上面只是做了原理性的说明，但有了这样的概念或基础，就可理解 CDMA 系统中的各种（包括上行链路和下行链路）交织编码技术。

CDMA 系统中还采用了空间分集技术，即多径分集。对于传输带宽为 1.25MHz 的 CDMA 系统，它容易采用多径分集技术。因为当来自两个不同路径的信号的时延差大于 1μs 时，这两个衰落信号可看作互不相关。CDMA 系统采用 RAKE 接收机进行多径分集，RAKE 接收机能有效地克服快衰落的问题，因此受到人们的关注，这也是 CDMA 系统能成功的关键之一，下面予以详细介绍。

2．RAKE 接收机

所谓 RAKE 接收机就是利用多个并行相关器检测多径信号，按照一定的准则合成为一路信号供解调用的接收机。需要特别指出的是，一般的分集技术把多径信号作为干扰来处理，而 RAKE 接收机采取变害为利，即利用多径现象来增强信号。简化的 RAKE 接收机组成如图 6.14 所示。

假设发端从 T_X 发出的信号经 N 条路径到达接收天线 R_X。路径 1 距离最短，传输时延也最小，依次是第二条路径、第三条路径……时延时间最长的是第 N 条路径。通过电路测定各条

路径的相对时延差，以第一条路径为基准时，第二条相对于第一条路径相对时延差为 Δ_2，第三条相对于第一条路径相对时延差为 Δ_3，……，第 N 条路径相对于第一条路径相对时延差为 Δ_N，且有 $\Delta_N > \Delta_{N-1} > \cdots > \Delta_3 > \Delta_2$（$\Delta_1 = 0$）。

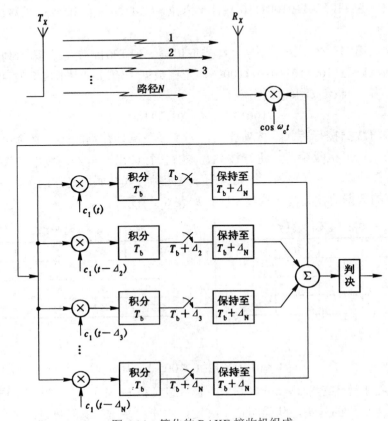

图 6.14　简化的 RAKE 接收机组成

接收端通过解调后，送入 N 个并行相关器。在 QCDMA 系统中，基站接收机 $N=4$，移动台接收机 $N=3$。图中为用户 1 使用伪码 $c_1(t)$，通过位同步，各个相关器的本地码分别为 $c_1(t)$、$c_1(t-\Delta_2)$、$c_1(t-\Delta_3)$、…、$c_1(t-\Delta_N)$。经过解扩加入积分器，每次积分时间为 T_b，第一支路在 T_b 末尾进入电平保持电路，保持直到 $T_b+\Delta_N$，即到最后一个相关器于 $T_b+\Delta_N$ 产生输出。这样 N 个相关器于 $T_b+\Delta_N$ 时刻通过相加求和电路，再经判决电路产生数据输出。

由于各条路径加权系数为 1，因此为等增益合并方式。利用多个并行相关器，获得了各多径信号能量，即 RAKE 接收机利用多径信号提高通信质量。

6.4.3　CDMA 切换技术

任何一种蜂窝网，都是采用小区制方式，小区常常分为若干个扇区（如 3 个或 6 个）。因此移动台从一个扇区到另一个扇区，或从一个小区到另一个小区，甚至从一个业务区到另一个业务区，都需要进行越区切换，或者统称为越区切换。CDMA 系统的越区切换与 FDMA 或 TDMA 系统的越区切换是不同的。为了更好地理解 CDMA 系统越区切换的特点和优点，下面先简单回顾 FDMA 和 TDMA 系统的越区切换特点，进而讨论 CDMA 越区切换技术。

　　模拟蜂窝系统（AMPS 或 TACS）采用频分多址方式，其越区切换必须改变话务信道频率，通常称作硬切换。图 6.15 所示为发生越区切换的情况，移动台从基站 BS_1 进入 BS_2 小区时，将发生越区切换。假定移动台正在通过 BS_1 ←→移动交换中心←→公用交换电话网←→市话用户进行通话，当 BS_1 中设置的定位接收机不断监测来自移动台的信号电平（或监测音SAT 的信噪比）低于某一门限值时，便立即报告给 MSC，MSC 当即命令邻近基站（BS_2、BS_3）同时监测该移动台的信号，并将测得的结果报告给 MSC。MSC 根据测量的数据，就可以判断移动台从 BS_1 驶入了哪个小区，这就叫定位。假设 BS_2 测得的信号强度最大（也高于原基站 BS_1）。这样，MSC 命令 BS_2 开启某一语音频道收发信机，MSC 通过 BS_1 命令 MS将语音频道改变到新的频道，完成切换频道后就与新基站（BS_2）构成链路。切换过程约需0.1s。如果小区半径太小，移动台（车载）速度较快时，这种硬切换势必会使用户有中断语音的感觉。

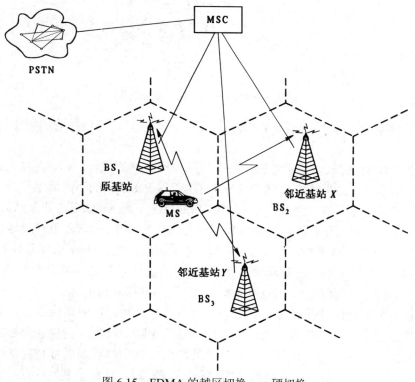

图 6.15　FDMA 的越区切换——硬切换

　　在 TDMA 数字蜂窝系统中，其越区切换中采用了移动台辅助切换方式，简称 MAHO（Mobile Assisted Handoff）。这是由于移动台通话期间，接收机只用了某一个时隙，其他时隙内，可监测邻近基站的信号强度，并不断地向 MSC 报告测量结果，如图 6.16 所示。因为移动台协助了切换过程，所以称作移动台辅助切换技术，它可以加快切换进程。如果也是从 BS_1切换到 BS_2，一般情况下，移动台不仅要改变时隙，而且还要改变频率，因此也属于硬切换。

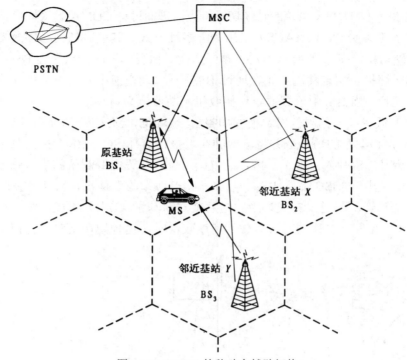

图 6.16　TDMA 的移动台辅助切换

CDMA 蜂窝系统支持 3 种切换方式：同一载频的软切换，不同载频的硬切换，CDMA 到 AMPS 的切换。

图 6.17 为 CDMA 的软切换示意图。各个基站使用相同的载频，但引导的伪码偏置不同。基站发出的导频信号在使用相同的频率时，只有由引导 PN 序列的不同偏置系数来区分。移动台不断接收各基站的导频信号强度，并通过原基站（BS_1）向 MSC 报告测量结果。在切换时，移动台同时与新、老基站保持无线链路（如同时与 BS_1 和 BS_2），从而可有效地提高切换的可靠性。由于软切换是不改变频率的，更重要的是在切换的过程中移动台开始和一个新基站（BS_2）通信时，并不立即中断和原来基站（BS_1）的通信，只有当移动台在新的小区（BS_2 的服务区）建立起稳定通信之后，原来的基站才中断与该移动台的通信。

软切换有很突出的优越性，首先是提高了切换的可靠性。在硬切换中，如果找不到空闲信道或切换指令的传输发生错误，则切换失败，通信中断。此外，当移动台靠近两个小区的交界处需要切换的时候，两个小区的基站在该处的信号电平都较弱而且有起伏变化，这会导致移动台在两个基站之间反复要求切换（即"乒乓"现象），从而重复地往返传输切换信息，使系统控制的负荷加重，或引起过载，并增加了中断通信的可能性。

其次，软切换为实现分集接收提供了条件。当移动台处于两个（或三个）小区的交界处进行软切换时，会有两个（或三个）基站同时向它发送相同的信息，移动台采用RAKE接收机，进行分集合并，即起到了多基站宏分集的作用，从而能提高前向业务信道的抗衰落性能，提高语音质量。

同样，在反向业务信道中，当移动台处于两个（或三个）小区的交界处进行软切换时，会有两个（或三个）基站同时收到一个移动台发出的信号，这些基站对所收信号进行解调并做质量估计，然后送往移动交换中心。这些来自不同基站而内容相同的信息由 MSC 采用选择式合并方式，逐帧挑选质量最好的，从而实现了反向业务信道的分集接收，提高了反向业务信道的抗衰落性能。

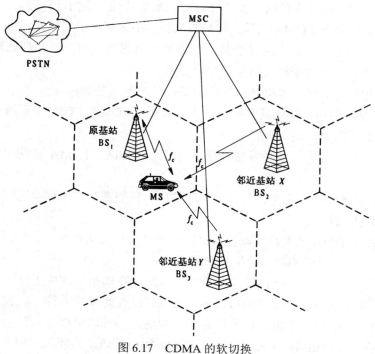

图 6.17　CDMA 的软切换

应该指出，这里所说的分集接收是利用 CDMA 系统在切换过程中当移动台和多个基站交换信息的条件下实现的，着重点是说明软切换为分集接收提供了条件。但是，这不是说，移动台或基站只在切换过程中才需要分集技术。为了提高通信系统的抗衰落能力和可靠性，在正常情况下，无论是基站或移动台都采用了分集技术，如基站的空间（天线）分集、采用交织技术的时间分集以及移动台的多径分集等。

CDMA 蜂窝系统中，一个载频包含 55 个业务信道，一个导频信道，一个同步信道，最多有 7 个寻呼信道。当用户密度很大时，可以采用多载频工作。如果切换发生在两个不同载频的交界处，则需进行的切换，称为硬切换，其切换原理与 FDMA 的硬切换相类似。

6.5　CDMA 的特点

CDMA 蜂窝通信系统的特点：

- 窄带 CDMA 系统是以频率重用为基础的蜂窝结构。
- 每个基站只需一个无线电台。
- 小区内以 CDMA 方式建立信道。

- 以每一码型为一个话路的数字信号传输，不需要设置保护时隙或保护频带。
- 由于 CDMA 蜂窝系统是以码型来区分用户地扯的，所以它仅干扰受限的系统。
- CDMA 系统需要系统的定时同步，但与 TDMA 系统相比，系统的同步要求不严格。
- CDMA 系统对整个移动台的发射信号功率控制要求非常严格。
- 移动用户可随时接入信道，并建立通信。系统具有一定的过载能力，即软系统容量。
- 移动台并行处理 CDMA 信号，除接收来自本小区基站的信号外，可同时接收来自相邻基站的信号，有利于选择最佳信号进行可靠的越区切换，并且这种越区切换只改变地址码，而不改变载波频率，即软切换。
- 便于采用语音激活技术来减少共信道干扰，增加系统容量。
- CDMA 系统的相关接收具有抗多径能力。不像 FDMA、TDMA 系统当传输速率大于 10kb/s 时，需要信道均衡。
- 扇区化的目的是为了增加系统容量，而不像 FDMA、TDMA 系统中扇区化是为了减少干扰。
- CDMA 扩展频谱的宽带信号在移动环境中，特别是在城市移动通信环境中衰落对信号的影响较小。
- 模拟系统/CDMA 数字系统双模式工作时，易于系统间转换。
- 不需要频率或时隙的动态分配和管理。

最后需要说明的是，本章所讲叙的双模手机，既能在模拟系统中工作，又能在CDMA系统中工作，而我国已取消了模拟移动通信网，故我国没有此双模手机。在我国现阶段各种广告非书面用语中提到的双模手机，由于没有统一的规定，可以用以下三种含义中的一种：一是GSM和CDMA；二是GSM和小灵通；三是CDMA和小灵通。另外，双频手机是指该手机可以在900MHz，也可以在1800MHz工作的手机。

习题

1. 简述 CDMA 的基本原理。
2. CDMA 接收机为什么能抗多径干扰？
3. CDMA 通信有何特点？
4. 说明 CDMA 蜂窝系统能比 TDMA 蜂窝系统获得更大通信容量的原因和条件。
5. 说明 CDMA 蜂窝系统采用功率控制的必要性及对功率控制的要求。
6. 什么叫开环功率控制？什么叫闭环功率控制？
7. 说明正向传输信道和反向传输信道的相同点和不同点。
8. 为什么说 CDMA 蜂窝系统具有软容量特性？这种特性有什么好处？
9. 为什么说 CDMA 蜂窝系统具有软切换功能？这种功能有什么好处？

第7章 3G与4G移动通信系统

7.1 3G 的基本概念

3G 是 3rd Generation 的缩写，是指第三代移动通信技术。相对第一代模拟制式（1G）和第二代 GSM、TDMA 等（2G），第三代是指将无线通信与互联网等多媒体通信结合的新一代移动通信系统。它能够处理图像、音乐、视频流等多种媒体形式，提供网页浏览、电话会议、电子商务等多种信息服务。为了提供这种服务，无线网络必须能够支持不同的数据传输速度，也就是说在室内、室外和行车的环境中能够分别支持至少 2Mb/s、384kb/s 以及 144kb/s 的传输速度。CDMA 是第三代移动通信技术的核心。

7.1.1 码分多址

码分多址（CDMA，Code-Division Multiple Access）是数字移动通信进程中出现的一种先进的无线扩频通信技术，它能够满足市场对移动通信容量和品质的高要求，具有频谱利用率高、语音质量好、保密性强、掉话率低、电磁辐射小、容量大、覆盖广等特点，可以大量减少投资和降低运营成本。CDMA 最早由美国高通公司推出，近几年由于技术和市场等多种因素作用得以迅速发展，目前世界上大部分国家已采用该技术，我国的中国移动、联通、电信三大运营商也均已采用。

7.1.2　3G 的标准

国际电信联盟（ITU）在 2000 年 5 月确定将 W-CDMA、CDMA2000 和 TD-SCDMA 三大主流无线接口标准，写入 3G 技术指导性文件《2000 年国际移动通讯计划》（简称 IMT-2000），而后在 2009 年，把 WiMAX 也作为 3G 的标准。

1. WCDMA

即 Wideband CDMA，也称为 CDMA Direct Spread，意为宽带码分多址，其支持者主要是以 GSM 系统为主的欧洲厂商，日本公司也或多或少参与其中，包括欧美的爱立信、阿尔卡特、诺基亚、朗讯、北电，以及日本的 NTT、富士通、夏普等厂商。这套系统能够架设在现有的 GSM 网络上，对于系统提供商而言可以较轻易地过渡，因此 WCDMA 具有先天的市场优势。

2. CDMA2000

CDMA2000 也称为 CDMA Multi-Carrier，由美国高通北美公司为主导提出，MTLL、Lucent 和后来加入的韩国三星都有参与，韩国现在成为该标准的主导者。这套系统是从窄频 CDMA One 数字标准衍生出来的，可以从原有的 CDMAOne 结构直接升级到 3G，建设成本低廉。但目前使用 CDMA 的地区只有日、韩和北美，所以 CDMA2000 的支持者不如 WCDMA 多。不过 CDMA2000 的研发技术却是目前各标准中进度最快的。

3. TD-SCDMA

该标准是由中国大陆独自制定的 3G 标准，1999 年 6 月 29 日，中国原邮电部电信科学技术研究院（大唐电信）向 ITU 提出。该标准将智能无线、同步 CDMA 和软件无线电等当今国际领先技术融于其中，在频谱利用率、业务支持灵活性、频率灵活性及成本等方面有独特优势。另外，由于中国庞大的市场，该标准受到各大主要电信设备厂商的重视，全球一半以上的设备厂商都宣布可以支持 TD-SCDMA 标准。

4. WiMAX

WiMAX 全称为 World Interoperability for Microwave Access，即全球微波接入互操作性技术，或称 802.16（IEEE 802.16 标准）技术。它是一项新兴的无线接入技术，802.16-2004 和 802.16e 标准在通常情况下可以提供 5～10 公里，最大 50 公里的传输距离；在短距离内和较好的信道条件下最高可达 75Mb/s 的传输速率，以适应用户的不同需要。目前关于 WiMAX 技术相对较完善的包括 802.16-2004（固定宽带无线接入技术）和 802.16-2005（移动宽带无线接入技术）。

7.2　3G 主流技术标准比较

随着全球移动通信的迅速发展，我国的移动电话普及率已经超过 80%，有的地区甚至接近 100%。2G 网络已经不能满足需要，3G 是发展的必然趋势。ITU 针对 3G 规定了五种陆地无线技术，WCDMA、CDMA2000、TD-SCDMA 和 WiMAX 是其中的四种主流技术。

在这四种技术中，WCDMA 和 CDMA2000 采用频分双工（FDD）方式，需要成对的频率规划。WCDMA 即宽带 CDMA 技术，其扩频码速率为 3.84Mchip/s，载波带宽为 5MHz；而 CDMA2000 的扩频码速率为 1.2288Mchip/s，载波带宽为 1.25MHz；另外，WCDMA 的基站间同步是可选的，而 CDMA2000 的基站间同步是必需的，因此需要全球定位系统（GPS）。以上两点是 WCDMA 和 CDMA2000 最主要的区别，但在其他关键技术方面，例如功率控制、软切换、扩频码以及所采用的分集技术等都是基本相同的，只有很小的差别。

TD-SCDMA 采用时分双工（TDD）、TDMA/CDMA 多址方式工作，扩频码速率为 1.28Mchip/s，载波带宽为 1.6MHz，其基站间必须同步，与其他两种技术相比采用了智能天线、联合检测、上行同步及动态信道分配、接力切换等技术，具有频谱使用灵活、频谱利用率高等特点，适合非对称数据业务。

下面对 WCDMA、CDMA2000、TD-SCDMA 和 WiMAX 进行比较分析。

7.2.1　标准稳定性

WCDMA 标准由 3GPP 组织制订，目前已经有四个版本，即 R99、R4、R5 和 R6。其中 R99 版本已经稳定，目前处于完善过程中，它的主要特点是无线接入网采用 WCDMA 技术，核心网分为电路域和分组域，分别支持语音业务和数据业务，并提出了开放业务接入（OSA）的概念。目前的设备多基于 R99 版本，最高下行速率可以达到 384kb/s。R4 版本是向全分组化演进的过渡版本，与 R99 相比其主要变化在于电路域引入了软交换的概念，将控制和承载分离，语音通过分组域传递。另外，R4 中也提出了信令的分组化方案，包括基于 ATM 和 IP 的两种可选形式。R5 和 R6 是全分组化的网络，在 R5 中提出了高速下行分组接入（HSDPA）的方案，可以使最高下行速率达到 10Mb/s，目前中国联通采用此标准。

CDMA2000 标准由 3GPP2 组织制订，版本包括 Release0、ReleaseA、EV-DO 和 EV-DV，Release0 的主要特点是沿用基于 ANSI-41D 的核心网，在无线接入网和核心网增加支持分组业务的网络实体，单载波最高速率可以达到 153.6kb/s。ReleaseA 是 Release0 的加强，单载波最高速率可以达到 307.2kb/s，并且支持语音业务和分组业务的并发。EV-DO 采用单独的载波支持数据业务，可以在 1.25MHz 标准载波中支持平均速率为 600kb/s、峰值速率为 2.4Mb/s 的高速数据业务。到了 EV-DV 阶段，可在一个 1.25MHz 的标准载波中同时提供语音和高速分组数据业务，最高速率可达 3.1Mb/s，目前中国电信采用此标准。。

TD-SCDMA 标准也由 3GPP 组织制订，目前采用的是中国无线通信标准组织（China Wireless Telecommunication Standard，CWTS）制订的 TSM（TD-SCDMAoverGSM）标准，基于 TSM 标准的系统其实就是在 GSM 网络支持下的 TD-SCDMA 系统。TSM 系统的核心思想就是在 GSM 的核心网上使用 TD-SCDMA 的基站设备，其 A 接口和 Gb 接口与 GSM 完全相同，只需对 GSM 的基站控制器进行升级。一方面利用 3G 的频谱来解决 GSM 系统容量不足，特别是在高密度用户区容量不足的问题；另一方面可以为用户提供初期最高达 384kb/s 的各种速率的数据业务，所以基于 TSM 标准的 TD-SCDMA 系统对已有 GSM 网的运营商是一种很好的选择。目前中国移动采用此标准。

7.2.2　系统的性能

1. 业务提供能力

目前三种基本制式的业务提供能力基本相同，即可以提供更高质量的通话；更快速的上网；可视电话；还可以有监测、控制功能，比如用户按一个号码就可以看到自己家里面的情况，查看门是否锁好了，电视机是否关了，出差以后也可以进行长距离的监测等。现在有一个技术叫作"全球眼"，可以通过手机进行控制，类似随身小秘书，可以很方便地处理监测和控制功能。此外还有手机定位，无论走到什么地方，都可以通过手机和电子地图结合起来，找到附近哪儿有医院、餐厅等，比 2G 更方便、更清晰。手机钱包功能，具体包括查缴手机话费、动感地带充值、个人账务查询、购买彩票、手机订报、购买数字点卡、电子邮箱付费、手机捐款、远程教育、手机投保、公共事业缴费等多项业务。年轻人比较感兴趣的视频游戏，大家互相能够在可视情况下玩游戏，市场比较大。视频社区，老同学、老同事可以形成一个社区，无论天南海北，大家都可以随时会晤，通过社区的活动一起开会、联欢、交流等。

2. 系统的容量

讨论无线系统的容量时，不能脱离具体的业务和无线环境，因此在采用 CDMA 技术的系统中，空中接口的容量与业务的 Eb/I0（比特能量与干扰功率密度之比）、增益处理、其他小区的干扰、基站发射功率和信道码的数量均有关系。下面分别说明对于语音业务和高速分组数据业务，这三种技术的容量差别。

语音业务，由于三种系统载波带宽不同，一般比较单位带宽内的平均容量。虽然不同公司在进行系统仿真时设定的条件不完全相同，但是 WCDMA 和 CDMA2000 的结果相近，TD-SCDMA 也没有大的差别。对于数据业务容量，一般用系统单位带宽内的数据吞吐量来表示。3G 引入了多种速率的数据业务，即使是对同一系统，不同的业务组合也会产生不同的数据吞吐量。一般对数据吞吐量的比较都针对同一小区内用户均使用相同速率的数据业务，从仿真的结果看，对于中低速数据，WCDMA 和 CDMA2000 是基本相当的，但是 WCDMA 在高速数据业务上具有优势。TD-SCDMA 由于其技术特点，在理论上具有较高的频谱效率，适合提供数据业务。

3. 系统的覆盖

基站的覆盖范围主要由上下行链路的最大允许损耗和无线传播环境决定。在工程上一般通过上下行链路预算来估算基站的覆盖范围，在相同的频带内，WCDMA 和 CDMA2000 的覆盖基本相同。由于 TD-SCDMA 采用 TDD 方式，在覆盖上要逊于采用 FDD 方式的其他两种技术。

总之，WCDMA 和 CDMA2000 同为 FDD 的 CDMA 技术，技术上没有本质差别，许多仿真和现场试验结果反映其系统性能基本相当。TD-SCDMA 与其他两种技术有较大的差别，要做更多的仿真和试验验证其性能。

4. 漫游能力

良好的全球漫游能力有利于与其他运营商的合作和吸引高端用户，影响漫游能力的主要因素包括运营商的使用情况、使用频段以及信令的互通性。从运营商的选择看，虽然

CDMA2000 的商用早于 WCDMA 和 TD-SCDMA，而且应用范围也较广，但是从全球主要运营商的选择来看，80%的运营商选择 WCDMA 技术，这就为 WCDMA 的漫游能力提供了良好的发展机会。

5. 使用的频段

CDMA2000 多采用带内演进的方式实现，即多数运营商使用 CDMAOne 的 800MHz 频段，WCDMA 多采用 ITU 规定的 2GHz 频段。在我国，信息产业部已经公布了 3G 的频率规划，可以看出，对于 FDD 和 TDD 方式都是首先启用 2GHz 频段。

6. 信令互通性

在核心网方面，WCDMA 基于 GSM 的移动应用协议（MAP），用户识别使用和 GSM 系统相同的 IMSI，实践证明具有良好的互通性。CDMA2000 采用基于 CDMAOne 的 ANSI-41 协议，用户识别使用基于 MIN 的 IMSI，虽然在技术上实现互通不成问题，但要对系统进行升级，实践证明这些都影响了漫游能力。

三种 3G 标准比较如表 7.1 所示。

表 7.1　三种 3G 标准比较

标准	WCDMA	CDMA2000	TD-SCDMA
最小带宽需求	5MHz	1.25MHz	1.6MHz
扩频技术类型	单载波宽带直接序列扩频 CDMA	多载波和直接扩频 CDMA	时分同步 CDMA
双工方式	FDD/TDD	FDD	TDD
信道间隔	5MHz	1.25MHz	1.6MHz
码片速率	3.84Mcps	1.2288Mcps	1.28Mcps
帧长	10ms	20ms	10ms
基站间同步	异步（不需 GPS）	同步（需 GPS）	同步（主从同步）
调制方式（前向/反向）	QPSK/BPSK	QPSK/BPSK	QPSK/8PSK
扩频因子	4～512	4～128	1～16
反向信道结构	导频/TPC/业务信道/信令/分组业务码时分复用	导频/控制信道/基本信道/补充信道码复用	导频/TPC/业务信道/信令/分组业务码时分复用
同步检测（前向/反向）	与导频信号相干 与导频信号相干（导频 IQ 复用）	与导频信号相干 与导频信号相干	与下行导频时隙相干 与上行导频时隙相干
下行信道导频	公共导频和专用导频(采用导频符号，与其他数据和控制信息时分复用，TDM)	公共导频信道（与其他业务和控制信道码复用，CDM）	导频和其他信道时分复用
上行信道导频	导频符号和 TPC 以及控制数据信息时分复用和 I/Q 复用	各信道间码分复用（有反向导频码信道）	导频和其他信道时分复用
切换	软切换，频间切换，与 GSM 间的切换	软切换，频间切换，与 IS-95 间的切换	接力切换，频间切换，与 GSM 间的切换，与 IS-95 间的切换

续表

	WCDMA	CDMA2000	TD-SCDMA
功率控制速度	1500Hz	800Hz	1400Hz
语音编码器	自适应多码速率语音编码器（AMR）	可变速率 IS-773，IS-127	
业务信道编码	卷积码，码率 1/2 或 1/3，约束长度 $K=9$，1/3 Turbo 码	Baseline 卷积码，码率 1/2，1/3，1/4，约束长度 $K=9$，高速用 Turbo 码	卷积码，码率 1/2 或 1/3，约束长度 $K=9$，1/3 Turbo 码
控制信道编码	卷积码，码率 1/2，约束长度 $K=9$	前向：卷积码，码率 1/4，约束长度 $K=9$ 反向：卷积码，码率 1/2，约束长度 $K=9$，高速用 Turbo 码	卷积码，码率 1/2 或 1/3，约束长度 $K=9$，1/3 Turbo 码

7.2.3　WiMAX

1. WiMAX 的网络结构

WiMAX 网络结构如图 7.1 所示，包括：核心网络、用户基站（SS）、基站（BS）、接力站（RS）、用户终端设备（TE）和网管。

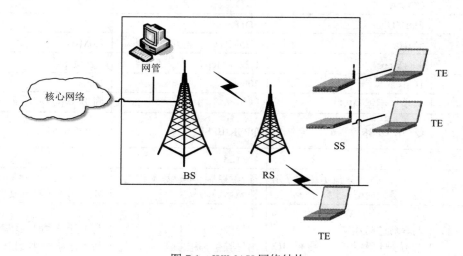

图 7.1　WiMAX 网络结构

（1）核心网络。WiMAX 连接的核心网络通常为专用网或因特网。WiMAX 提供核心网络与基站间的连接接口，但并不包括核心网络。

（2）基站。基站提供用户基站与核心网络间的连接，通常采用扇形/定向天线或全向天线，可提供灵活的子信道部署与配置功能，并根据用户群体状况不断升级扩展网络。

（3）用户基站。属于基站的一种，提供基站与用户终端设备间的中继连接，通常采用固定天线，并被安装在屋顶。基站与用户基站间采用动态适应性信道分配模式。

（4）接力站。在点到多点体系结构中，接力站通常用于提高基站的覆盖能力，也就是说充当一个基站和若干个用户基站（或用户终端设备）间信息的中继站。接力站面向用户侧的下行频率可以与其面向基站的上行频率相同，当然也可以采用不同的频率。

2. 接入网

在 IEEE 802.16 系列标准中提供了两种组网结构：点到多点（Point to Multiple Point，PMP）结构和网状网（Mesh）结构。

（1）点到多点结构

IEEE 802.16 系列标准中提供的 PMP 网络结构，是 WiMAX 系统的基础组网结构。PMP 结构以基站为核心，采用点到多点的连接方式，构建星型结构的 WiMAX 接入网络，基站扮演业务接入点（SAP）的角色。通过动态带宽分配技术，基站可以根据覆盖区域用户的情况，灵活选用定向天线、全向天线以及多扇区技术来满足大量的用户站（SS）设备接入核心网的需求。

必要时，可以通过中继站（RS）扩大无线覆盖范围，也可以根据用户群数量的变化，灵活划分信道带宽，对网络进行扩容，以实现效益与成本的折中。PMP 应用模式是一种常用的接入网应用形式，其特点在于网络结构简洁，应用模式与 xDSL 等线缆接入形式相似，因而是一种可替代线缆的理想方案。

点到多点结构如图 7.2 所示。

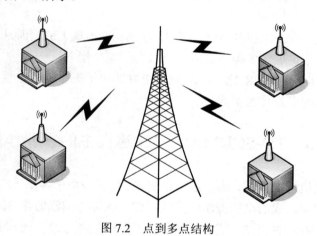

图 7.2　点到多点结构

（2）网状网结构

Mesh 结构采用多个基站以网状网方式扩大无线覆盖区。其中，有一个基站作为业务接入点与核心网相连，其余基站通过无线链路与该业务接入点相连。因此，作为业务接入点的基站既是接入点又是接入的汇聚点，而其余的基站既是中继站，又是业务的接入点。Mesh 应用模式的特点在于网状网结构可以根据实际情况灵活部署，实现网络的弹性延伸。对于市郊等远离骨干网络而有线网络不易覆盖的地区，可以采用该模式扩大覆盖范围，其规模取决于基站半径、覆盖区域大小等因素。

网状网结构如图 7.3 所示。

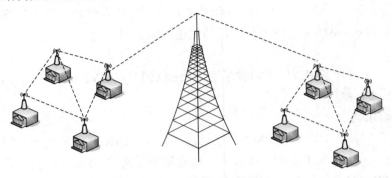

图 7.3　网状网结构

3. WiMAX 的技术优势

与现行的 3G 三大标准技术相比，WiMAX 具有以下优势：

（1）传输距离远。WiMAX 的传输距离最远可以达到 50km，远大于无线局域网；覆盖范围为其他 3G 基站的 10 倍，只要建设少数的基站就能实现全城覆盖，扩大了无线网络的应用范围。

（2）数据传输速率高。WiMAX 能实现 70Mb/s 的数据传输速率，是其他 3G 的 30 倍以上。与无线 LAN 标准 802.11a 和 802.11g 相同，WIMAX 也采用 OFDM 调制方式，每个频道的带宽为 20MHz。

（3）扩展性好。WiMAX 的规划要求其能与 Wi-Fi 实现无缝漫游，也可作为数字用户线等有线接入方式的无线扩展，实现"最后一公里"的宽带接入。

（4）服务质量高。WiMAX 比 Wi-Fi 具有更好的可扩展性、安全性及服务质量，因此可以更好地实现电信级的多媒体通信服务。

7.3　TD-SCDMA 在 3G 建设中的重要作用

在第三代移动通信标准领域，为了避免重演在 2G 领域由于各国（地区）频率分配方式及制式技术选择的不同而造成的全球漫游困难的问题，国际电信联盟在 3G 中提出了 IMT-2000（国际移动通信-2000）的倡议，并由此而催生了最终的三大主流国际标准：WCDMA、CDMA2000 和 TD-SCDMA。其中，由我国提交的 TD-SCDMA 标准，虽然在 ITU 的标准征集阶段是后来者，却凭借其独特的技术优势最终胜出。同时，作为三个主流标准中唯一一个 TDD 标准，该技术从诞生初始就一直备受世人关注。那么，TD-SCDMA 技术在我国 3G 网络建设中将扮演什么角色、发挥什么作用？将会对移动通信运营商和设备制造商产生哪些影响？

7.3.1　TD-SCDMA 将有效缓解频率资源紧张

我国的移动通信用户分布严重不均，人口密度相对较高的城市地区移动通信用户的密度远远高于平均水平，加之大城市中以商务人员和旅游者为主的流动人口越来越多，这些人大部分持有手机，所以部分地区 GSM 系统已经出现频率资源紧张的问题。与此同时，面向数据业务的 GPRS 业务占用的资源成倍增长（GPRS 使用时将占用多个信道），也加剧了 GSM 的频率危机。2G 移动通信的进一步发展已经受到频率瓶颈的严重制约。因此，从某种意义上讲，3G 也是移动数据业务进一步发展与 2G 频率资源严重不足之间难以调和的矛盾下的必然发展方向。那么，3G 的出现能否缓解这种危机呢？

1. ITU、国内及欧洲对 3G 频率的规划方案

ITU 在 3G 标准方案的征集之初，出于充分利用频率的考虑，同时征集了 FDD 和 TDD 两种方案，共收到 10 种地面移动标准提案。从这些提案中可以得出最后结论，欧、日、美提交的 WCDMA 和 CDMA2000 标准草案中均含有 FDD、TDD 两种方式。只是在后来的标准融合过程中，最终确定了欧洲提出的 UTRATDD（TD-CDMA）和中国提出的 TD-SCDMA 为 TDD 国际标准。在后续的产业化开发中，由于 TD-SCDMA 明显的技术优势，使得所有从事于 UTRATDD 开发的公司全部放弃 TD-CDMA 而转向了 TD-SCDMA 的开发。也就是说，目前世界上顺利进行产业化开发的 3G TDD 国际标准只有 TD-SCDMA 标准，也就意味着国际统一划分的 TDD 频段，将全部由 TD-SCDMA 技术使用。因此，TD-SCDMA 实现全球应用及漫游首先具备了宝贵的频率资源。

2002 年初，美国联邦通信委员会（FCC）也正式对外公布了最新的 TDD 频谱分配方案。其中将原先由联邦政府控制的 216MHz～220MHz、1390MHz～1395MHz、1427MHz～1435MHz、1670MHz～1675MHz、2385MHz～2390MHz 共 27MHz 的频率转为 TDD 商业通信服务用途，加上以前分配的 1910MHz～1930MHz 的 20MHz 的 TDD 频段，目前共有 47MHz 的频率可用于 3GHz TDD 移动通信。在 3G 牌照发放上步伐较快的欧洲，基本上采取了将 FDD 频段与 TDD 频段捆绑发放的原则，几乎每个获得 3G 牌照的运营商都同时得到了 FDD 与 TDD 频段。单纯依靠 FDD 技术难以有效解决 3G 的频率紧张问题。从 3GHz FDD 系统运营所需的基本频率的角度进行分析，对 FDD 中的 WCDMA 技术来讲，其基本带宽为 5MHz×2，如果运营者建设多层网，即用宏蜂窝完成大面积覆盖，用微蜂窝覆盖热点地区，用微微蜂窝提供高速接入，则至少需要 3 个频点，即 15MHz×2 的频率。考虑到在使用过程中的一定灵活性，某些国家也考虑使用 20MHz×2 频率。

我国目前的 2G 运营商可以使用现有的 2G 频率构成 3G 宏蜂窝，但现实的情况是，2G 网络的用户数太多，2G 网络短时期内不会在我国退出历史舞台，也就是说，2G 网络将与 3G 网络长期共存。因此，短期内让同时拥有 2G 和 3G 运营牌照的运营商清退出 2G 频率开展 3G 业务，是不现实的。短期内可启动的扩展频段只有尚未使用的 GSM 1800MHz 部分频段，但频段的频率有限。除此之外，只有启用 2GHz 以上的频段，由于该频段的频率较高，覆盖半径会降低，从而使组网成本上升。

2. TD-SCDMA 的频率使用特点将有效解决 3G 频率紧张的矛盾

对 TD-SCDMA 技术来讲，该技术的单载波带宽为 1.6MHz，而且不需要对称频段，在考虑三级网络结构时，分配 5MHz 就可组建一个基本的全国网。我国在 3G 频率规划中为 TDD 模式划分了 155MHz 的频率，完全可以满足多个 TD-SCDMA 运营商大容量建网的频率需求。

7.3.2　TD-SCDMA 的技术特点尤其适合 3G 的应用

在 TDD 的工作模式中，上、下行数据的传输通过控制上、下行发送时间的长短来决定，

可以灵活控制和改变发送、接收的时段长短比例，这尤其适用于今后的移动因特网、多媒体视频点播等非对称业务的高效传输。由于因特网业务中查询业务的比例较大，而查询业务中，从终端到基站的上行数据量很少，只需传输网址的代码，但从基站到终端的数据量却很大，收发信息量严重不对称。只有采用 TDD 模式时，才有可能通过自适应的时隙调整将上行的发送时间减少，将下行的接收时间延长，来满足非对称业务的高效传输。这种优势是 FDD 模式所不具备的。

1. TD-SCDMA 有利于国内运营商发展

由于 ITU 为 TDD 技术在全球都划分了统一分配的频段，欧美各国也为 TDD 划分了专有频段。鉴于 TD-SCDMA 技术是目前国际上唯一的进行商业开发的 3G TDD 技术，只要各国运营商采用 TDD 技术，必将采用 TD-SCDMA 技术。因此，当其他国家决定建设 TDD 移动通信网时，我国运营商可以利用自身作为 TD-SCDMA 技术的首批运营者所积累的丰富运营经验，走向国际运营市场。

2. TD-SCDMA 技术特点适合国内运营商进行业务创新

相对 WCDMA 和 CDMA 2000 而言，TD-SCDMA 是一项新生技术，首批采用 TD-SCDMA 的运营商，可以更有效地结合 TD-SCDMA 系统特性进行有针对性的业务创新。同时 TD-SCDMA 系统具有鲜明的技术特点，例如智能天线提供的强定位和追踪能力、上下行非对称业务、信道分配的灵活性、高频谱利用率等，这些特点都为国内运营商结合我国实际开发运营业务提供了有力基础。

3. TD-SCDMA 技术的实施为全球通信设备制造商提供新的机遇

目前，TD-SCDMA 作为国际上唯一在做商用研发的 TDD 国际标准，关注、参与其产品开发的厂商越来越多。TD-SCDMA 技术论坛的成员已突破 410 家，TD-SCDMA 产业联盟的推进工作也逐步深入，芯片、系统、仪表的研发和产业化都已取得实质性突破。TD-SCDMA 已经在国内大规模商用。

4. TD-SCDMA 技术具有自主知识产权

从知识产权角度来考虑，由于 WCDMA 和 CDMA2000 的大部分核心专利由几十家公司所垄断，对于后来者而言，几乎不存在再创造新核心专利的机会。没有核心专利就意味着这些厂商不具备与其他拥有核心专利的公司进行核心专利交叉许可的条件，从而必须向多家拥有核心专利的厂商支付高昂的知识产权费，这将严重削弱这些后进入的设备制造商在 3G 产品价格上的竞争力，甚至将导致不得不退出自主研发的 TD-SCDMA 技术在专网中实现第三代应用。

支持语音、数据和多媒体的 3G 移动通信系统，不仅适用于以公众运营为目的的公共网络，而且也适用于军队、电力、油田、水利等专用通信网络，使得这些专用领域的通信和信息化能力有大的飞跃。在这方面，我国自主知识产权的 TD-SCDMA 具有得天独厚的优势。

首先，包括核心芯片在内，国内厂商基本掌握其核心技术，又拥有相关的自主知识产权。因此，针对专用网络的应用特点，可以为其业务应用进行量身定制，例如提供加密功能、提供各种调度应用功能等。

其次，TD-SCDMA 的技术特点可为专网的一些独特应用奠定基础。例如智能天线提供终端定位和跟踪能力、频率分配的灵活性、上下行数据不对称性等。

同时，TD-SCDMA 技术的先进性使得实现低成本和业务灵活，以保证在专网中使用 3G 系统的经济可行性。据丹麦 RTX 公司估计，TD-SCDMA 实现下来会比 WCDMA 便宜 20%～25%，由于 TD-SCDMA 的码片速率为 1.28Mb/s，只是 WCDMA 标准的三分之一。因此，TD-SCDMA 的终端完全可用软件无线电来实现基带处理，可极大地降低终端的成本和功耗，有效解决专网应用特殊终端专用芯片的用量小、价格下不来的矛盾，能满足各种特殊应用需求。

作为国际 3G 主流移动通信之一，TD-SCDMA 技术为世人提供了一个充分利用宝贵频率资源的方案。同时，这项新生的技术给世界各国的运营商和通信设备制造商，尤其是那些后进入者提供了一个千载难逢的机会，大家将站在同一条起跑线上，在未来 TD-SCDMA 的巨大市场中共同发展。TD-SCDMA 标准的诞生，不仅是中国通信史上的突破，更是世界通信史上的一个伟大创举。TD-SCDMA 技术标准必将把移动通信事业带入一个崭新的发展时代。

中国和欧洲的 3G 频率划分方案如图 7.4 所示。

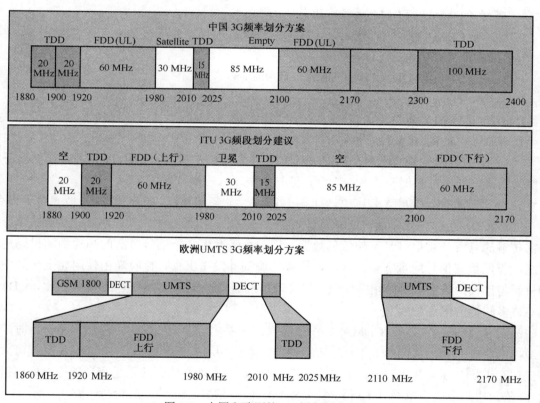

图 7.4　中国和欧洲的 3G 频率划分方案

7.4　3G 相关技术及过渡策略

无线通信业前两代的发展特点主要表现在对提高业务质量的需求，对提高频谱利用率以及更大容量的需求。FDD、FDMA 用于第一代无线系统的技术，主要侧重于模拟蜂窝电话业务。FDD、TDMA 和 FDD、CDMA 用于第二代无线系统的技术，它将语音从模拟蜂窝提高到数字蜂窝和 PCS。面对语音与数据综合性多媒体无线通信设备的发展，无线互联网的发展要求高速数据传输，第三代无线通信将是移动 IP 标准化系统，这种系统需具备更高的频谱效率和移动速度，以更好地支持"移动通信"以及不对称业务；更高的吞吐量和更少的延迟，以提高各项"IP"能力。在这种需求的驱动下，各种技术涌现，到 1998 年 6 月 30 日，即第三代移动通信无线传输技术（RTT）标准征集的截止日，ITU-R 共收到 16 种 3G RTT 标准提案，其中有 6 种是卫星移动的 RTT 标准提案，其余 10 种是地面移动的 3G RTT 标准提案，这些提案分别来自于美、欧、中、日、韩等国家。

7.4.1　CDMA 和 TDMA 的比较

ITU-R 通过的五个无线传输技术的 3G 技术规范中有三个是基于 CDMA 技术的，有两个是基于 TDMA 技术的。

1. 基于 CDMA 和 TDMA 的技术规范

IMT-2000 CDMA DS（WCDMA、CDMA2000）

IMT-2000 CDMA MC（CDMA2000 MC）

IMT-2000 CDMA TDD（TD-SCDMA、TD-CDMA）

IMT-2000 TDMA SC

IMT-2000 TDMA MC（DECT）

2. CDMA 是 3G 的发展趋势

（1）高的数据传输率是移动通信系统具备强大功能的基础。尽管 TDMA 系统的业务综合能力较高，能进行数据和语音的综合，但是终端接入速率有限。

（2）相比而言，CDMA 技术更具有系统容量大、语音质量好、抗干扰性强、保密性等优点。

（3）CDMA 即码分多址，是由美国高通公司首先提出的技术，其原理基于扩频技术，即将需传输的具有一定信号带宽的信息数据，用一个带宽远大于信号带宽的高速伪随机码进行调制，使原数据信号的带宽被扩展，再经载波调制并发送出去，接收端由使用完全相同的伪随机码与接收的带宽信号做相关处理，以实现信息通信。与 FDMA 和 TDMA 相比，CDMA 具有许多独特的优点。

（4）系统容量大，在 CDMA 系统中所有用户共用一个无线信道，当用户不讲话时，该信道内的所有其他用户会由于干扰减小而得益。因此利用人类语音特点的 CDMA 系统可大幅降低相互干扰，增大其实际容量近 3 倍。CDMA 数字移动通信网的系统容量理论上比模拟网大 20 倍，实际上比模拟网大 10 倍，比 GSM 大 4～5 倍。

（5）系统通信质量更佳，软切换技术（先连接再断开）可以克服硬切换容易掉话的缺点。CDMA 系统工作在相同的频率和带宽上，比 TDMA 系统更容易实现软切换技术，从而提高通信质量。CDMA 系统采用确定声码器速率的自适应阈值技术，强有力的误码纠错，软切换技术和分离分多径分集接收机，可提供 TDMA 系统不能比拟的、极高的数据质量。

（6）频率规划灵活，用户按不同的序列码区分，不同 CDMA 载波可以供相邻的小区内使用，因此 CDMA 网络的频率规划灵活，扩展简单。CDMA 网络同时还具有建造运行费用低、基站设备费用低的特点，因而用户的费用也较低。

（7）频带利用率高。CDMA 是一种扩频通信技术，尽管扩频通信系统抗干扰性能的提高是以占用频带带宽为代价的，但是 CDMA 允许单一频率在整个系统区域内可重复使用，使许多用户共用这一频带同时进行通话，大大提高了频带利用率。这种扩频 CDMA 方式，虽然要占用较宽的频带，但按每个用户占用的平均频带来计算，其频带利用率是很高的。CDMA 系统还可以根据不同信号速率的情况，提供不同的信道频带利用动工，使给定频带得到更有效的利用。

（8）适用于多媒体通信系统，CDMA 系统能方便地使用多 CDMA 信道方式和多 CDMA 帧方式，传输不同速率要求的多媒体业务信息，处理方式和合成方式都比 TDMA 方式和 FDMA 方式灵活、简便，有利于多媒体通信系统的应用。比如可以在提供语音服务的同时提供数据服务，使得用户在通话时也可以接收寻呼信息。

（9）CDMA 手机的备用时间更长。低平均功率、高效的超大规模集成电路设计和先进的锂电池的结合显示了 CDMA 在便携式电话应用中的突破。用户可以长时间地使用手机接收电话，也可以在不挂机的情况下接收短消息。

3. CDMA 的关键技术

（1）功率控制技术

功率控制技术是 CDMA 系统的核心技术。CDMA 系统是一个自扰系统，所有移动用户都占用相同带宽和频率，CDMA 功率控制的目的就是使系统即能维护高质量通信，又不对其他用户产生干扰。

（2）PN 码技术

PN 码的选择直接影响到 CDMA 系统的容量，抗干扰能力，接入和切换速度等性能。CDMA 信道的区分是靠 PN 码来进行的，因而需要 PN 码自相关性要好，互相关性要弱，实现和编码方案简单等。目前的 CDMA 系统就是采用一种基本的 PN 序列——m 序列作为地址码，利用它的不同相位来区分不同用户。

（3）RAKE 接收技术

移动通信信道是一种多径衰落信道，RAKE 接收技术就是分别接收每一路的信号进行解调，然后叠加输出来增强接收效果。因而在 CDMA 系统中多径信号不再是一个不利因素，而且变成了一个可供利用的有利因素。

（4）声码器速率的自适应阈值技术

CDMA 系统使用了确定声码器速率的自适应阈值，自适应阈值可以根据背景声学噪音电平的变化改变声码器的数据速率。这些阈值的使用压制了背景声学噪声，因而在噪声环境下也能提供清晰的语音。

7.4.2　TD-SCDMA 技术

TD-SCDMA 是采用时分双工模式（TDD）的第三代移动通信系统，其主要的技术特点为：

- 采用智能天线技术；
- 采用上行同步方式；

- 采用接力切换方式；
- 采用低码片速率。

TD-SCDMA 是目前世界上唯一采用智能天线的第三代移动通信系统。在 TD-SCDMA 系统中，由于采用了 TDD 模式，上、下行链路采用同一频率，在同一时刻上、下行链路的空间物理特性是完全相同的。因此，只要在基站端依据上行链路的数据进行空间参数的估值，再根据这些估值对下行链路的数据进行数字赋形，就可以达到自适应波速赋形的目的，充分发挥智能天线的作用。

CDMA 系统中多个用户的信号在时域和频域上是混叠的，接收时需要把各个用户的信号分离开来。理想情况下，利用扩频码的正交特性可以保证解调时能无偏差地解调出户数据。而实际系统中由于同步的不准确，空间信道的多径特性等造成的影响，导致各用户信号之间不能维持理想的正交特性。这时对某一特定用户而言，所有工作在同频段的其他用户的信号都是干扰信号。随着用户数目的增多，干扰逐渐增大，系统用户数增加到一定数量时，干扰会增大到无法将有用信号提取出来。因此，CDMA 系统是个干扰受限的系统。

采用智能天线和上行同步技术后，可极大地降低多址干扰，只有来自主瓣方向和较大副瓣方向的多径才对有用信号带来干扰。因此，可有效地提高系统容量，从而明显提高频谱利用率。智能天线的使用，也可有效地提高天线采用多个小功率的线性功率放大器来代替单一的大功率线性放大器的成功率，而单一大功率线性放大器的价格远高于多个小功率线性放大器的价格，所以智能天线可大大降低基站的成本。智能天线带来的另一好处是提高了设备的冗余度。

智能天线的使用可大致定位用户的方位和距离，因此，基站和基站控制器可采用接力切换方式，根据用户的方位、距离信息来判断手机用户现在是否移动到了应该切换给另一基站的临近区域。如果进入切换区，便可通过基站控制器通知另一基站做好切换的准备，达到接力切换的目的。接力切换可提高切换的成功率。

TD-SCDMA 系统仅采用 1.28Mb/s 的码片速率，只需占用单一的 1.6M 频带宽度就可传输 2Mb/s 的数据业务。而 3G FDD 的方案，要传输 2Mb/s 的数据业务，均需要 2×5M 的带宽，即需两个对称的 5MHz 带宽，分别作为上、下行频段，且上、下行频段间需要有几十兆的频率间隔作为保护。在目前资源十分紧张的情况下，要找到符合要求的对称频段非常困难，而 TD-SCDMA 系统可以"见缝插针"，只要有满足一个载波的频段（1.6MHz）就可使用，可以灵活有效地利用现有的频率资源。

TD-SCDMA 是 TDD 工作模式，上、下行数据的传输通过控制上、下行的发送时间来决定。发送时段内不接收，接收时段内不发送，而且可以灵活控制和改变发送、接收的时段长短比例。对于因特网等非对称业务的数据传输，下行数据量是远大于上行数据量的，这时可控制增加下行的时段时间，缩短上行的时段时间，以达到高效率传输非对称业务的目的。

根据上述特点，TD-SCDMA 系统适合用于大中城市及城乡结合区。在这些地区人口密度高，频率资源紧张，移动速度不要求很高（200km/h 以内），但需要大量小半径、高容量的小区覆盖，同时在这些地区的数据业务，特别是因特网等非对称数据业务的需求比较大，能充分发挥 TD-SCDMA 的技术优势。

7.4.3　LAS-CDMA 技术

LAS-CDMA（大区域同步码分多址联接）技术具有以下特点：

- 高于任何 2G 或 3G 技术的频谱效率；
- 优于各种不同速率的数据服务；
- 适合未来"全 IP 系统（3.5G 或 4G）"的要求。

LAS-CDMA 在性能上的优点如下。

1. 附加频谱

由于 LAS-CDMA 可提供比现有 2G 标准高 20 多倍的容量以及比 CDMA2000 高 3～6 倍的容量，所以可最大限度地减少附加网络的建设和开支，从而使电信公司能以比较低的成本在市场上竞争，并以最经济的方式向客户提供新颖和改良的服务。

2. 新型网络结构

从设计角度看，LAS-CDMA 技术不仅能够强化当前的第二代网络，而且还能为 3G 提供前所未有的功能，并能成功的推动第四代（4G）无线网络的发展。

3. 全球兼容性

世界各地所采用的无线电信技术不甚相同，现行的几种技术包括 GSM、CDMA、TDM 等。由于 LAS-CDMA 与所有现行和未来的标准兼容，故易于现有系统向 LAS-CDMA 过渡。此外，LAS-CDMA 还能顺应各项可进一步提高系统性能和容量的先进技术。作为一项空中接口技术，LAS-CDMA 可通过配置使其作为一种增强模式与 UTRA、IS-95 以及 TD-CDMA 等其他现用系统兼容。

4. 提高服务器质量

LAS-CDMA 可通过其专利扩频技术大幅度地消除目前 CDMA 系统上出现的干扰现象。因为这种现象不仅影响语音服务质量，而且最终也会影响数据服务质量，在 LAS-CDMA 系统中，所有信号的 ISI（码间干扰）和 MAI（多址干扰）都可在"无干扰"时间窗口内降为零，ACI（相邻蜂窝区干扰）也可降低到边际水平。因此，LAS-CDMA 不仅提高了系统性能和容量，而且也不会在其他 CDMA 系统上增加任何复杂性。LAS-CDMA TDD 模式从设计上已将 LAS-CDMA 技术与已被 IP 选取的 TDD 技术综合为一体，因此非常适合支持移动 IP 业务。LAS-CDMA TDD 模式具有以下特点：

（1）高速移动性。在传统的 CDMA TDD 系统中，功率控制速率受帧长度限定。因此，系统不能取得快速的闭环功率控制。因为补偿高速信道衰落需要这一控制，并以此提供速度较高的移动性，所以传统的 CDMA TDD 系统不能支持高速移动。但是在 LAS-CDMA TDD 系统中，所有信号均将通过双同步而被保持在一个"无干扰"的时间窗口内。所以 LAS-CDMA 系统不需要高速功率控制，它只采用低速功率控制节省移动站的电力。

（2）不对称业务。LAS-CDMA TDD 系统采用 FDMA/TDMA/CDMA 组合多址联结方案，在这一方案中，发射/接收基的单元为"子帧（或时隙）—码—频率"。待数据单元模块化后，该方案可经过修改用来支持可变数据速率，特别是分组数据，由于上行链路和下行链路的交换点可在一个帧内灵活地分配，而且所有子帧（时隙）亦可灵活地分配到上行链路或下行链路，所以在支持 IP 不对称业务方面这是一个理想的方案。

（3）兼容性。LAS-CDMA TDD 模式所基于的扩频技术与所有其他 TDD 系统兼容，其中包括 UTRA TDD、TD-SCDMA 等。LAS-CDMA 只需在物理层上做很小的改动便可结合到现有的 TDD 系统中，用以取得较高的系统性能和容量。

7.4.4　演进策略

要从 GSM 一步跨越到以上方案，无论从经济上还是从技术都是不切实际的，因此真正的 3G 技术还应该包括从 2G 过渡到 3G 的通信技术。

1. 从 2G 过渡到 3G 的通信技术

简单地说，利用 GPRS 技术将使 GSM 网络的传输速率由 9.6kb/s 提高到 115kb/s；利用 EDGE 技术将 GSM 网络的传输速率提升到 384kb/s，使高质量图像传输成为可能；G 时代的真正来临，WCDMA 和 MPEG-4 技术的结合使网络的传输速率达到 2Mb/s，实现真实的动态图像。

在向第三代过渡的过程中，还必须要提到的就是"蓝牙"。"蓝牙"是一种新型无线网络低功率无线接口，实时传输数字数据和语音信号，它是由移动通信公司与计算机公司联合开发的传输范围约为 10 米的短距离无线通信标准，具有传输速率高、安全性强、价格较低等优点，可以使便携式计算机、移动电话以及其他的移动设备相互进行无线通信。有了它，就不必在办公室、家里和旅途中为各种电子设备间布设专用线缆和连接器。只要在电子设备中加装了这块芯片，局部区域内的电子设备便被一根无形的电缆连接起来，相关数据会实现自动交换。

应用"蓝牙"，移动终端就可以在任何时间，任何地点与其他人或设备取得联系，即使碰到了固体障碍物也没关系，任意"蓝牙"设备一旦搜寻到另一个"蓝牙"设备，马上就可以相互"咬合"，无须用户进行任何设置。"蓝牙"的另一大优势是它应用了全球统一的频率设定，消除了"国界"的障碍，而在蜂窝式移动电话领域，这个障碍已经困扰用户多年。"蓝牙"是"无线钱包"的核心技术。

过渡中第一步的 GPRS 技术是一种极其经济高效的分组数据技术。它在普通 GSM 网络的传统电路交换中增加了分组交换数据功能，数据被分割成数据包而不是以稳定的数据流进行运输。按每数据比特的发送和接收来收费的能力将确保客户只支付使用费用，这样费用就会大大降低。实现 GPRS 功能也是一项巨大的工程，除了要改造全网的基站、基站控制器外，还要新增 GPRS 手机及 SGSN、GGSN 网络关口设备。

EDGE（改进数据率 GSM 服务）是一种有效提高了 GPRS 信道编码效率的高速移动数据标准，它允许高达 384kb/s 的数据传输速率，可以充分满足未来无线多媒体应用的带宽需求。EDGE 提供了一个从 GPRS 到 3G 的过渡性方案，从而使现有的网络运营商可以最大限度地利用现有的无线网络设备，在第三代移动网络商业化之前提前为用户提供个人多媒体通信业务。由于 EDGE 是一种介于现有的第二代移动网络与第三代移动网络之间的过渡技术，因此也有人称它为"二代半"技术。EDGE 同样充分利用了现有的 GSM 资源，保护了对 GSM 作出的投资，目前已有的大部分设备都可以在 EDGE 中使用。

WCDMA（宽带码分多址）带来了最高 2Mb/s 的数据传输速率，在这样的条件下，现在计算机中任何媒体都能通过无线网络传递。WCDMA 通过有效地利用宽频带，不仅能顺畅地处理声音、图像数据，与互联网快速连接，WCDMA 和 MPEG-4 技术结合起来还可以处理真空的动态图像。

2. 适合我国国情的 3G 演进策略

我国选择什么样的 3G 演进策略，应充分考虑现在的国情。在我国，以网络业务为主的用户需求正在高速增长。因此，新建的 3G 网必需与 GSM 网有很好的后向兼容性。充分利用已有的 GSM 网，选择频谱利用率高的制式，应该是我国 3G 建设考虑的重点。我国受经济条件的限制，难以像建设 GSM 网一样，在短时间内用大规模全覆盖的方式，再重建一个完整的 3G 网。具体地说，我国 3G 的演进策略应该如下：

（1）依托 900M GSM 网，采用双频双模终端

应考虑双频双模组网方式，3G 的终端为 GSM/3G 双频双模终端，在 3G 的覆盖区内，用户的双频双模终端可得到 3G 的高速数据业务的服务，也可得到语音业务的服务。而 3G 的双频双模终端到达无 3G 覆盖，而只有 900M GSM 网覆盖的区域时，3G 的双频双模用户终端仍可得到 900M GSM 语音业务的支持，并可享有漫游、切换功能。采用这种方式建 3G 网，既可以充分利用已建好的全国 900M GSM 大网，又可用较少的代价为用户提供 3G 业务。

（2）采用 3G 基站子系统进行 GSM 网的扩容

由于 2G 或 2.5G 的终端不能在 3G 网中得到前向兼容的支持，因此在 3G 网开始大规模建设后，在我国将形成 GSM 2G 与 3G 两大独立的无线网络（基站子系统）并存的局面。由于 3G 的业务速率、频谱利用率远远高于 GSM，且单位成本（每用户、每赫兹）低于 GSM，所以随着时间的推移，3G 网络的用户数将越来越多，最终将远远超过 GSM 的用户数。

（3）充分利用 TD-SCDMA 的特点，与 GSM 混合组网

由于 TD-SCDMA 第三代移动通信系统频谱利用率高，仅需单一 1.6M 的频带就可提供速率达 2Mb/s 的 3G 业务需求，而且非常适合非对称业务的传输，在 TD-SCDMA 的终端及基站子系统的设计中，均考虑了 GSM/TD-SCDMA 双频双模的使用，完全符合前面所述的依托 900M GSM 网建设 3G 网的要求。因 TD-SCDMA 同时满足 Iub、A、Gb、Iu、Iur 等多种接口的要求，所以其基站子系统既可作用 2G 和 2.5G GSM 基站的扩容，又可作为 3G 网中的基站子系统，能同时兼顾现在的需求和未来的发展。也就是说，TD-SCDMA 3G 系统能同时满足前面所述这的两条演进策略。

3. 3G 核心网的演进策略

原 900MHz、1800MHz、GSM 的核心网是电路交换型的，数据传输速率只有 9.6kb/s。为满足高速率数据业务的传输，先要经过 GPRS 升级，每个基站控制器 BSC 要升级成具有 GPRS 功能的 E-BSC，除语音业务和电路型数据业务继续通过 A 接口到 MSC 外，分组型数据业务可通过 Gb 接口到 SGSN。在 GPRS 网中最高数据业务速率可达 115kb/s，进一步提高数据业务速率的限制是在物理层的基带处理，而 Gb 接口和 SGSN 能支持 384kb/s 甚至 2Mb/s 的数据业务率。

因此，通过 GPRS 升级后，核心网的数据承载能力已大幅提高，这时可用 TD-SCDMA 基站子系统来扩容 GSM 网的基站子系统，直接接入 GPRS 网的 A 接口和 Gb 接口，分别提供语音业务和 2Mb/s 以内的数据业务。这时的基站控制器已称为 RNC，除支持 A 接口和 Gb 接口

外，支持 Iub、Iu、IuR 接口的标准也在不断完善。待 3GPP 的标准 R99 和 R00 完善后，RNC 可用 Iub、Iu、IuR 接口与 3G 核心网互联，从而演进完整的第三代核心网。

7.5 4G 通信概述

4G 是第四代无线技术的英文缩写，它是宽带移动通信阶段，是继 3G 的另一个阶段。和 3G 与 2G、2.5G 的区别一样，4G 与 3G 最大的区别就在于数据传输速率。目前 iMode 数据的下载速率从理论上讲是 9.6kb/s，当然实际的速率要比这更低。3G 速度预计可达到当前速度的 200 倍，4G 则增加的更多，达到 20～40Mb/s（大概相当于当前 ADSL 速度的 10～20 倍）。4G 比 3G 提供的服务更先进，它将实现全球漫游功能，实现地球表面任何地方的互联。

4G 集 3G 与 WLAN 于一体，并能够传输高质量视频图像，它的图像传输质量与高清晰度电视不相上下。4G 系统能够以 100Mb/s 的速度下载，比目前的拨号上网快 2000 倍，上传的速度也能达到 20Mb/s，并能够满足几乎所有用户对于无线服务的要求。而在用户最为关注的价格方面，4G 与固定宽带网络在价格方面不相上下，而且计费方式更加灵活机动，用户完全可以根据自身的需求确定所需的服务。此外，4G 可以在 DSL 和有线电视调制解调器没有覆盖的地方部署，然后再扩展到整个地区。很明显，4G 有着不可比拟的优越性。

7.5.1 4G 技术的发展背景

从 GSM、GPRS 到 4G，需要不断演进，而且这些技术可以同时存在。最早的移动通信电话是采用的模拟蜂窝通信技术，这种技术只能提供区域性语音业务，而且通话效果差、保密性能也不好，用户的接听范围有限。随着移动电话的迅猛发展，用户增长迅速，传统的通信模式已经不能满足人们通信的需求，在这种情况下就出现了 GSM 通信技术，该技术用的是窄带 TDMA，允许在一个射频（即蜂窝）同时进行 8 组通话。它是根据欧洲标准而确定的频率范围在 900～1800MHz 之间的数字移动电话系统，频率为 1800MHz 的系统也被美国采纳。GSM 是 1991 年开始投入使用的。到 1997 年底，已经在 100 多个国家运营，成为欧洲和亚洲实际上的标准。GSM 数字网也具有较强的保密性和抗干扰性，音质清晰，通话稳定，并具备容量大、频率资源利用率高、接口开放、功能强大等优点，不过它能提供的数据传输率仅为 9.6kb/s，而当时流行的数字移动通信手机是第二代（2G），一般采用 GSM 或 CDMA 技术。第二代手机除了可提供"全球通"语音业务外，也可以提供一些低速的数据业务，如收发短消息等。虽然从理论上讲，2G 手机用户在全球范围内都可以进行移动通信，但是由于没有统一的国际标准，各种移动通信系统彼此互不兼容，给手机用户带来诸多不便。

针对 GSM 通信出现的缺陷，人们在 2000 年又推出了一种新的通信技术 GPRS，该技术是基于 GSM 的一种过渡技术。GPRS 的推出标志着人们在 GSM 的发展史上迈出了意义最重大的一步，在移动用户和数据网络之间提供了一种连接，为移动用户提供了高速无线 IP 和 X.25 分组数据接入服务。

在这之后，通信运营商们又推出了 EDGE 技术，这种通信技术是一种介于第二代移动网络与第三代移动网络之间的过渡技术，因此也有人称它为"二代半"技术。它有效提高了 GPRS

信道编码效率的高速移动数据标准，允许高达 384kb/s 的数据传输速率，可以充分满足未来无线多媒体应用的带宽需求。EDGE 提供了一个从 GPRS 到第三代移动通信的过渡性方案，从而使现有的网络运营商可以最大限度地利用现有的无线网络设备，在第三代移动网络商业化之前为用户提供个人多媒体通信业务。

在新兴通信技术的不断推动之下，象征着 3G 通信的标志技术 WCDMA 已成为当前通信技术的主流。该技术能为用户带来了最高 2Mb/s 的数据传输速率。在这样的条件下，现在计算机中应用的任何媒体都能通过无线网络轻松的传递。WCDMA 通过有效地利用宽频带，不仅能顺畅地处理声音、图像数据，与互联网快速连接，还能与 MPEG-4 技术结合起来处理真实的动态图像。人们之间沟通的瓶颈将由现在的网络传输速率转变为各种新型应用的提供：如何让无线网络更好的为人们服务而不会给人们带来骚扰，如何让每个人都能从信息的海洋中快速地得到自己需要的信息，如何能够方便地携带、使用各种终端设备，如何让各种终端设备之间更好的自动协同工作等。在上述通信技术的基础之上，无线通信技术最终将迈向 4G 通信技术时代。

从无线通信系统的发展历程来看，第一代移动通信系统的任务已经完成，而现阶段是第二代、第三代和第四代移动通信系统混合使用的时代。我们不难发现，每一个不同的移动通信系统均会有重复性的时间点，大约每十年就有一项技术更新，不过随着通信科技的日新月异，或许转变会更快，时间也会更短。

7.5.2　4G 技术的关键技术

1. 接入方式和多址方案

OFDM（正交频分复用）是一种无线环境下的高速传输技术，其主要思想就是在频域内将给定的信道分成许多正的交子信道，在每个子信道上使用一个子载波进行调制，各子载波并行传输。尽管总的信道是非平坦的，即具有频率选择性，而每个子信道是相对平坦的，在每个子信道上进行的是窄带传输，信号带宽小于信道的相应带宽。OFDM 技术的优点是可以消除或减小信号波形间的干扰，对多径衰落和多普勒频移不敏感，提高了频谱利用率，可实现低成本的单波段接收机。OFDM 的主要缺点是功率效率不高。

2. 调制与编码技术

4G 移动通信系统采用新的调制技术，如多载波正交频分复用调制技术以及单载波自适应均衡技术等调制方式，以保证频谱利用率和延长用户终端电池的寿命。4G 移动通信系统采用更高级的信道编码方案（如 Turbo 码、级连码和 LDPC 等），自动重发请求（ARQ）技术和分集接收技术等，从而在低 Eb/N0 条件下保证系统足够的性能。

3. 高性能的接收机

4G 移动通信系统对接收机提出了很高的要求。按照 Shannon 定理可以计算出，对于 3G 系统，如果信道带宽为 5MHz，数据速率为 2Mb/s，所需的 SNR 为 1.2dB；而对于 4G 系统，要在 5MHz 的带宽上传输 20Mb/s 的数据，则所需要的 SNR 为 12dB。可见对于 4G 系统，由于传输速率很高，对接收机的性能要求也要高得多。

4. 智能天线技术

智能天线具有抑制信号干扰、自动跟踪以及数字波束调节等智能功能，被认为是未来移动通信的关键技术。智能天线应用数字信号处理技术，产生空间定向波束，使天线主波束对准用户信号到达方向，旁瓣或零陷对准干扰信号到达方向，达到充分利用移动用户信号并消除或抑制干扰信号的目的。这种技术既能改善信号质量又能增加传输容量。

5. MIMO 技术

MIMO（多输入多输出）技术是指利用多发射、多接收天线进行空间分集的技术，它采用的是分立式多天线，能够有效地将通信链路分解成为许多并行的子信道，从而大大提高容量。信息论已经证明，当不同的接收天线和不同的发射天线之间互不相关时，MIMO 系统能够很好地提高系统的抗衰落和抗噪声性能，从而获得更大的容量。例如，当接收天线和发送天线数目都为 8 根，且平均信噪比为 20dB 时，链路容量可以高达 42bps/Hz，单天线系统能达到容量的 40 多倍。因此，在功率带宽受限的无线信道中，MIMO 技术是实现高数据速率、提高系统容量、提高传输质量的空间分集技术。在无线频谱资源相对匮乏的今天，MIMO 系统已经体现出其优越性，将会在 4G 移动通信系统中广泛应用。

6. 软件无线电技术

软件无线电是将标准化、模块化的硬件功能单元经过一个通用硬件平台，利用软件加载方式来实现各种类型的无线电通信系统的一种具有开放式结构的新技术。软件无线电的核心思想是在尽可能靠近天线的地方使用宽带 A/D 和 D/A 变换器，并尽可能多地用软件来定义无线功能，各种功能和信号处理都尽可能用软件实现。其软件系统包括各类无线信令规则与处理软件、信号流变换软件、信源编码软件、信道纠错编码软件、调制解调算法软件等。软件无线电使得系统具有灵活性和适应性，能够适应不同的网络和空中接口。软件无线电技术能支持采用不同空中接口的多模式手机和基站，能实现各种应用的可变 QoS。

7. 基于 IP 的核心网

移动通信系统的核心网是一个基于全 IP 的网络，同已有的移动网络相比具有根本性的优点，即可以实现不同网络间的无缝互联。核心网独立于各种具体的无线接入方案，能提供端到端的 IP 业务，能同已有的核心网和 PSTN 兼容。核心网具有开放的结构，能允许各种空中接口接入核心网；同时能把业务、控制和传输等分开。采用 IP 后，所采用的无线接入方式和协议与核心网络（CN）协议、链路层是分离独立的。IP 与多种无线接入协议相兼容，因此在设计核心网络时具有很大的灵活性，不需要考虑无线接入究竟采用何种方式和协议。

8. 多用户检测技术

多用户检测是宽带通信系统中抗干扰的关键技术。在实际的 CDMA 通信系统中，各个用户信号之间存在一定的相关性，这就是多址干扰存在的根源。由个别用户产生的多址干扰固然很小，可是随着用户数的增加或信号功率的增大，多址干扰就成为宽带 CDMA 通信系统的一个主要干扰。传统的检测技术完全按照经典直接序列扩频理论对每个用户的信号分别进行扩频码匹配处理，因而抗多址干扰能力较差；多用户检测技术在传统检测技术的基础上，充分利用造成多址干扰的所有用户信号信息对单个用户的信号进行检测，从而具有优良的抗干扰性能，解决了远近效应问题，降低了系统对功率控制精度的要求，因此可以更加有效地利用链路频谱资源，显著提高系统容量。随着多用户检测技术的不断发展，各种高性能又不是特别复杂的多用户检测器算法不断提出，在 4G 实际系统中采用多用户检测技术将是切实可行的。

7.5.3　4G 技术的主要优势

如果说 2G、3G 通信对于人类信息化的发展是微不足道的话，那么 4G 通信却给了人们真正的沟通自由，并将彻底改变人们的生活方式甚至社会形态。4G 通信具有以下特征：

1. 通信速度更快

由于人们研究 4G 通信的最初目的就是提高蜂窝电话和其他移动装置无线访问 Internet 的速率，因此 4G 通信给人印象最深刻的特征莫过于它具有更快的无线通信速度。将各代移动通信系统的数据传输速率作比较，第一代模拟式仅提供语音服务；第二代数字式移动通信系统的数据传输速率为 9.6kb/s，最高也只有 32kb/s，如 PHS；而第三代移动通信系统的数据传输速率可达到 2Mb/s；专家则预估，第四代移动通信系统可以达到 10Mb/s～20Mb/s，甚至最高可以达到 100Mb/s 的速度传输无线信息。

2. 网络频谱更宽

要想使 4G 通信达到 100Mb/s 的传输速率，通信营运商必须在 3G 通信网络的基础上，进行大幅度的改造和研究，以便使 4G 网络在通信带宽上比 3G 网络的蜂窝系统的带宽高出许多。每个 4G 信道将占有 100MHz 的频谱，相当于 WCDMA 3G 网路的 20 倍。

3. 通信更加灵活

从严格意义上说，4G 手机的功能，已不能简单划归于"电话机"的范畴，毕竟语音资料的传输只是 4G 移动电话的功能之一而已。因此未来 4G 手机更应该算得上是一台小型电脑了，而且 4G 手机从外观和式样上，将有更惊人的突破，4G 通信将使我们不仅可以随时随地通信，还可以双向下载传递资料、图画、影像，当然更可以和从未谋面的陌生人网上联线对打游戏。也许你将有被网上定位系统永远锁定无处遁形的苦恼，但是与它据此提供的地图带来的便利和安全相比，这简直可以忽略不计。

4. 智能性能更高

第四代移动通信的智能性能更高，不仅表现在 4G 通信终端设备的设计和操作智能化，例如对菜单和滚动操作的依赖程度将大大降低，更重要的是 4G 手机可以实现许多难以想象的功能。例如 4G 手机将能根据环境、时间以及其他设定的因素来适时地提醒手机的主人此时该做什么事，或者不该做什么事；可以将电影院票房资料直接下载到 PDA 之上，这些资料能够把目前的售票情况、座位情况显示得清清楚楚，大家可以根据这些信息来在线购买自己满意的电影票；还可以被看作一台手提电视，用来观看体育比赛之类的各种现场直播。

5. 兼容性能更平滑

要使 4G 通信尽快地被人们接受，除了考虑它的强大功能外，还应该考虑到现有通信的基础，以便让更多的现有通信用户在投资最少的情况下就能很轻易地过渡到 4G 通信。因此，从这个角度来看，第四代移动通信系统应当具备全球漫游、接口开放、能与多种网络互联、终端多样化以及能从第二代平稳过渡等特点。

6. 提供各种增殖服务

4G 通信并不是从 3G 通信的基础上经过简单的升级而演变过来的，它们的核心建设技术根本就是不同的，3G 移动通信系统主要是以 CDMA 为核心技术，而 4G 移动通信系统技术则以正交频分复用技术（OFDM）最受瞩目，利用这种技术人们可以实现例如无线区域环路（WLL）、数字音信广播（DAB）等方面的无线通信增殖服务。不过考虑到与 3G 通信的过渡性，第四代移动通信系统不会仅仅只采用 OFDM 一种技术，CDMA 技术将会在第四代移动通信系统中与 OFDM 技术相互配合以便发挥出更大的作用，甚至第四代移动通信系统也会有新的整合技术如 OFDM/CDMA 产生，如前文所提到的数字音信广播，其实它真正运用的技术是 OFDM/FDMA 的整合技术，同样是利用两种技术的结合。因此以 OFDM 为核心技术的第四代移动通信系统，也将会结合两项技术的优点，即一部分将是 CDMA 的延伸技术。

7. 实现更高质量的多媒体通信

尽管第三代移动通信系统也能实现各种多媒体通信，但 4G 通信能满足第三代移动通信尚不能达到的在覆盖范围、通信质量、造价上支持的高速数据和高分辨率多媒体服务的需求。第四代移动通信系统提供的无线多媒体通信服务将包括语音、数据、影像等大量信息透过宽频的信道传输出去，为此第四代移动通信系统也被称为"多媒体移动通信"。第四代移动通信不仅要因应用户数的增加，更重要的是，必须要因应多媒体的传输需求，当然还包括通信品质的要求。总结来说，首先必须可以容纳市场庞大的用户数，然后要能改善现有通信品质不良的问题，以及达到高速数据传输的要求。

8. 频率使用效率更高

相比第三代移动通信技术来说，第四代移动通信技术在开发研制过程中使用和引入了许多功能强大的突破性技术，例如一些光纤通信产品公司为了进一步提高无线因特网的主干带宽宽度，引入了交换层级技术，这种技术能同时涵盖不同类型的通信接口，也就是说第四代通信系统主要是运用以路由技术为主的网络架构。由于利用了几项不同的技术，所以无线频率的使用比第二代和第三代系统有效得多。按照最乐观的情况估计，这种有效性可以让更多的人使用与以前相同数量的无线频谱做更多的事情，而且做这些事情的时候速度相当快，下载速率可达到 5Mb/s～10Mb/s。

9. 通信费用更加便宜

由于 4G 通信不仅解决了与 3G 通信的兼容性问题，让更多的现有通信用户能轻易地升级到 4G 通信，而且 4G 通信引入了许多尖端的通信技术，这些技术保证了 4G 通信能提供一种灵活性非常高的系统操作方式。因此相对其他技术来说，4G 通信部署起来就容易迅速得多。同时在建设 4G 通信网络系统时，通信营运商们将考虑直接在 3G 通信网络的基础设施上采用逐步引入的方法，这样就能够有效地降低运行者和用户的费用。

7.5.4　4G 技术的缺陷

尽管 4G 移动通信有以上诸多优点，但也存在一些实际的问题和缺陷。的确第四代无线通信网络在具体实施的过程中出现了大量令人头痛的技术问题，大概一点也不会使人们感到意外和奇怪，第四代无线通信网络存在的技术问题多和互联网有关，并且需要花费好几年的时间才能解决。总的来说，要顺利、全面地实施 4G 通信，将可能遇到下面的一些困难：

1. 标准难以统一

虽然从理论上讲，3G 手机用户在全球范围内都可以进行移动通信，但是由于没有统一的国际标准，各种移动通信系统彼此互不兼容，给手机用户带来诸多不便。因此，开发第四代移动通信系统必须首先解决通信制式等需要全球统一的标准化问题，而世界各大通信厂商将会对此一直争论不休。

2. 技术难以实现

尽管 4G 通信能够给人带来美好的生活，但是别指望立刻就能用上这种技术，要实现 4G 通信的下载速度还面临着一系列的技术问题。例如，如何保证楼区、山区，及其他有障碍物的易受影响地区的信号强度等问题。日本的 docomo 公司表示，为了解决这一问题，公司将对不同的编码技术和传输技术进行测试。另外在移交方面存在的技术问题，使手机很容易在从一个基站的覆盖区域进入另一个基站的覆盖区域时和网络失去联系。由于第四代无线通信网络的架构相当复杂，这一问题显得格外突出。

3. 容量受到限制

人们对 4G 通信的印象最深的莫过于它的传输速度将会得到极大的提升，从理论上说，其所谓的每秒 100MB 的宽带速度，比目前手机信息的传输速度每秒 10kB 要快 1 万多倍，但手机的速度将受到通信系统容量的限制，如系统容量有限，手机用户越多，速度就越慢。因此 4G 通信将很难达到其理论速度。如果速度上不去，4G 通信就要大打折扣。

4. 市场难以消化

现在整个行业正在消化吸收第三代技术，对于第四代移动通信系统的接受还需要一个逐步过渡的过程。另外，在过渡过程中，如果 4G 通信因为系统或终端的短缺而导致延迟的话，那么号称 5G 的技术随时都有可能威胁到 4G 的赢利计划，此时 4G 漫长的投资回收和赢利计划将变得异常的脆弱。

5. 设施难以更新

在部署 4G 通信网络系统之前，覆盖全球的大部分无线基础设施都是基于第三代移动通信系统建立的，如果要向第四代通信技术转移的话，那么全球的许多无线基础设施都需要经历大量的变化和更新，这种变化和更新势必会减缓 4G 通信技术全面进入市场、占领市场的速度。而且到那时，还必须要求 3G 通信终端升级到能进行更高速数据传输及支持 4G 通信各项数据业务的 4G 终端，也就是说 4G 通信终端要能在 4G 通信网络建成后及时提供，不能让通信终端的生产滞后于网络建设。但根据目前的事实来看，在 4G 通信技术全面进入商用之日算起的二三年后，消费者才有望用上性能稳定的 4G 通信手机。

6. 其他相关困难

因为手机的功能越来越强大，而无线通信网络也变得越来越复杂，4G 通信在功能日益增多的同时，它的建设和开发也将会遇到比以前系统建设更多的困难和麻烦。例如每一种新的设备和技术推出时，其后的软件设计和开发必须及时跟上步伐，才能使新的设备和技术得到很快的推广和应用。但遗憾的是 4G 通信目前还只处于研究和开发阶段，具体的设备和技术还没有完全成型，因此对应的软件开发也将会遇到困难；另外费率和计费方式对于 4G 通信的移动数据市场的发展尤为重要，例如 WAP 手机推出后，用户花了很多的连接时间才能获取信息，而按时间及信息内容的收费方式使用户难以承受，因此必须及早慎重研究基于 4G 通信的收费系统，以利于市场发展。还有 4G 通信不仅需要区分语音流量和互联网数据，还需要具备能到数据传输速度较慢的第三代无线通信网络上平稳使用的性能，这就需要通信运营商们必须能找到一个很好的解决这些问题的方法。要解决这些问题就必须先在大量不同的设备上精确执行 4G 规范，要做到这一点，也需要花费好几年的时间。况且到了 4G 通信真正开始推行的时候，熟悉 4G 通信业务和专门的技术人才还不多，这样同样也会延缓 4G 通信在市场上迅速推广的速度。

习题

1. 简述 3G 的基本概念。
2. 试比较几种 3G 标准的异同点。
3. TD-SCDMA 在 3G 建设中有哪些重要作用？
4. TD-SCDMA 的主要技术特点有哪些？
5. LAS-CDMA 的优点有哪些？
6. LAS-CDMA 的主要技术特点有哪些？
7. 4G 的关键技术有哪些？
8. 4G 技术的优势及缺陷有哪些？

第 8 章　集群通信系统

📖 知识点

- 集群通信的概念和特点
- 集群的方式
- 集群通信系统的组成与分类

📢 难点

- 控制方式的比较
- 集群通信系统的信令

✍ 要求

掌握：
- 集群通信的概念和特点

理解：
- 集群通信系统的组成与分类

了解：
- 几种典型的数字集群通信系统

8.1　集群通信的概念与特点

8.1.1　集群和集群通信系统的概念

1．集群的概念

"集群"是英文"Trunking"或"Trunked"的意译，是指多个部门用户共用一组无线信道，并按需动态分配这些信道。

集群的概念在有线电话通信中的应用已有近百年的历史，被译为"中继"。但在无线通信中的应用，只是随着近 20 年来大规模集成电路、微处理器及微型计算机控制技术和频率合成技术的发展才得以实现，如仍沿用"中继"术语，易与无线通信中的转发接力中继系统混淆，因而按系统将用户集合成群组、频率集中共享的本质特征定名为"集群"。

2．集群通信系统

集群通信系统是专用调度通信系统。专用指挥、调度通信是很早出现的一种通信方式，它从一对一对讲机的形式、同频单工组网形式、异频单（双）工组网形式到单信道一呼百应以及进一步带选呼的系统，发展到多信道自动拨号系统。而近十年来，专用调度系统又向更高层次发展，成为多信道用户共享的调度系统，这种系统称为集群通信系统。

通信最早是从模拟通信方式开始的，而且这种方式一直持续了很长一段时期。1988 年，进入我国最早的集群通信系统就是模拟集群通信系统。模拟集群通信是指采用模拟语音进行通信，整个系统内没有数字调制技术。后来为了使通信连接更为可靠，不少集群通信系统供应商采用了数字信令，使集群通信系统的用户连接比较可靠、联通的速度有所提高，而且系统功能也相应增多。因此模拟集群通信系统中，实际上信令是数字制的。

集群通信的数字化早已由一些公司开发出来，只不过没有像公网那样引人注意和具有那么大的市场，所以进展相对慢了一些。集群通信数字化不仅使通信质量提高，信道数大大增加，容量也增大了，而且数字集群系统也容易满足多区连网需求。数字化的优点诸如抗干扰能力强；可实现高质量的远距离通信；容易实现高保密度的加密；数字电路集成化使设备可靠性提高，具有适应各种业务（特别是 ISDN）需要的高灵活性以及容易与计算机连接等早已为人们所熟悉和了解。实际上真正的数字集群通信系统是要在各个环节上都进行数字处理的，除了数字信令外，其中最重要的是多址方式、语音编码技术、调制技术等。当然，实现数字通信后，还需要采用一些新技术来配合，如同步技术、检错纠错技术以及分集技术等。这些较新的技术在各种移动通信中一般都已被采用或选用。

现在已推出的几种数字集群通信系统中大多数都采用时分多址方式（也有少数采用频分多址方式），而语音编码方式则在 CELP 编码的基础上采用新的编码速率低、频带利用率高和语音质量好的编码技术，如矢量和激励线性预测编码（VSELP）、代数码激励线性预测编码（ACELP）等，当然还有其他一些新的编码技术。而这些系统的数字调制技术基本上都能满足占用频带小、误码率特性好、频谱特性好和带外辐射小等要求。

8.1.2　集群通信系统的特点

1．集群通信系统的特点

集群通信系统是一种高级无线调度通信系统，主要有以下特点。

（1）共用频率：将原分配给各部门的少量专用频率集中管理，供大家一起使用，即多信道共用。

（2）共用设施：由于频率共用，就有可能将各家分建的控制中心和基地台等设施集中管理。

（3）共享覆盖区：可将邻接覆盖的网络互联起来，从而形成更大的覆盖区域。

（4）共享通信业务：除可进行正常的通信业务外，还可有组织地发布共同关心的一些信息如气象预报等。

（5）改善服务：共同建网，信道利用可调剂余缺，共同建网时总信道数所能支持的总用户数，要比分散建网时分散到各网的信道所能支持的用户总和要大得多，因此也能改善服务质量；集中建网还能加强管理和维护，因而可以提高服务等级，增强系统功能。

（6）共同分担费用：共同建网肯定比各自建网费用要低，机房、电源、天线塔和天馈线等都可共用，有线中继线的申请开设和统一处理也较方便，管理、值勤人员也可相应减少。

2.　数字集群通信系统的特点

模拟集群移动通信网的主要问题是频谱利用率低；所能提供的业务种类受限，也就是说不能提供高速率数据服务；保密性差，容易被窃听；移动设备成本高，体积大；网络的管理控制存在一定的问题等。数字集群通信与模拟集群通信相比具有如下优点。

（1）频谱利用率高

模拟集群移动通信网可实现频率复用，从而提高了系统容量，但是随着移动用户数量急剧增长，模拟集群网所能提供的容量已不再能满足用户需求，问题的关键在于模拟集群系统频谱利用率低，模拟调频技术很难进一步压缩已调信号频谱，从而就限制了频谱利用率的提高。与此相比，数字系统可采用多种技术来提高频谱利用率，如果用低速语音编码技术，这样在信道间隔不变的情况下就可增加话路，还可采用高效数字调制解调技术，压缩已调信号带宽，从而提高频谱利用率。另外，模拟网的多址方式只采用频分多址（FDMA），即一个载波话路传一路语音。而数字网的多址方式可采用时分多址（TDMA）和码分多址（CDMA），即一个载波传多路语音。尽管每个载波所占频谱较宽，但由于采用了有效的语音编码技术和高效的调制解调技术，总的来看，数字网的频谱利用率比模拟网的利用率提高很多。数字系统在提高频谱利用率方面有着不可低估的前景，因为低速语音编码技术和高效数字调制解调技术仍不断发展着。

频谱利用率高，可进一步提高集群系统的用户容量。对于集群移动通信来说，系统容量一直是网络的首要问题，所以不断提高系统容量以满足日益增长的移动用户需求是集群通信系统从模拟网向数字网发展的主要原因之一。

（2）信号抗信道衰落的能力提高

数字无线传输能提高信号抗信道衰落的能力。对于集群通信系统来说，信道衰落特性是影响无线传输质量的主要原因，须采用各种技术措施加以克服。在模拟无线传输中主要的抗衰落技术是分集接收。在数字系统中，无线传输的抗衰落技术除采用分集接收外，还可采用扩频、跳频、交织编码及各种数字信号处理技术。由此可见，数字无线传输的抗衰落技术比模拟系统要强得多。所以数字网无线传输质量较高，也就是说数字集群移动通信网比模拟集群移动通信网的语音质量要好。

（3）保密性好

数字集群移动通信网用户信息传输时的保密性好。由于无线电传播是开放的，容易被窃听，无线网的保密性比有线网差，因此保密性问题长期以来一直是无线通信系统设计者重点关心的问题。

在模拟集群系统中，保密问题难以解决。当然模拟系统也可以用一些技术实现保密传输，如倒频技术或是模/数/模方式，但实现起来成本高、语音质量易受影响。因此，模拟系统保密非常困难。利用目前已经发展成熟的数字加密理论和实用技术，对数字系统来说，极易实现保密。采用数字传输技术，才能真正达到用户信息传输保密的目的。

（4）提供多种业务服务

数字集群移动通信系统可提供多种业务服务。也就是说除数字语音信号外，还可以传输用户数字、图像信息等。由于网内传输的是统一的数字信号，容易实现与综合数字业务网 ISDN

的接口，这就极大地提高了集群网的服务功能。

在模拟集群网中，虽也可传输数字信号，但是占用一个模拟话路进行传输的。首先在基带对数据信息进行数字调制形成基带信号，然后再调制到载波上形成调频信号进行无线传输，用这种二次调制方式，数据传输速率一般为 1200b/s 或是 2400b/s。这么低的速率远远满足不了用户的要求。目前，计算机网及各种数字网已经十分发达，用户的数据服务要求日益增加。

（5）网络管理和控制更加有效和灵活

数字集群移动通信网能实现更加有效、灵活的网络管理与控制。对于任何一种通信系统，网络管理与控制都是至关重要的，它影响到是否能有效地实现系统所提供的各种服务。在模拟集群系统中，网络的管理与控制是依靠网内所传输的各种信令来实现的，信令是以数字信号方式传输的，而网络的用户信息是模拟信号，这种信令方式与信号方式的不一致，增加了网络管理与控制的难度。在数字集群网中，在用户语音比特源中插入控制比特是非常容易实现的，即信令和用户信息统一成数字信号，这种一致性克服了模拟网的不足，给数字集群系统带来极大的好处。总而言之，全数字系统能够实现高质量的网络管理与控制。

总之，集群通信系统是一种高级移动指挥、调度系统，是一种共享资源、分担费用、向用户提供优良服务的，多用途、高效能而又廉价的先进的无线电指挥、调度通信系统，是一种专用的移动通信系统。

8.2　集群方式

集群移动通信系统的主要业务是在基站（调度员）收发信机和一组（群）移动用户（手持机、车载台、固定台）之间建立一条半双工通信路线，或在移动用户之间建立一条半双工通信路线。在一个多信道专用无线系统中，"集群"是向正在申请服务的设备或用户群间自动分配信道的。目前使用的所有集群移动通信系统均采用选址方式，使得共享系统的不同用户群之间保持私密通信。集群的基本技术有下述三种方式。

8.2.1　信息集群

信息集群（Message Trunking）也称消息集群。系统在整个调度电话期间，给通话组分配一条无线信道。当移动用户台松键开始，经签站（中继站）后要经过 6～10s（可调）的延迟时间才释放信道，认为通话结束。若在这段延迟时间内别的组内移动台或调度员按键通话，则该信道仍为原通话组所保持；若超过规定的延迟时间，该信道看作时间已过，那么该信道就可用来分配给别的通话用户组（群）。

图 8.1 所示的是一个典型信息集群调度电话的通话过程，平均由 4 个半双工传输段组成，每段每次约需时间为 4s，双方各通话两次，共 16s，各次传输之间的平均暂停时间为 2s，这样一次通话约占用信道 28s。

这种集群方式的技术是低效率的，因为在通话间歇期间没有信息传输时仍然占用信道，并在每个通话结束后的 6s 超时内信道仍被原通话组所占用。

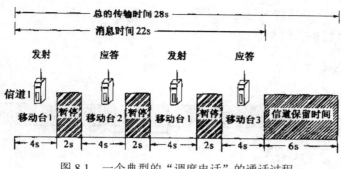

图 8.1 一个典型的"调度电话"的通话过程

8.2.2 传输集群

传输集群（Transmission Trunking）也称发射集群，是指在单工或半双工工作时，用户按下 PTT 开关，就占用一个空闲信道工作。当用户讲话空隙松开 PTT 开关，又把一个该次"传输完毕"的信令传到基地站的控制中心，该信令可用来指示该信道可以再分配使用，基站接到该信令之后，收回信道并将该信道分配给其他用户使用。所以在传输集群方式中，不会由于通话暂停而仍然占用信道，浪费信道的使用，从而提高了信道利用率。其工作过程如图 8.2 所示，在采用该方式时，通话双方每次按 PTT 键，所分配到的通话信道都是随机的。因此，每一个完整的通话过程可能要分几次在几个不同的信道上完成，这对通话保密有利。但该方式在每次讲话完成，PTT 键释放时，分配的通话信道就提供给其他用户使用，若用户按讲操作不熟练，就可能导致通话不连续，使完整性变差。

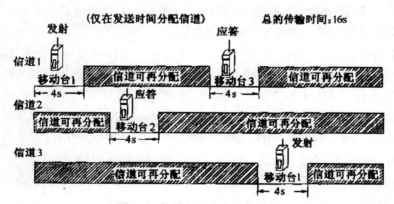

图 8.2 传输集群方式工作过程

8.2.3 准传输集群

准传输集群（Quasi Transmission Trunking）也称准发射集群，这是相对于传输集群而言的，是为了克服传输集群的缺点而改进的。这种准传输集群兼顾信息集群和传输集群的优点，其工作过程如图 8.3 所示。它缩短了信息集群方式的"延迟时间"，而增加了传输集群方式用户讲话完毕松开 PTT 开关后的时间，该时间连同移动台发送传输结束信令的时间共 0.1～2s（可调）。在该系统中，用户一旦接入信道，两个电台的用户用送话器可迅速建立通话而不会脱离语音信道，因而具有较小的信息延迟。

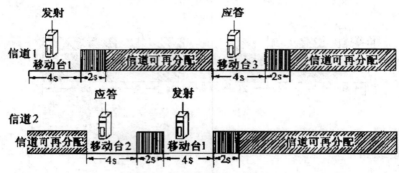

图 8.3　准传输集群工作过程

在一个准传输集群系统中，如果通话尚未结束而语音信道在传输之间一旦释放，可用一个"新近系统用户优先权"的机理来减少用户在通话中的延迟。即当位于基站的集群控制中心一识别出一个刚结束当前信息而"继续"传输的信道申请时，就给该用户一个高于其他早已排队的"新信息"申请的优先权。但用户群能进入新近系统用户排队优先的次数应受到限制，以防止少数用户群垄断系统。

8.3　控制方式

集群移动通信系统的信道控制方式有两种：一种是集中控制方式，也称专用信道控制方式；另一种是分散控制方式，也称非专用信道分布控制方式。

不论用什么控制方式，都能使集群移动通信系统的用户在使用时就好像是信道专用一样，尽管用户进行一次完整的通话需要更换多次通话信道，而用户自己并无明显的感觉。所有这些功能的实现都是靠系统内执行控制任务的硬件和软件配合完成的。这种以微处理机为硬件基础并与各种协议保待一致的软件结合就构成了集群移动通信系统的信令系统。因此，上述两种不同控制方式的信令也是不同的。集中控制方式的系统称为专用控制信令系统；分散控制方式的系统称为随路控制信令系统，也称为亚音频控制信令系统。

对于比较小的集群移动通信系统，把一个信道作控制信道会使整个系统的信道利用率降低，所以，此时就把所有的信道同时既作语音信道又作信令信道。对于较大的系统，由于信令联络时间更显得重要，故用专用的信令信道。

8.3.1　集中控制方式

它采用一条专用信道作控制信道，并且必须由系统控制中心集中控制和管理，处理呼叫请求和分配空闲信道。

该方式的优点很多，主要是接续快，这是因为无需信道扫描，可以采用快速信令（如目前有的系统信令速度为 3.6kb/s，有的高达 9.6kb/s），因而建立呼叫速度快，入网接续时间短。

另外，集中控制方式还有以下优点：

（1）专用控制信道功能设置可以多一些，除了一些专用的功能外还可以完成紧急呼叫、短数据传输、动态重组、防盗选择、无线电台禁用等功能；

（2）连续分配信息更新，提高通信可靠性；

（3）遇忙排队时自动回叫等。

采用这种方式，用户所有的入网和接续都必须通过专用控制信道来完成。这就要求解决"碰撞"（争用）的问题。因为两个或两个以上的移动台在同一瞬间发送信令会引起争用问题。有两种解决办法。一种是采用"定时询问"，即在此系统中，给每个移动台分配一个专用时隙，若移动台有信息发送，就在该时隙内发送信令，这种时隙可由同一起始定时信号导出，或由基站轮流安排各个用户发送。这种方法的缺点是当用户多时，效率不高。所以，它适用于用户较少的系统。另一种是采用 ALOHA 方式，或时隙 ALOHA 入网控制技术。在此系统中，每一个消息中都会有若干检错位，使基站可确定收到的消息是否同移动台发送的消息碰撞而出错。若所收信令无差错，则发送应答信令，否则相关移动台将以随机选择时延重发消息，直到消息发送完为止。目前已有各种各样的 ALOHA 系统，其效率从简单系统的 18%至较复杂系统的 80%。

在小系统中专用控制信道如有故障，系统将无法运行，而在一些大系统中，把最高频率的 4 个信道作专用控制信道，每天轮流使用一个作为专用控制信道（其他 3 个可作为语音信道），若有故障，自动切换到下一个专用控制信道。但在小系统中不可能有这种配置，只能使用随时、自动指定信令信道的办法。

8.3.2　分散控制方式

在这种方式的集群移动通信系统中，每个基站（又叫转发器或中继器）都有一个逻辑板负责信道的控制和信号的转发。基站间的信息交换通过一条高速数据总线进行。移动台可在任何空闲信道上实现接入操作。由于每个信道既要传输语音，又要传输信令，所以它采用低于语音频带 300Hz 以下的亚音频（如 150Hz）调制的数字信令，与语音同时传输，不占信道。由于是亚音频段，所以速率不太高。

在使用分散控制方式的系统中，移动台可预先获得可用信道，无需扫描，因而接入时间短。另外，由于每个信道独立完成信令交换，可在任何空闲信道下实现接入系统的操作，减少系统的交换负荷，提高可靠性。分散控制方式阻塞率低，等待时间短，因而这种系统通常采用传输集群，系统仅对按下 PTT 键后的一次通话期间分配信道，释放 PTT 键后，此信道就被收回并可分配给其他用户使用。再按 PTT，必须重新申请信道，信道使用效率高，而且通话中的数次对讲通常可在不同的信道上传输，普通无线电台监听不到完整的通话过程，系统具有一定的保密性。

这种方式的系统具备的功能较少，只有组呼、单呼和电话互联。实现单呼较麻烦，没有排队功能。若所有基站处于忙状态时，移动台呼叫，按下 PTT 键时，发射机不能打开，只能听到忙音，只有等某一基站变为空闲时，才可呼叫。由于该系统没有中心控制器，不能对所有移动台实施控制与指挥，没有全呼功能。

8.3.3　两种控制方式的比较

下面从信道利用率、系统控制功能、入网性能、系统可靠性、设备成本以及技术复杂程度和开发难易程度等 6 个方面对两种控制方式进行比较。

1. 信道利用率

集中控制专用信令信道系统，需专设信令信道，使语音信道少一条；分散控制随路信令系统，信令与语音同传，所有信道都用于通话，对信道数少的系统来说，分散控制方式信道利用率高。对于信道数多的系统，由于信令信道专传信令，语音信道可充分用于通话。如果信令信道负荷与信道数和用户容量都设计得合适，也就是说，不至于因语音信道数少，工作繁忙而使信令信道工作不饱满，或信令信道工作饱和而语音信道话务负荷不足，专用信令信道方式利用率同样很高。

2. 系统控制功能

集中控制方式系统功能齐全。由于具有系统控制器集中控制和专用信令信道，所以便于处理特殊功能、智能化管理、集中控制和指挥。分布控制方式系统功能较少，只能实现基本功能，对于通播、紧急呼叫、排队功能以及一些特殊的功能难以实现。

3. 入网性能

两种方式都可连续更新分配信道信息。集中控制方式还能处理排队回叫、优先级别、限时通话等功能。分布控制方式不能处理排队、优先等功能，入网性能差一些。

4. 系统可靠性

在集中控制系统中，系统控制中心或专用信令信道发生故障则失去集群功能。分布控制系统中，任一信道转发器或集群控制逻辑单元出故障时，其余信道照常工作，不影响系统集群功能，只是减少了容量，使系统变得繁忙些，它影响以此故障信道为守候信道（家信道）的一群移动台的工作，实际上从整体来看，系统局部也受到影响。一般，分布控制方式抗故障能力强，可靠性高。在集中控制方式中，控制信道可设后备控制信道，轮班更换或出现故障时随时切换；系统控制中心也可热备份，采取这些措施也可保证系统可靠工作。

5. 设备成本

对于信道数少的系统，由于分布控制方式省去集中控制所需要的复杂系统控制器，成本较低。但对信道数多的系统，分布控制系统的每个信道所需的集群逻辑控制单元加起来，其成本亦与系统控制器相当。

6. 技术复杂程度和开发难易程度

从技术复杂程度比较，简单的分布控制方式的系统比集中控制方式的系统简单。集中控制方式系统控制器设备比较复杂，专用信令信道要解决"争用"问题，需采用相应的 ALOHA 技术，有一定的技术难度；而 LTR 系统简单，只需开发信道集群控制逻辑单元。

8.4　集群移动通信系统的组成与分类

8.4.1　集群移动通信系统的组成

集群移动通信系统的基本组成有集群交换控制中心、调度台、基站、移动台和中继线路等，如图 8.4 所示。

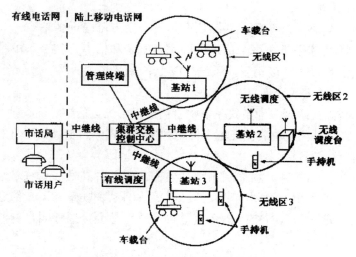

图 8.4　集群移动通信系统基本组成

集群交换控制中心完成系统网络的控制与交换，可与有线电话网互联，是整个网络系统的心脏，根据网络结构的不同，可设多级交换控制中心。

调度台为各相互独立部门用户的指挥台，分为有线调度台和无线调度台。

基站由若干部收发信机和天线系统组成，完成一定服务区域的无线覆盖。

移动台即用户终端，按使用性质分为手持机、车载台、固定台、便携台。根据工作方式又分为单工和双工移动台。

中继线路为集群交换控制中心到有线电话网络及各基站的中继链路，可以是有线、无线、光纤、卫星通信等链路。

8.4.2　集群移动通信系统的分类

集群移动通信系统的分类方法主要有按集群方式、控制方式、信令方式、信令占用信道方式、呼叫处理方式分类等。

1．按集群方式分类

分为信息集群、传输集群和准传输集群三种。在信息集群系统中，用户通话占用一个语音信道完成整个通话过程，其优点是通话完整性好，缺点是通话停顿时仍占用信道，降低了信道利用率。而在传输集群系统中，用户通话时一方按 PTT 键讲话时才占用信道，讲完松开

PTT 键后释放信道，另一方讲话时重新占用信道，其优点是信道利用率高，有一定的通话保密性，缺点是通话完整性稍差，有可能通话中断。准传输集群系统吸取了信息集群和传输集群两种系统的优点，在通话时一方讲完松开 PTT 键后，信道仍保留一段时间，在此时间内另一方如按 PTT 键讲话可继续占用此信道，否则系统释放该信道。

2. 按控制方式分类

分为集中控制和分散控制两种。集中控制是由一个控制器统一控制管理系统所有语音信道。分散控制是系统中每个信道都有自己的控制管理模块。

3. 按信令方式分类

分为共路信令和随路信令两种。共路信令是设一个专用信道传信令，其优点是信令速度快，系统功能多。随路信令是在每个信道中同时传语音和信令，信令不单独占用信道，其优点是节约信道，缺点是接续速度稍慢，系统功能少。

4. 按信令占用信道方式分类

分为固定式和搜索式两种。固定式系统中，信令占用固定信道。而在搜索式系统中，信令占用信道不断变化，有循环定位和循环不定位两种搜索方式。固定式较简单，搜索式较复杂。

5. 按呼叫处理方式分类

分为损失制和等待制两种。损失制系统是当语音信道占满时，系统示忙，呼叫失败，要通话需重新呼叫，这种系统信道利用率较低。而等待制系统则是当语音信道占满时，对呼叫请求采取排队方式处理，一旦有空闲语音信道，系统可马上接通呼叫，这种系统信道利用率较高。

8.5 集群通信系统的信令

集群通信就是多个用户共用少数几个无线信道。为了确保通信中的保密性和有序性，保证系统有机协调地工作，系统必须要有完善的控制功能并遵循某些规定。这样就需要一些用来表示控制和状态的信号及指令。

为了将集群通信系统中用于通话的有用信号区别开来，把语音信号以外用于控制系统正常工作的非语音信号及指令系统称为"信令"。各种各样的信令组合成集群通信系统的信令系统，它可以称为集群通信系统的神经。由信令系统可决定集群通信系统功能的好坏，信令系统复杂是移动通信系统与普通通信系统的重要区别，同时，集群通信系统为了实现其强大的调度功能，信令系统会更加复杂。

集群通信系统的信令主要有下列两种分类方式：

一种是按信令功能分类，可分为控制信令、选呼信令、拨号信令三种；另一种是按信令形式分类，可分为模拟信令和数字信令两大类。

集群通信系统中控制技术包括空闲信道的检测，通话信道的指配和控制以及利用微处理机的通信控制等，控制和信令是不可分的。一种性能优良的信令系统将会大大提高整个集群通信系统的效率。对信令的要求主要是便于无线传输，实现起来简单，组合数量多，且与市话兼容性好等。

8.5.1　三种不同功能的信令

1. 控制信令

控制信令用来控制基地台与移动台之间信道的连接、断开以及移动台无线信道的转换。此外，还用来作为监控和状态显示。它包括各种状态监视信号、空闲信号、分配信道、拆线、强插、强拆、限时、位置登记、遥毙、报警信令等。

信令可以利用专用信令信道传输，也可以通过语音信道传输。

2. 选呼信令

选呼信令用来控制移动台按自己的身份码接入系统，它包括单呼、组呼、群呼信令等。一个集群通信系统拥有许多移动用户，为了在众多用户中呼出其中某一用户而不至于造成一呼百应的状态，给每个移动台规定一个确定的地址码，其他控制台按照地址码选呼，这样就可建立与该移动用户的通信。对选呼信令的要求是，既组成简单又能获得尽量多的号码数，同时又要求可靠性高，抗干扰性能好。

3. 拨号信令

拨号信令是移动用户通过基地台呼叫另一移动用户或市话网用户而使用的信令。因此要求拨号信令与市话网具有兼容性，并适于在无线信道中传输。

8.5.2　两种形式的信令

1. 模拟信令

利用模拟信令实现集群控制，一般情况采用 DTMF 信令、CTCSS 信令、五音调信令等，它们可以单独使用，亦可以几种搭配混和使用。

（1）DTMF 信令

DTMF 信令是一种双音多频信号，它在市话程控交换机上被广泛使用。它是一种带内信令，即在 300～3400Hz 音频范围内，选择 8 个单音频率，分为高频率群（4 个或 3 个频率）和低频率群（4 个频率），每次从高频率群和低频率群各取出一个频率，由高低两个频率信号叠加在一起构成一个 DTMF 信号。

在集群通信系统中，DTMF 信号用作系统的识别、拨号、控制以及状态等各种信令。但目前还没有统一规定 DTMF 双音多频信令的具体定义，大部分生产厂商都有自己的设定，实际中可根据具体设计，对已使用的信号种类适当增减。特殊功能信号，如缩位拨号、呼叫转移信号等，可自行规定，但不能与之相矛盾。通常可参考我国移动通信 90 系列标准《中小容量自动拨号无线电话系统》中关于 DTMF 双音多频信令的统一规定。

（2）CTCSS 信令

这种信令是指亚音频控制静噪选呼信令，又称为音锁或单音静噪。它是多个通信系统公用一个信道，为防止互相干扰而使用的一种亚音频信令。它还可以有效地防止非法用户进入系统。

CTCSS 信令是在发射载波上叠加低电平亚音频单音，每个系统有自己特定的单音，用户每次呼叫开启发射机时使发出该频率的单音，并在整个通话期间持续发送。

在简单的集群通信系统中，常用该信令实现组呼或作为系统识别音。

（3）五音调信令

五音调信令属于单音顺序编码信令。

CCIR 规定五音调非序码单音频率稳定度应优于±5×10^{-3}，标准码长时间为 100±10ms，码字之间不间断排列，间断误差时间约为 20ms。

2. 数字信令

数字信令是随着计算机技术的发展而飞速发展起来的，数字信令由于传输速度快、组码数量大，便于集成化，可以使设备小型化，近几年在集群通信系统中被广泛应用。

数字信令大体可分为低速和高速两类。低速数字信令要进行两次调制，第一次调制在一个或几个音频频率上，在无线信道中仍以模拟方式进行第二次调制。高速信令一般是直接调制在无线信道上，由于速度较高，通常采取多次重发和较复杂的纠错编码方法，以解决传输中出现的差错问题。

（1）数字信令格式

在传输数字信令时，为了便于收端解码，通常要求数字信令按一定格式编码。常用的数字传令格式有两种，如图 8.5（a）、（b）所示。

（a）

（b）

图 8.5　数字信令格式

第一种格式，每发送一组地址或数据信息时都要发送同步码和纠错码。

第二种格式，每发送一次同步码和纠错码时，可以发送几组信息码。

位同步码（P）：又叫码头、前置码或同步码。它是将收发两端的时钟对齐，以便给出每个码元的判决时刻。

字同步码（SW）：又叫帧同步码。它表示信息的开始，相当于时分多路通信中的帧同步。常选用相关性好的不归零巴克码来作字同步码。

信息码（A 和 D）：传输数字信令的具体内容包括地址码和控制、寻呼、分配信道、拔号等数据信息，它是数字信令的核心。

纠错码：又称监督码，是为了防止信令在传输中出错而加的冗余码。一般情况采用 BCH 码，它不仅可以发现错误，还可以实现前向纠错。

（2）数字信令的传输方法

基带数字信令是二进制的数据流，只有通过调制才能发射出去。考虑到与现有模拟系统的兼容性，数字信令要适应 25kHz 的信道间隔要求，能够在 16kHz 带宽的信道内可靠传输，用于数字信令的调制方式有 ASK、FSK、PSK 三大类。ASK 体制抗干扰和抗衰落性能差，在移动通信中基本不予以采用。FSK 和 PSK 方式具有较好的适应性。

在选择调度方式时，主要从信令速率、调制带宽和抗干扰能力（即误码率）三方面考虑。通常使用的调制方法有两种：一种是基带调制，它适用于高速率；另一种是副载波二次调制，适用于较低速率。

3．数字信令规约

（1）MPT-1327 数字信令

MPT-1327：集群系统信令标准规约。这个标准是经英国贸易工业部、英国邮电部、11 家制造工厂、两个用户协会，经 1982 年、1983 年和 1984 年三年的三次讨论，于 1985 年公布的。它在世界上已标准化和公开化，MPT-1327 是一种承前启后的标准，世界上许多国家和公司都采用这种信令开发了各种集群移动通信系统。通常 MPT-1327 数字信令是利用专用信令信道传输的。

MPT-1327 信令规约是建立在不对称控制信道基础上的。如图 8.6 所示，在下行链路中，信道连续传输两组 64bit 码字，一组由控制信道系统码（CCSC）组成，用于系统同步和系统识别。另一组码（1NFO）由地址码和其他规约信息构成，这两组码字构成一个时隙。下行信道第一个码字的第一位为"0"。另有 15 位系统识别码，而后是 16 位信息码。第三个 16 位码为前置码，然后在校核的 16 位上给出一同步序列。与此相反，在上行链路里，移动台采用动态帧长 ALOHA 技术，分时操作，与下行链路同步接入信道，以提高信道的利用率。上行链路信令格式为 32bit 同步码（SYNC）加上 64bit 信息码（INFO）。纠错编码采用特殊的 BCH（63，64）循环码加 1 位奇偶校验位。

图 8.6　信令基本格式

MPT-1327 是一种为集群专用陆地移动通信系统应用的信令标准。它规定了集群系统控制器和用户无线单元之间的通信协议准则。该信令中还包括长、短数据信息，可用来直接传输协议准则。MPT-1327 标准可用于实现多种系统，这些系统小到只有几个无线信道（单信道也可），大到可以由多个集群系统控制器组成的网络。

MPT-1327 信令系统最大容量范围为：

每个系统 1036800 个地址，1024 个信道号码，32768 个系统识别码。

该协议使用了 1200b/s 的信令，这种信令用快速移频键控（FFSK 也即 MSK）副载波调制方式。它是为异频半双工无线单元和全双工集群系统控制器 TSC（Trunking System Controller）设计的。协议提供了广泛的用户设备和系统选择。但可以实现一部分适当的协议，也可以再将新的规定加入到协议中，因而信令系统具有很强的可扩充性。

（2）LTR 数字信令

LTR 是 Logic Trunked Radio 的缩写，该信令是非专用信令信道的分布控制系统。它采用

300b/s 亚音频（低于 150Hz）调制的数字式随路信号，与语音信号同时传输，不占用专门信道。采用传输集群技术，即讲话时占用信道，讲话空余时，利用按讲方式释放信道，此时信道可被别的用户通话使用。每次移动台发射可在任一信道上进行，不固定分配信道。这样能充分利用传输空余时间，提高信道的负载能力。

LTR 信令系统中每个信道需要一个转发器，转发器之间通过高速同轴电缆数据链路传输数据信息流，传输速率为 9600b/s，信息以时分多址共用数据总线方式交换。每个转发器都有控制头，可分布控制，即每个信道独立完成信令交换，减小系统信令的负荷，从而提高系统的可靠性。移动台与转发台之间采用应答式交换信令。

转发台有五种工作方式：空闲、转发、只发、双工、松键（hang，即只发数据不发语音）。

信令格式有三种：转发器之间高速传输信令、转发器到移动台的信令以及移动台到转发器的信令。

信令通常包含宿主（home）信道（主信道）号、状态信道号、被呼用户的识别 ID 码（单人及群 ID）、空闲信道号以及其他参数等。移动台到转发器用速率为 300b/s 亚音频数字信令（约 63 比特 BCH 码）。它与语音同传，且持续不断地实时更新参数。移动台可预先获得可用信道，无需扫描，因此接续时间短，仅约 300ms。

通常每个移动台都被编程设置两个信道号。一个宿主信道号，另一个是状态信道号，当检测到有合法的数据信令时，该信道即为监控信道。这是防止宿主信道出现故障时，失去信息，以便通过监控信道获得收发呼叫的最新信息。

LTR 信令的五种主要信令格式如图 8.7 所示。

①移动台呼叫基地台的信令

同步(9B)	区号(1B)	主叫占用的转发器序号	守候信道号(1～20)	移动台标识码	通行码(31)	错误检查位(CRC)
		5bit	5bit	8bit		7bit

②基地台对移动台的信令（转发器忙）

同步(9B)	区号(1B)	通话信道号(5bit)	守候信道号(1～20)	被叫台标识码	空闲转发器号(5bit)	错误检查位(CRC)

③基地台对移动台的信令（转发器空闲）

同步(9B)	区号(1B)	转发器序号	守候信道号(1～20)	255标识码	空闲转发器号	错误检查位(CRC)

④移动台对基地台的结束信号格式

同步(9B)	区号(1B)	31	守候信道号(1～20)	被叫台标识码	31	错误检查位(CRC)

⑤基地台对移动台的结束信号模式

同步(9B)	区号(1B)	31	守候信道号(1～20)	被叫台标识码	空闲转发器号	错误检查位(CRC)

图 8.7　LTR 信令的五种主要信令格式

一个完整的信令发送时间为 130ms。

8.6　几种典型的数字集群移动通信系统

8.6.1　iDEN 系统

1．系统概述

iDEN 是 MTLL 公司研制生产的 800MHz 数字集群移动通信系统，采用 MTLL 专用控制信令标准，20 世纪 90 年代中期面市，具有蜂窝电话、无线调度、无线寻呼及无线数传等功能。

iDEN 系统采用 6:1 TDMA 技术，在 25kHz 带宽载波上提供 6 个逻辑信道，用户容量大大增加。由于采用全数字技术，便于与其他数字网络的连接和加密，因此适用于较大规模的多功能专用无线通信网络。

2．系统介绍

MTLL iDEN Harmony 数字集群移动通信系统主要由系统控制器、标准基站、调度应用处理器、本地管理调度台及移动台等组成。

（1）系统控制器

系统控制器完成基站呼叫处理、内部呼叫处理、数据交换、电话互联、网管等功能，与标准基站和 PSTN/PABX 的连接采用 E1 数字中继接口。

（2）标准基站（EBTS）

EBTS（Enhanced Base Transceiver System）标准基站包括以太网组成的基站控制器（BSC）和无线收发信机（BR）。

（3）调度应用处理器

调度应用处理器（MAP）是为调度通信服务的控制全部移动台快速响应的网络控制器，与系统控制器通过以太网相连，可传输 TCP/IP 协议，完成复杂的调度应用。

（4）本地管理调度台

完成系统参数的管理和维护业务。

（5）移动台

iDEN 系统用户终端型号较多，可满足不同用户的需求。

3．系统特点

（1）频段

频段：806MHz～821MHz（基站收，移动台发）；

851MHz～866MHz（基站发，移动台收）。

（2）信令方式

采用 MTLL 公司制定的数字集群移动通信标准信令 iDEN，专用信令信道传输。

（3）集群方式与控制方式

调度、电话互联均采用信息集群方式。控制方式采用专用控制信道集中控制方式。

（4）系统信道容量

iDEN Harmony 系统最多支持 16 个基站，而每个基站最多可配置 12 个载频（72 个信道）。

（5）关键技术

系统采用 M-16QAM 窄带数字调制技术，载波传输速率为 64 kb/s，语音采用 VSELP 编码，速率为 4.8kb/s。

（6）频谱利用率

由于系统采用了 6:1 TDMA 时分多址技术，同模拟集群移动通信系统相比，25kHz 间隔信道可传 6 路信息，即相当于 6 个信道，频谱利用率提高了 5 倍。

（7）安全性能

iDEN 系统在安全性方面有了一定的提高，加强了移动用户的鉴权识别，有效地防止了非法用户的进入。由于采用全数字化系统，特殊用户还可以对语音和数据进行数字加密。

4．主要功能

（1）调度功能

iDEN Harmony 可设 3000 个用户群和 5000 个通话组，完成如下一些调度功能。

①本地组呼：限制在主叫基站内的组呼。

②广域组呼：在整个系统内进行组呼。

③可选业务区组呼：在选定的部分基站内进行组呼。

④私密呼叫：同一群内的选呼。

⑤跨群私密呼叫：不同群之间用户的选呼。

⑥高级调度功能（某些用户机）：紧急呼叫、优先呼叫（15 个优先级）、状态信息、通话组扫描等。

（2）互联功能

系统电话互联支持双工或单工模式。双工模式占用载波的两个时隙（即 3:1TDMA），单工模式占用 1 个时隙（即 6:1TDMA）。

①连接：T1 或 El。

②信令：支持 MFC、R2 及 PRI 信令。

③呼叫限制：最多可限制 5 个呼叫前缀。

④紧急电话互联：可设定紧急电话互联号码。

⑤呼叫记录：主叫、被叫、时间、类型等。

8.6.2　MTLL 系统

1．系统概述

欧洲电信标准协会（ETSI）推荐的 TETRA（Trans European Trunked Radio，泛欧集群无线电标准，现在已改称为 Terrestrial Trunked Radio，陆上集群无线电），它采用 TDMA 制度，工作频段原为 400 MHz 频段，800MHz 频段的 MTLL 系统于 2001 年进入我国市场。MTLL 系统是一个空中接口信令开放的系统，它采用较先进的 ACELP 语音编码方式和 $\pi/4$-DQPSK 数字调制技术。

MTLL 系统采用 4:1 TDMA 技术，在 25kHz 带宽载波上提供 4 个逻辑信道，可实现语音和数据通信。由于采用全数字技术，便于与其他数字网络的连接和加密，因此适用于较大规模的综合专用无线通信网络。

2．系统组成

MTLL 数字集群移动通信系统主要由数字交换机、基站、调度系统、网管系统、应用互联产品及移动台等组成。

（1）数字交换机（DXT）

数字交换机采用分布式控制结构，高处理能力；控制和交换单元冗余备份，自动故障检测和恢复，性能可靠；结构模块化，载波容量可从 16～256 个（64～1024 个信道），用户容量可从 1000～100000 进行扩展。提供调度、网管以及 PSTN/PABX、数据网络、计费等多种接口。

（2）基站（TBS）

模块化结构，每个机柜可配置 1～4 个载波（4～16 个无线信道），每个基站可扩展成 2 个机柜，最多 8 个载波 32 个无线信道。基站载波发射功率为 25W，接收采用分集接收。

（3）调度系统

通过调度台控制器（DSC）与数字交换机相联。可接调度台工作站（DWS）和网管工作站（NMWS），其中调度台工作站分标准软件包、增强型软件包以及管理软件包三种。

（4）网管系统（NMS/400）

该网管系统专为大型网络设计，管理控制所有网络部件。

（5）应用互联产品接口（API）

包括状态和短数据业务（SDSI）、用户管理服务器（CUS）、通信接口服务器（CIS）三种应用产品接口。

（6）移动台

THR 600：400MHz 双工、半双工手持台，输出功率 1W。

THR420：400MHz 半双工、双工手持台，输出功率 1W。

TMR400：400MHz 半双工车载台，输出功率 10W。可在复杂环境下使用，具有较大面板。

TMR420：400MHz 半双工车载台，输出功率 10W。带通话组号选择和音量旋钮开关。

3．系统特点

（1）频段

频段：380MHz～390MHz（基站收，移动台发）；

　　　390MHz～400MHz（基站发，移动台收）。

频段：410MHz～420MHz（基站收，移动台发）；

　　　420MHz～430MHz（基站发，移动台收）。

（2）信令方式

采用欧洲电信标准协会制定的数字集群移动通信标准信令 MTLL，专用信令信道传输。

（3）集群方式与控制方式

调度、电话互联均采用信息集群方式。控制方式采用专用控制信道集中控制方式。

（4）系统信道容量

每个基站最多 8 个载波（32 个信道），系统最多可配置 256 个载波（1024 个信道）。

（5）全数字化系统

系统采用 π/4-DQPSK 窄带数字调制技术，载波传输速率为 36kb/s，语音采用 ACELP（改进型码激励线性预测）编码，速率为 4.8kb/s，电路模式数据传输速率最高为 28.8kb/s。

（6）频谱利用率

由于系统采用了 4:1 时分多址技术，同模拟集群移动通信系统相比，25kHz 间隔信道可传 4 路信息，即相当于 4 个信道，频谱利用率提高了 3 倍。

（7）高度的安全性

MTLL 在安全性方面有很大的提高，采取数据加密及用户识别。MTLL 定义了用户鉴权和空中接口加密；用户可以定义空中接口加密和端对端加密。空中接口加密是在基站和用户终端之间的无线信道进行加密；端对端加密是从用户终端到另一用户终端之间全程的加密。

4. 主要功能

（1）业务种类

MTLL 标准除了定义有基本的语音和数据业务，还定义了增补业务。其中基本业务包括语音和宽带数据两类。

（2）数据业务

MTLL 数据业务除了上述电路模式数据和分组数据两种宽带数据业务外，还有状态信息和短数据信息两种数据业务。

（3）直通模式操作（DMO）

直通模式操作是由无线终端使用不受网络控制的无线信道进行通信。它包括如下三种模式：

①用户直通模式。它保证无线用户之间（或组）在网络覆盖区以外仍可进行通信，也可用于网络覆盖范围之内，用户可利用双模监视功能同时扫描网络信道。

②网关直通模式。当手持终端超出覆盖区时，可利用网关车载电台扩展网络的覆盖范围，手持终端与网关电台为直通模式通信，手持终端通过网关电台撰人网络。

③中继直通模式。当直通模式通信用户之间距离较远时，可利用中继车载电台进行中继。

（4）网络综合应用

系统可作为一种综合应用平台，通过各种开放的应用协议接口与不同的数据通信网和电信网相联，实现完整的端到端综合应用，其中包括下列一些数据应用：WAP 应用、局域网应用、数据库查询、计算机辅助调度、文件传递、车队管理、遥测、监视、自动车辆定位、导航和电子邮件。

习题

1. 什么是集群通信？
2. 集群通信系统的特点有哪些？

3. 数字集群通信系统有哪些优点？

4. 什么是信息集群？

5. 什么是传输集群？

6. 什么是准传输集群？

7. 集群移动通信系统的信道控制方式有哪几种？试比较其优劣。

8. 集群通信系统主要由哪几部分组成？

9. 什么是信令？集群通信系统主要有哪几种信令？

第 9 章　MTLL 数字集群通信系统设备参数设置与操作使用

📖 **知识点**

- 设备的基本工作原理
- 设备的面板介绍
- 设备的参数设置

📢 **难点**

- 移动台编程
- 设备的操作使用

✍ **要求**

掌握:
- 移动集群系统的组织应用

理解:
- 设备的基本工作原理

了解:
- 设备的面板介绍

9.1　终端设备介绍

MTLL 数字集群通信系统解决方案配备了 MTLL 对讲机以及 MTLL 车载台。

9.1.1　MTLL 对讲机和 MTLL 车载台的特性

MTLL 对讲机和 MTLL 车载台作为最新的 MTLL 终端产品，具有以下显著的特性:

- 数据/信息传输服务。内置数据库查询模板，可支持全面的 WAP（无线访问处理），一键操作实现状态信息的传输，状态值由键盘输入。适用于外接 RS232 短数据和分组数据装置的外围设备接口（PEI），通话过程中新收到信息可提醒接收者。
- 安全服务。使用 MTLL 空中接口加密方式，并可鉴权，安全密钥配置工具可从键盘删除用户加密密钥，可实现用户机遥闭和激活。
- E2E 安全服务。端到端加密模块（E2E）及全面的防篡改措施，加强了保密性能，支持多种加密算法。
- 用户安全性。专用紧急呼叫键，紧急模式色彩指示（红色显示）及可编辑的屏保和标配选件，可将通话组及键盘锁定和发射禁止。

- 多种语言支持。支持的语言包括英语、韩语和中文（简体及繁体）；字母文本服务（ATS）。
- GPS 定位服务。全面集成的单芯片 GPS 接收机，可实现禁用选件、调度台鉴权等。
- 其他。具有音频接口和用于编程、升级及短数据的专用接口，通过 USB 和 RS232 的可编程接口，无模式作业及常用通话组（DMO/TMO 通话组）。

9.1.2　MTLL 移动台的功能

MTLL 数字集群移动电台具有以下功能。

1.　TMO 工作方式

- 组呼
- 通话组扫描和优先监控
- 紧急组呼
- 半双工和双工个呼
- 电话呼叫（PSTN /PABX）
- 空中接口加密—静态密钥
- 温度使能/禁止
- 电话锁定（PIN/PUK）
- AT 指令集（仅用于短数据服务功能）
- 短数据服务（状态信息和文本信息）
- 定向的短数据服务状态（SSI）
- 分组数据（多时隙）
- 发射禁止
- 环境监听
- 动态密钥加密
- 广播

2.　DMO 模式

- 组呼
- 私呼
- 网管
- 中继兼容
- 紧急呼叫
- DMO/TMO 紧急切换

3.　MTLL 对讲机手持台

- 内置 GPS
- 通用控制
- 端到端加密

- 通过 USB 编程
- 高分辨率显示
- 四向导航键
- 具有推拉按钮的双功能旋钮（音量、列表选择）
- 节省能源

4．通用指标

- 信令：MTLL。
- 功率输出：1W（MTLL 对讲机）。

  3W，16W（MTLL 车载台）。
- 信道间隔：25kHz。
- 调制方式：π/4DQPSK。
- 电池电压：3.2V～3.8V。
- 工作温度：−25℃～60℃。

9.2　设备的基本工作原理

由于 MTLL 对讲机手持台和 MTLL 车载台电路的主要组成基本相同，本节介绍 MTLL 数字集群系统终端设备 MTLL 对讲机手持台和 MTLL 车载台的基本工作原理。

9.2.1　MTLL 对讲机手持台

MTLL 对讲机手持台主要由发射机、接收机、频率合成单元、数字和音频单元、GPS 定位等部分构成，系统组成框图如图 9.1 所示。

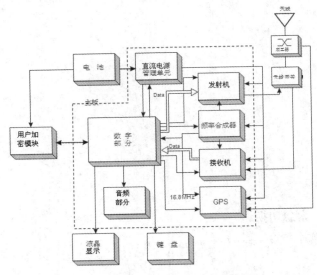

图 9.1　MTLL 对讲机手持台总体框图

全部的射频电路包含在数字/射频板和键盘板上。数字/射频板分成数字、频率合成、发射机、接收机等部分。

1. 数字部分

数字部分包含 Patriot 集成电路,这个集成电路内含多核精简指令处理器和数字信号处理器。

多核处理器是数字/射频板的控制器。多核处理器控制射频部分的发射机,接收机,音频、频率合成器的工作,同键盘和显示部分进行通信。

数字部分方框图如图 9.2 所示。

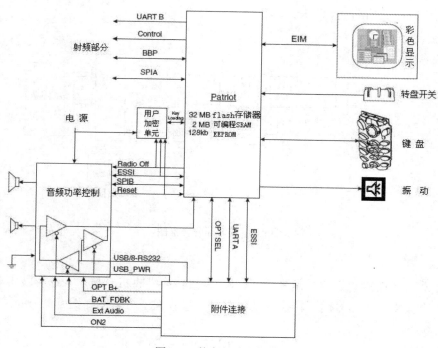

图 9.2　数字部分方框图

数字信号处理器完成的功能有:

- 调制和解调
- ACELP 语音编码
- 克服信道差错的前向纠错编码和其他纠错编码算法
- 16 比特的 D/A 转换
- 音频滤波
- 接收和发送的音频信号放大

电源和音频部分包括以下功能:

- 电源供给
- 13 比特编码器
- 麦克风和耳麦放大器

- 音频功放

2. 发射通道

发射机电路包括一个 AB 类功率放大器。发射电路中的笛卡尔环路可以增强发射机的线性并且减小临道干扰。

笛卡尔环路由前向通道和反馈通道构成。前向通道由 Javelin 集成电路、线路匹配器、衰减器、功放和隔离器构成。反馈通道由定向耦合器、衰减器、线路匹配器和 Javelin 集成电路构成。

笛卡尔环路的输出经由天线开关、谐波滤波器和双工器送到天线。

发射部分方框图如图 9.3 所示。

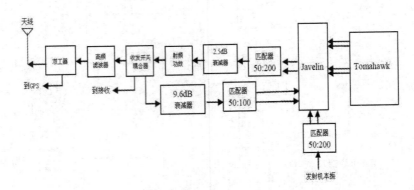

图 9.3　发射部分方框图

3. 接收通道

MTLL 对讲机的接收机部分是基于 DCR（直接转换接收机）技术，这种技术可以不产生中频信号，直接将射频信号向下转换成基带信号。接收通道方框图如图 9.4 所示。

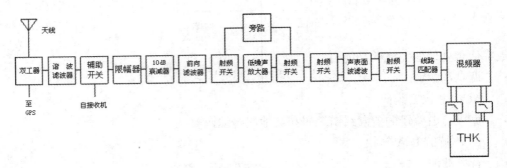

图 9.4　接收通道部分方框图

接收通道包括：

- 双工器
- 天线开关
- 限幅器

- 10dB 步进衰减器
- 前向滤波器
- 射频开关
- 集成了 30dB 步进衰减器的低噪声放大器
- Tomahawk 集成电路，其构成基带信号处理链路

4. 频率合成部分

频率合成部分包括：

- Tomahawk 集成电路 N 分频合成器
- Escort 副合成器
- 参考振荡器
- 主压控振荡器（VCO），发射压控振荡器（Tx VCO）
- 缓冲区

频率合成部分方框图如图 9.5 所示。

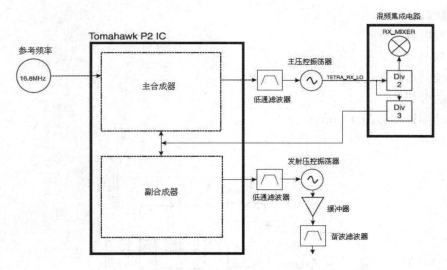

图 9.5　频率合成部分方框图

5. GPS 部分

GPS 部分包含以下部分：

- 双工器
- 前向滤波器
- 低噪声放大器匹配网络
- Phoenix-GAM 集成电路和 TCXO

GPS 部分方框图如图 9.6 所示。

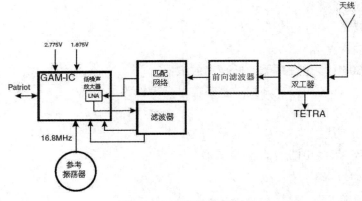

图 9.6　GPS 模块方框图

9.2.2　MTLL 车载台

MTLL 车载台数字/射频单元主要包括下面的五部分：

- 接收机部分
- 发射机部分
- 频率合成部分
- 控制器部分
- GPS 模块

系统总体框图如图 9.7 所示。

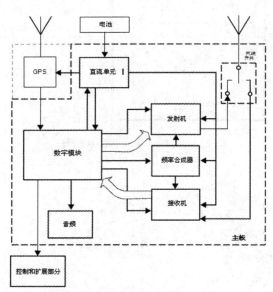

图 9.7　MTLL 车载台总体方框图

1. 接收机部分

接收部分包含以下主要部件：

- 天线开关
- AGC_0 衰减器
- 前端选择滤波器
- 低噪声放大器（LNA）
- AGC_1 衰减器
- 第二选择滤波器
- 混频器
- 中频滤波器
- 中频放大器
- AGC_2 衰减器和缓冲器
- 中频数字化子系统

接收机通道实现自动增益控制，自动增益控制是接收机在输入信号电平大范围变动时维持良好的线性，防止高电平信号失真所必须的。接收部分方框图如图 9.8 所示。

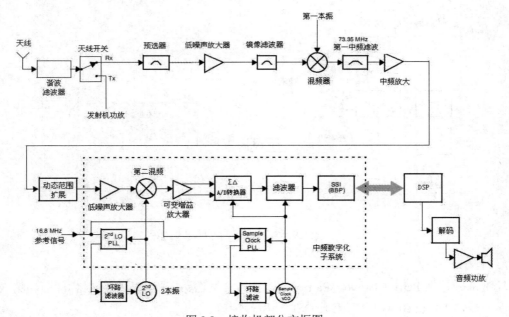

图 9.8　接收机部分方框图

中频数字化子系统实现下列功能：

- 放大，下变频信号到第二中频
- 中频 AGC
- 将第二中频的模拟信号转换成正交的数字基带信号
- 将正交的基带信号送到 DSP 进一步处理
- 合成第二本地振荡频率
- 合成 sigma-delta 时钟信号

2．发射机部分

发射机电路中包含笛卡尔反馈电路以增强发射机的线性，从而减小临道干扰，发射机电路包含以下部件：

- AD/DA 集成电路
- 低噪声直接转换发射机集成电路
- 线路匹配器和衰减器
- 定向耦合器
- 隔离器
- 天线开关
- 谐波滤波器

发射机线性化反馈信号取自于定向耦合器前面的功率端和衰减器，并且传输给 JAVELIN 集成电路的射频反馈端。

发射机部分方框图如图 9.9 所示。

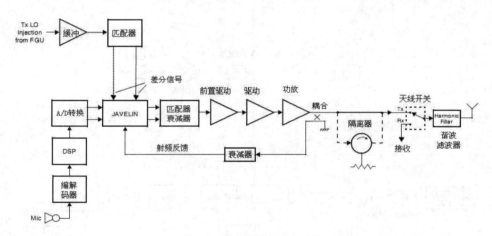

图 9.9　发射机部分方框图

3．控制器部分

控制部分包括 Patriot Bravo，Patriot Bravo 控制发送、接收以及位于射频部分的集成电路的频率合成，Patriot Bravo 内部集成 DSP 和串行接口。

控制器部分实现下列功能：

- 电压调整
- 电源开关电路
- Patriot Bravo
- 主存储器（FLASH 和 SRAM）
- 串行外设接口（SPI）
- RS232，USB，SB9600，SBEP 串行接口
- RX 和 TX 复用器

- 可编程电位
- 编码器
- 音频功放

控制器部分框图如图 9.10 所示。

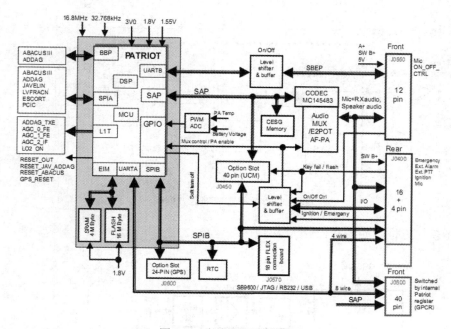

图 9.10　控制器部分方框图

4. 频率合成部分

频率合成部分包含以下部件：

- 参考振荡器 TCXO
- 主合成器由主压控振荡器（VCO）和低压 N 分频集成电路（LVFRACN）组成。在接收模式时，主合成器提供本振信号注入到接收机第一混频器。在发送模式时，主合成器为发射频率搬移回路提供频率参考。
- 发射频率搬移回路由发射压控振荡器（VCO）和 ESCORT 锁相环构成。

频率合成部分框图如图 9.11 所示。

5. GPS 部分

GPS 子模块包括下列部件：

- 前端滤波器
- 低噪声匹配网络
- Phoenix GPS 信号采集模块（PGAM）
- 26MHz 参考振荡器 TCXO
- PGAM-IC 供电电路
- 外部低噪声放大器（LNA）5V（20mA）镜像电源

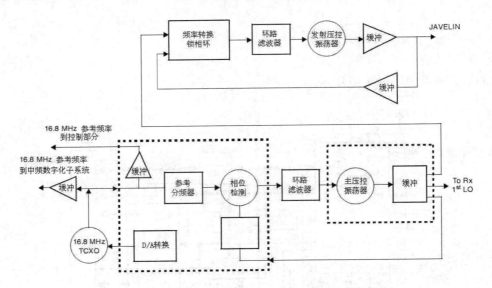

图 9.11　频率合成部分方框图

GPS 子模块方框图如图 9.12 所示。

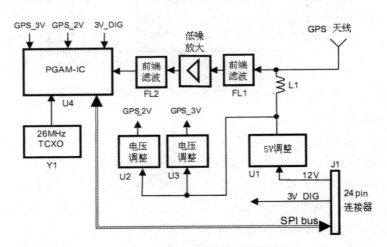

图 9.12　GPS 子模块方框图

9.3　设备面板介绍

9.3.1　MTLL 对讲机面板介绍

1. 面板

MTLL 对讲机如图 9.13 所示，面板各部分名称及功能如表 9.1 所示。

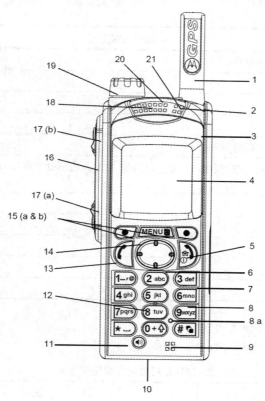

图 9.13　MTLL 对讲机

表 9.1　面板功能描述

序号	名称及功能描述
1	天线
2	顶部麦克风插孔 用于半双工高音呼叫，比如组呼。
3	外部天线插孔（位于 MTLL 对讲机机身背部）
4	彩色显示屏 65000 色 130×130 像素，可提供数字文本和图像显示
5	开关/结束/返回键
6	上下左右导航键（该键可用于滚动菜单、文本编辑）
7	音频附件接口（电台侧面）
8	字母/数字键盘
8a	小键盘背光传感器
9	底部麦克风插孔 用于全双工、半双工低音量呼叫，例如电话呼叫功能
10	附件插孔（位于 MTLL 对讲机机身底部），可用于充电
11	扬声器控制键 用来选择耳机（低音量）或者喇叭（高音）

续表

序号	名称及功能描述
12	扬声器（位于小键盘下方）
13	发送键
14	导航键
15	选择键
16	PTT（位于 MTLL 对讲机机身侧面）
17	可编程侧键默认编程项。顶部侧键为背光的开/关；下面的侧键为屏幕存储，本系统设定为集群/直通模式转换键
18	耳机
19	可编程旋钮
20	紧急呼叫键
21	LED 指示
	菜单键

2. MTLL 对讲机屏幕图标说明

MTLL 对讲机屏幕图标说明如表 9.2 所示。

表 9.2　MTLL 对讲机屏幕图标说明

图标	图标名称	说明
	信号强度（TMO）	支持用户检查进行呼叫之前的信号强度。六根短线全部显示表示信号为最强。在信号微弱的区域可能无法发送或接收呼叫和消息。无短线表示不在服务区。转移到图标显示信号更强的地带，再试呼叫。在直通模式组呼中，屏幕上不会显示此图标
	直通模式（DMO）下的信号强度	表示当前有一个直通模式组呼呼入
	直通模式	当 MTLL 对讲机处于直通模式时，对讲机屏幕将显示该图标
	DMO 网关	表示用户选择借助网关进行通信。该图标有 3 种状态： 静止——表示 MTLL 对讲机已与网关同步（即 MTLL 对讲机接收到接通信号） 闪烁——表示 MTLL 对讲机未能与网关同步，或正在进行连接 无图标——表示对讲机正在与对讲机通话，或用户未选择使用网关
	主菜单条目/上下文相关菜单	启用后，主菜单条目/上下文相关菜单将出现在键上方
	未读（新）消息	表示信箱中有未读消息
	收到新消息	由于目前正在进行某项操作，信箱不会自动打开。对讲机屏幕将一直显示该图标，提醒用户查看新消息

续表

图标	图标名称	说明
	扬声器关闭 （低音频模式）	表示 MTLL 对讲机正处于低音频模式。在私密呼叫过程中，用户通过耳机接听呼叫
	电池剩余电量	显示电池剩余的电量。实心图标表示满容量。当电池电量仅可支持几分钟通话时，该图标将闪烁。在充电时，或使用车载装置时，该图标也会闪烁
	紧急呼叫	当 MTLL 对讲机处于紧急呼叫模式时，对讲机屏幕将显示该图标
	信道扫描	只要用户选定该选项，对讲机屏幕就会显示该图标，表示用户正在使用旋钮滚动查看列表
	滚动查看列表	

3. MTLL 对讲机手持台 LED 状态指示灯

LED 指示灯表示对讲机的工作状态说明如表 9.3 所示。

表 9.3　LED 指示灯工作状态说明

LED	说明
静止绿色	使用中
闪烁绿色	正在接通
静止红色	无法使用
闪烁红色	连接至网络/进入 DMO 模式
闪烁黄色	呼入
无显示	关机

4. 屏幕显示

开机、未使用的对讲机的屏幕显示如图 9.14 所示。

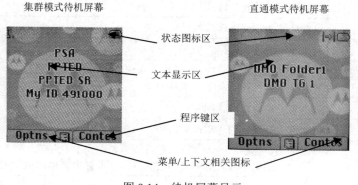

图 9.14　待机屏幕显示

9.3.2 MTLL 车载台面板介绍

1. 面板

MTLL 车载台如图 9.15 所示，各功能描述如表 9.4 所示。

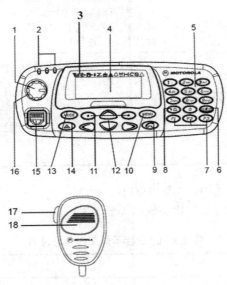

图 9.15　MTLL 车载台

表 9.4　面板功能描述

序号	名称	描述
1	开/关按键	打开或关闭 MTLL 车载台
2	LED 指示灯	显示工作状态
3	图标	显示附加信息和工作状态
4	字母和数字	背光可以照亮最多 4 行字符或数字，每行最多 16 个字符或数字
5	字母和数字键盘	输入数字和字母
6	背光按键	使对讲机的背光变暗或变亮（4 个强度选项）
7	可编程键	这些按键的功能由运营商进行设置
8	外接告警键	用来激活或关闭外接告警（声光）
9	发送/结束按键	按下以发起全双工呼叫，发送文本和状态短消息，也可以结束电话呼叫，PABX 呼叫，全双工呼叫以及半双工呼叫
10	菜单	进入主菜单或滚动选项
11	选择键	按此键选择显示的选项或确认输入
12	浏览键	按四个浏览键中的一个，可以在选项列表中向上、向下、向左和向右滚动，例如在短消息或电话号码簿列表中滚动，按下以弹出菜单选项，用浏览键来滚动
13	模式键	用来改变工作模式
14	紧急键	触发紧急模式并发送紧急告警

序号	名称	描述
15	麦克风接口	用于连接带有 PTT 键的手持式麦克风、台式麦克风或电话型手机的接口
16	音量旋钮	调整音量
17	PTT（通话）键	发送一个组呼、个呼、电话/PABX 或紧急呼叫 发送一条状态短消息
18	麦克风	

2. 图标含义

面板名图标说明如表 9.5 所示。

表 9.5　图标说明

图标	说明
	信号强度（TMO） 可以在呼叫之前先检查信号的强度，五个信号强度柱表示信号的强度最强，在信号较弱的地区，呼叫和短消息可能无法有效接收 **保持亮着** —— 当对讲机处于 TMO 模式时。闪烁的天线表示对讲机未处于覆盖范围之内。这时请移动到一个较好的信号覆盖地区然后再尝试发起呼叫。此天线图标在直通模式的组呼中不会显示 **闪烁** —— 当对讲机处于基于 DMO 的空闲双屏时
	信号强度（DMO） 表明一个呼入的直通模式组呼
	表示您选择通过网关工作。本图标有三个状态： **保持亮着** —— 当车载台检测到网关时（例如接收一个存在的有效信号时） **闪烁** —— 当车载台未检测到网关或连接时 **无图标** —— 在进行呼叫时，如未使用网关时
	DMO 转发器 当在 DMO 中选择了转发器选项时显示。本图标有三个状态： **保持亮着** —— 当车载台检测到转发器时（例如接收一个存在的有效信号时） **闪烁** —— 当车载台未检测到转发器或连接时 **无图标** —— 在进行呼叫时，如未使用转发器时
	未读消息 说明在收件箱内有未读信息
	新信息到达 表示邮箱有新短消息到达
	外接告警 当激活外接告警（"声光"）时显示
	有个呼模式呼叫进入 当有个呼进入时闪烁。当接听、拒接或呼叫建立失败时此图标消失
	电话呼叫 当接收到电话呼叫时闪烁

续表

图标	说明
⚠	紧急呼叫 当 MTLL 车载台工作于紧急模式时显示此图标。该图标闪烁时表示有紧急组呼进入
💾	**连接数据终端** 当 MTLL 车载台成功地与一台外设（膝上型或台式电脑）相连接并已准备好传输数据时，图标将显示 接收/发送数据：此图标表示正在进行数据传输
💾↔	**接收/发送数据** 指示有数据正在传输中

3. 发光二极管状态

发光二极管指示灯如图 9.16 所示。

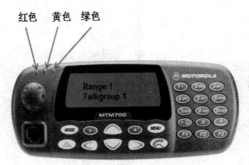

图 9.16　发光二极管指示灯

发光二极管指示灯说明 MTLL 车载台所处的工作状态，如表 9.6 所示。

表 9.6　指示灯状态说明

指示灯	说明
绿色保持亮着	正在使用
绿色闪烁	在系统覆盖范围内
红色保持亮着	不在系统覆盖范围内（例如连接网络，进入 DMO）
黄色保持亮着	禁止传输（TXI）正在使用
黄色闪烁	有呼叫正在呼入
没有指示灯显示	关机状态

4. 按键

（1）模式键

当工作于集群模式时，MTLL 车载台有四个主要的呼叫模式。

- 通话组模式，发送和接收组呼。
- 个呼模式，发送和接收个呼。

- 电话模式，发送和接收电话呼叫。
- PABX 模式，发送和接收来自本地分机号码（交换局）的呼叫。

（2）软键

- 使用软键 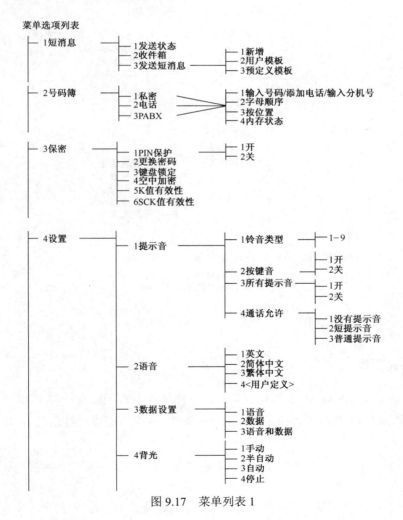可以对显示在显示屏左边和右边的选项进行选择。

（3）菜单键

- 按下菜单键 可进入菜单，使用菜单可以对 MTLL 车载台的参数进行设置。

（4）紧急开关

- 在任一工作模式下，按下 并保持，可以进入紧急状态。

（5）功能键

- F1～F3，使用这些键可以完成那些需要按下并保持的键的功能。
- 数字键，使用这些键可以完成那些需要按下并保持的数字键的功能。

5. 菜单列表

菜单列表如图 9.17 和图 9.18 所示。

图 9.17　菜单列表 1

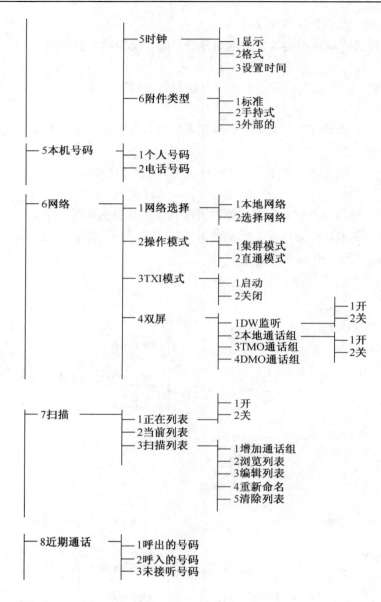

图 9.18　菜单列表 2

9.3.3　基站面板

MTLL 基站简称 MTS，MTS 根据有两种：一种是较小的、配备 1～2 部信道机（基地台），称为 MTS2，如图 9.19 所示；一种是较大的，配备 1～4 部信道机（基地台），称为 MTS4，如图 9.20 所示。

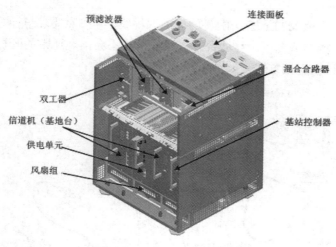

图 9.19　MTS2 的整体结构图

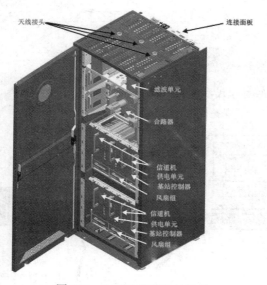

图 9.20　MTS4 的整体结构图

9.4　参数设置

9.4.1　编程连线方式及设置步骤

1．关闭移动台

在运行用户编程软件（CPS）之前请确保对讲机使用的是一块充满电的电池，这样可以确保在编程过程中对讲机不会断电。

2. 编程连线方式

移动台编程必须采用 MTLL 公司配备的标准编程线，并按照要求与计算机串口或 USB 口连接。在与编程线连接的情况下，移动台开机后屏幕将不会出现通常的开机信息。

（1）MTLL 对讲机连接方式，如图 9.21 所示。

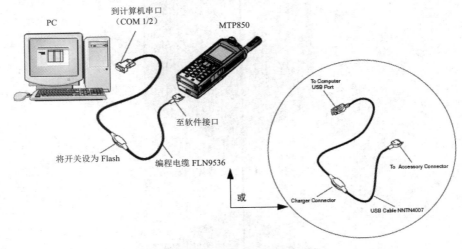

图 9.21　MTLL 对讲机连接方式

（2）MTLL 车载台连接方式，如图 9.22 所示。

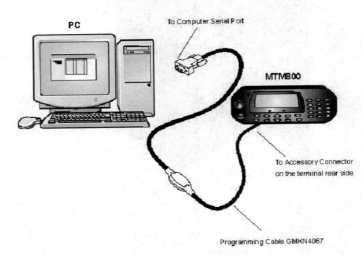

图 9.22　MTLL 车载台连接方式

3. 开机

（1）MTLL 对讲机

取出对讲机电池，然后重新装上。如果使用不带开关的 USB 电缆，同时按"1""9"和"开机"键，此时将自动建立与对讲机之间的通信。在与编程线连接的情况下，移动台开机后屏幕将不会出现开机显示信息，通信初始化完成后，对讲机屏幕中显示出通信参数。

（2）MTLL 车载台

开启 MTLL 车载台电源。

4. 运行电脑中的 CPS

编程电缆用于连接对讲机和运行 MTLL CPS 的 IBM PC（或兼容机）。运行 MTLL CPS.exe，出现图 9.23 所示登录界面，选择 User Name 为 Administrator，输入 Password 为 admin。

5. 改变 CPS 标准英文用户界面到中文用户界面

多语言 CPS 支持英语和其他语言的用户界面（UI）。要将标准英文 CPS UI 改变为任何 CPS 支持的其他语言版本，选择菜单 Tools/

图 9.23　登录界面

Options/General，然后从 Language 组合框中选择所需语言（以中文为例）。点击"确定"关闭 CPS，然后重新打开 CPS，如图 9.24 所示。

图 9.24　语言选择

6. 通信端口的选择

选择 Tools/Options /Communications（工具/选项/通信），根据编程电缆连接方式修改通信设置，如图 9.25 所示

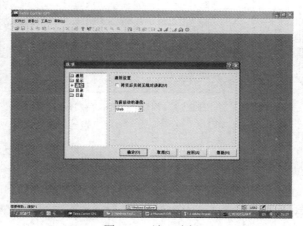

图 9.25　端口选择

9.4.2　菜单功能

1. CPS 应用窗口功能

CPS 应用窗口如图 9.26 所示。

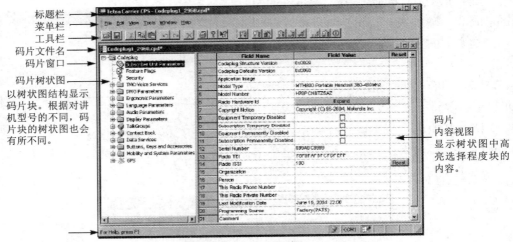

图 9.26　CPS 应用窗口

2. 使用树状图和内容视图

树状图和内容视图如图 9.27 所示。

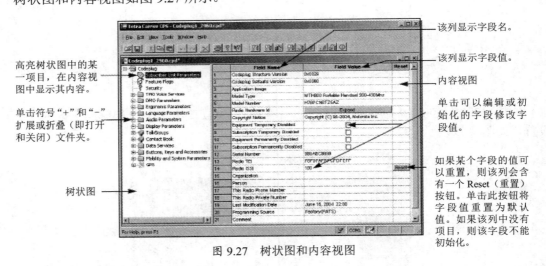

图 9.27　树状图和内容视图

9.4.3　移动台编程步骤

1. 读取移动台数据

选择 File/Read Phone（文件/读电话），CPS 将显示此任务的进程。读取过程结束后，CPS 会显示数据窗口。如果移动台数据是受密码保护的，CPS 会提示您输入打开文件的密码。密码输入正确后，CPS 会显示数据窗口。读取电话界面如图 9.28 所示。

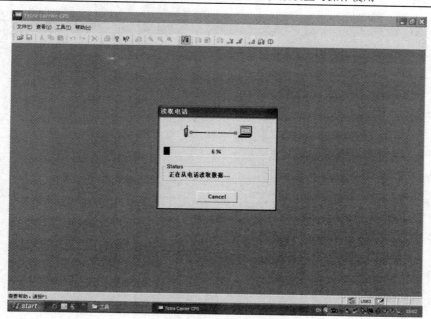

图 9.28　读数据

数据读出后，显示的界面如图 9.29 所示。

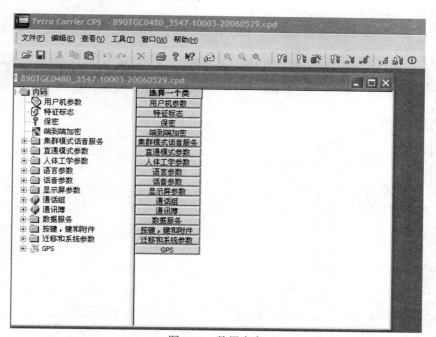

图 9.29　数据内容

2. 修改移动台 ISSI

如图 9.30 所示，打开"用户机参数"菜单，将移动台的 ISSI 修改为用户所需的号码。

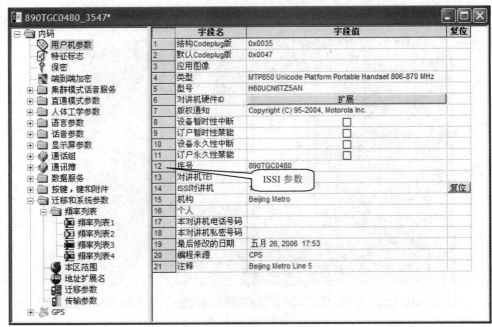

图 9.30　修改移动台 ISSI

3. 改变集群模式下的通话组

在图 9.31 所示菜单的集群模式下的通话组中，用户可按需求编写组名称及组 ID。

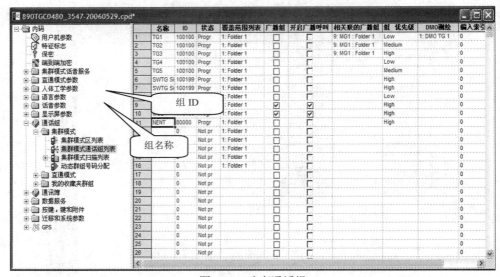

图 9.31　改变通话组

4. 改变 DMO 模式下的频率与组号

在图 9.32 所示菜单的 DMO 模式下的通话组中，用户可按需求编写组号称及频率。

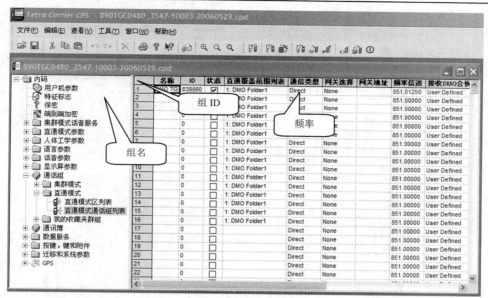

图 9.32　改变频率与组号

5. 系统频率的设定

设定移动台所属网络的频率，设定的频率必须与系统 Base Radio 频率（即手持台所允许的最大、最小频率范围）一致，否则移动台将不能入网使用。系统频率的设定如图 9.33 所示。

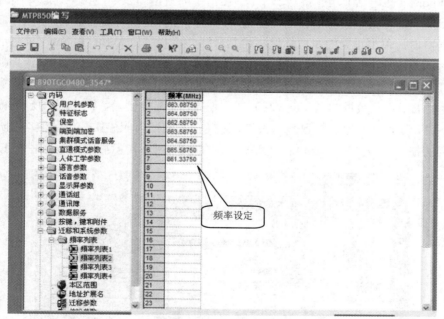

图 9.33　系统频率的设定

6. 修改移动台的网络信息

本信息必须与系统的网络设定信息一致，否则移动台将不能入网使用，如北京地铁五号线 MTLL 系统设定国家编码为 86，网络编码为 138，如图 9.34 所示。

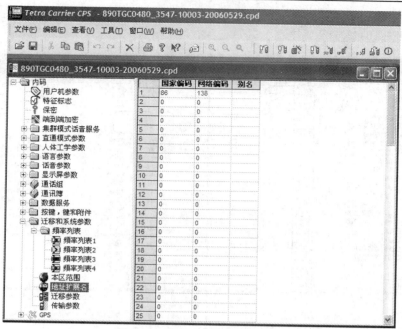

图 9.34　修改移动台的网络信息

7. 将数据写入电话

Write Phone（写电话）功能将当前 CPS 窗口中的数据写入到电话中，但并不改动对讲机调谐数据。从一部电话中读取的数据只能使用此过程写入到相同的电话中。如果 CPS 中打开了多个数据窗口，单击正确的窗口标题栏将其激活。选择 File/Write Phone（文件/写电话），CPS 将显示此任务的进程，如图 9.35 所示。如果您的数据无密码保护，但是 Tools/Options/General（工具/选项/一般）中的 Protect Codeplug Saving（码片带密码保存）复选框被选中，则 CPS 会要求用户对数据的 Write（写）任务使用密码保护。注意：当移动台进行数据写入或 Upgrade 时，移动台断电会导致数据丢失，因此在写入之前应先做数据备份，以防移动台数据不可挽回的损失。数据写入成功后，系统出现图 9.36 所示提示后完成数据写入工作。

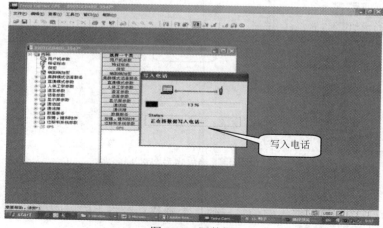

图 9.35　写数据

图 9.36　操作成功

8. 关闭移动台电源

点击图 9.37 所示 Tools/Power Off（工具/关机）按键，将移动台电源关闭，至此，编程结束。将移动台从编程接口中取出后，重新开启移动台应该可以正常使用。另外一种将电话返回到正常操作模式的方法是将电话与编程电缆断开，取出并重新装入电池。

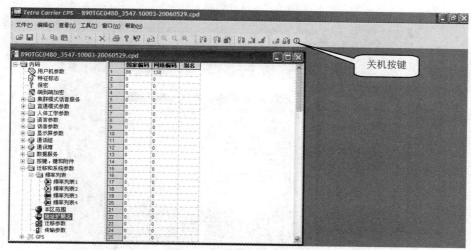

图 9.37　关闭移动台电源

9. 用复制向导将移动台数据克隆到电话中

编程步骤的第二种情况是采用克隆的手段，将原来已经写好的参数复制到新的移动台中。克隆复制手法在移动台编程中比较常用，也就是将其他移动台的参数采用复制的手法编写进新的移动台中。但是有个前提：所需编写的移动台与编程模板的机器版本信息必须一致，否则不能采用此编程方法。还有一点，克隆方法不能改变机器的 ISSI，所以克隆过程之后还需要重新读出机器信息，改变 ISSI 后重新写入，完成整个编程过程。步骤如下：

（1）打开一个模板文件，如图 9.38 所示。模板文件可以使用以前存储的移动台数据库文件。或者读取一个以前编好的移动台同样也可以得到模板，模板移动台的版本必须与所要编写的移动台一致。

（2）连接要克隆的电话。

（3）选择 File/Copy Wizard（文件/复制向导）。此时屏幕中会出现第一个 Copy Wizard（复制向导）对话框，如图 9.39 所示。单击相应的复选框选择要复制的项目，或者单击 Select All（全选）选择所有项目。

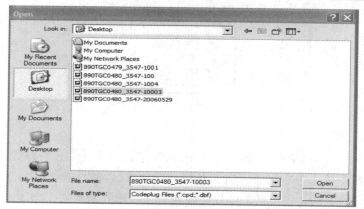

图 9.38　打开模板文件

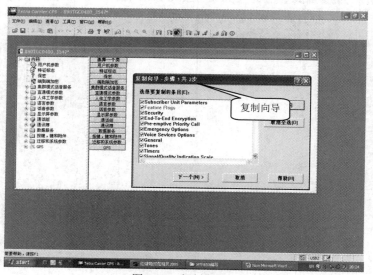

图 9.39　复制向导 1

（4）单击 Next（下一个），CPS 将自动搜索连接的电话，并出现图 9.40 所示的对话框。

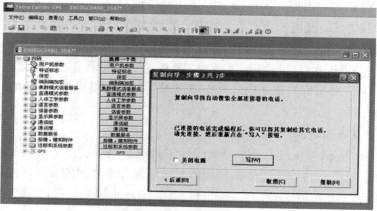

图 9.40　复制向导 2

单击"写（W）"按钮后显示连接操作的结果，如图 9.41 和图 9.42 所示。

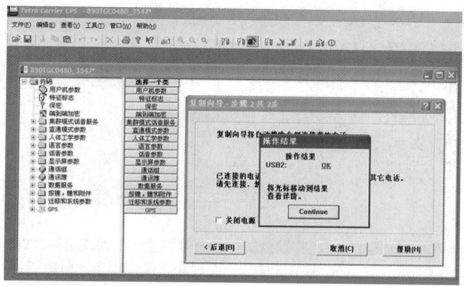

图 9.41　数据写入过程 1

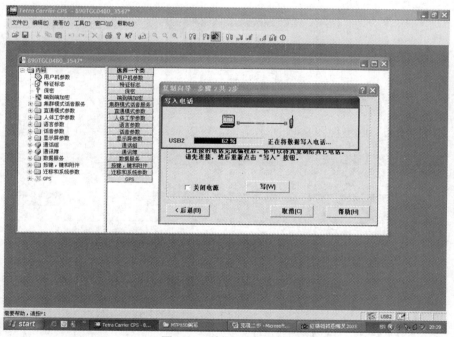

图 9.42　数据写入过程 2

（5）克隆结束，结束界面如图 9.43 所示。

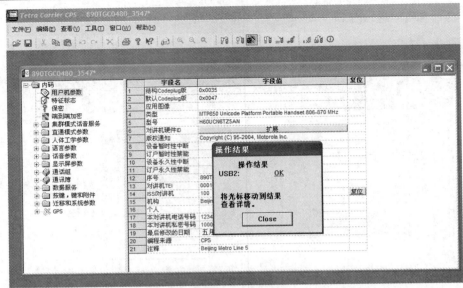

图 9.43 结束界面

数据写入成功后，系统出现如图 9.44 所示提示。

图 9.44 操作成功

（6）点击"OK"后出现图 9.45 所示菜单，可以对其他机器继续进行克隆操作。

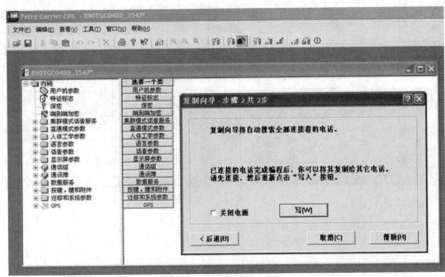

图 9.45 继续克隆

（7）改变机器的 ISSI

克隆操作并不能改变机器原来的 ISSI，所以必须重新将机器参数读出，改变 ISSI 后，重新写入，才能完成整个编程过程。

10. 将 Upgrade 移动台数据克隆到电话中

（1）设置 Upgrade 文件路径

Upgrade 文件路径设置有两种方式：第一种方式是将 Upgrade 数据文件直接拷贝到 CPS 的 SW 文件夹下；第二种方式是进入 Tools\Options\Directories\Default Software Path 设置 Upgrade 数据文件所在路径，见图 9.46。

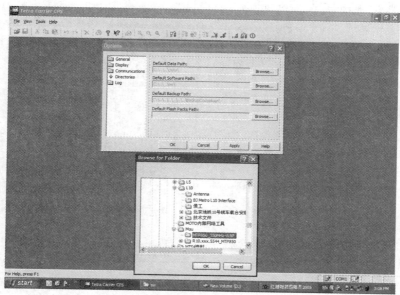

图 9.46　设置 Upgrade 文件路径

单击"OK"按钮后，系统会自动检测数据链路并显示结果，如图 9.47 和图 9.48 所示。

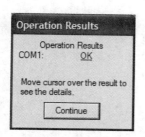

图 9.47　显示结果

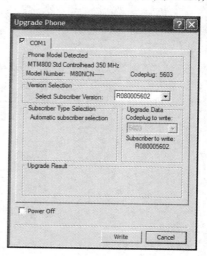

图 9.48　选择版本

数据文件 Upgrade 进度如图 9.49 所示。

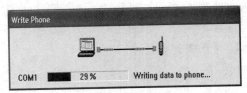

图 9.49　数据写入

（2）Upgrade 完成后系统会显示 Upgrade 结果，如图 9.50 所示，单击"Detect Radios"键出现图 9.51 所示界面可直接 Upgrade 下一台设备。

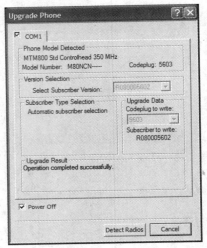

图 9.50　写入完成

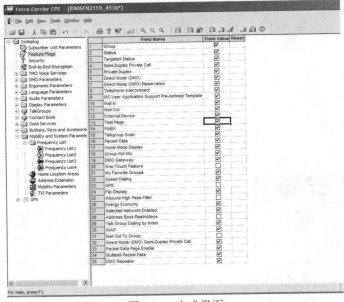

图 9.51　完成界面

9.5　天线馈线系统

9.5.1　天线

天线用来把高频传导电流转变成空间的电磁波，或反过来将空间的电磁波转变成传输线中的信号功率。对于简单的用户台通信设备来说，天线往往直接和收发信设备装在一起，但它的功能不变。

天线的性能可以用许多参数来衡量。在研究天线的性能时，有些参数不必指明是发射天线还是接收天线，但有些参数，如额定功率等，通常只对发射功率才有意义。

1.　主要参数

（1）输入阻抗和驻波比

天线实际上是馈线的负载。天线作为馈线的负载时，必须要考虑到天线的输入阻抗，即天线馈电端输入电压和输入电流的比值。只有当天线的输入阻抗与馈线匹配时传输效率才最高。

为了使天线与馈线良好地匹配，必须使天线的输入阻抗与馈线的特性阻抗相等。在集群移动通信系统中，常用天线的标称阻抗是 50Ω，以便它与 50Ω 的馈线相匹配。

在实际应用时需对阻抗的偏差规定一定的容限，这种表示的方法就是驻波比（SWR），一般以驻波比来描述相对于标称值（通常为 50Ω）的偏差程度。

（2）频带宽度

天线的频带宽度是指各项指标在额定范围内的工作频率范围，随着频率的变化，各个参数改变的程度是不同的。在集群移动通信系统的频段中，限制带宽的主要因素往往是阻抗特性。

（3）极化

极化是指天线辐射的电场矢量在空间的取向。它可以分为线性极化、圆极化和椭圆极化等各种形式。其中线性极化又可分为垂直极化和水平极化。不同极化的电波在传播时有不同的特点。根据集群用户台天线接近地面的特点，集群移动通信系统基本上都使用垂直极化的天线。

（4）功率容限

天线所能承受的功率是有限的。用作发射机的天线，应该根据发射机的功率对天线提出功率容限的要求。一般没有磁性材料的天线都属于线性系统，它的功率限制主要是由电击穿和热损坏造成的。

2.　天线的要求

（1）基站天线

一般基站是固定的，但也有半固定或车载基站。半固定基站是指基站位置经常变动，但并不需要在运动中进行通信。车载基站则是一个车队或者再加上许多手持式或其他便携式移动台的调度中心，它本身也需要在运动中进行通信。

由于基站天线的性质和规模特别是安装环境的不同，与之配合的天线也有很大的差别。目前基站所选用的天线还是以对称振子为主的线性天线，根据不同的馈电方式和使用要求有不同的变型。它们主要具备如下特点。

①阻抗匹配。实际的线性天线往往不能和通用同轴电缆的特性阻抗直接匹配，而需要用阻抗匹配电路进行阻抗变换。移动用户台天线一般离地面较近，考虑到地面的影响，一般以不对称鞭状天线为主。基站天线因架设得比较高，地面影响小，安装和使用条件也比移动台要好，可以用体积较大和工艺较复杂的匹配方法来提高效率。

②天线增益。有条件时，基站总是希望其天线有更高的增益。提高天线的增益主要依靠在垂直面内减小辐射的波瓣宽度，而在水平面上保持全方向的辐射性能。

③机械性能。为了得到有利的传输条件，基站天线往往架设在尽可能高的地方，天线除了应能在一定风荷下正常工作外，还应具备能经受强烈温度变化和抗锈蚀，特别是抗化学腐蚀的能力，否则易引起机械强度或电性能的恶化，影响天线性能的可靠性和正常发挥。

④防雷性能。基站天线一般安装在较高的地方，因此防止雷击就显得十分重要。为了使天线的辐射性能不受影响，天线不能紧靠避雷针等金属物体，为此天线的金属部件应妥善接地，以防止雷击时损坏。这种接地方式不能依靠与无线设备相连接再通过设备的地线而取得，因为这样容易把雷电引入机房，造成更大的事故，所以天线本身应该有合理的接地系统，将雷击时的瞬时最大电流泄放到大地。

（2）移动台天线

集群移动通信系统基站天线通常使用接收、发射分开的天线，而移动台则用一根天线完成发射、接收任务。移动台天线除具备天线应具有的一般性能外，还应满足有下列一些特殊的要求。

①由于移动台位置不固定，因此希望其天线在水平面上不呈现方向性。这样，不论移动台与基站的相对位置如何变化，都能稳定地接收和发射信号。

②一般移动台接收、发射兼用同一天线。在以双频双工或双频单工方式工作时，收发频率间有保护频带。天线必须有足够宽的工作频带才能兼顾收发的信号频率。

③对于车载台天线，应该注意天线的直流电位，因为汽车上电源的极性有正端接汽车底盘与负端接汽车底盘之分。通常用直流发电机对蓄电池浮充的汽车是正极接汽车底盘，而用交流发电机经整流后对蓄电池浮充的汽车是负极接汽车底盘。只有天线底盘的直流电位与汽车底盘电位一致时，才允许天线底盘直接安装在汽车的金属部件上，否则必须有可靠的绝缘措施或者只能装在汽车的非金属部件上。

④移动台天线（特别是车载台天线）的选用在一些场合受安装方式的影响，如有些用户不希望在车体顶部打孔安装天线而破坏车辆的外观，天线安放在车体的哪个位置上最满意也因人而异。因此，在保证电气性能的前提下，应该让用户可以任意选择合适的安装部位和安装方式。

9.5.2　安装馈线

馈线的安装流程如图 9.52 所示。

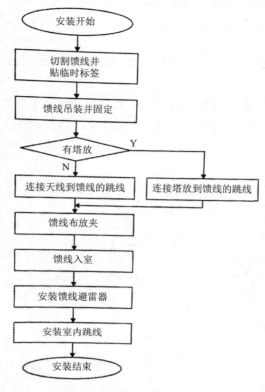

图 9.52　馈线安装流程图

1. 切割馈线及粘贴临时标签

馈线的切割可以在吊装前完成，也可直接吊装到位，下部留有足够的长度后再切割。

（1）馈线切割步骤

①根据工程设计图纸确定各个扇区的馈线长度。

②在设计长度上再留有 1～2m 的余量进行切割，切割过程中严禁弯折馈线，并应防止车辆碾压与行人踩踏。

③每切割完一根馈线，就在馈线两端和中间贴上相应的临时标签。

（2）馈线工程标签说明

室外馈线采用金属标牌，室内馈线则采用纸标签，金属标牌和纸标签统称为工程标签。馈线工程标签内容如图 9.53 所示。

标签内容	含义
TX	表示发射端
RX	表示接收端
RXD	表示分集接收
TRX	表示收发共用
数字（两位）	对于全向小区，字母后只有一个数字；数字表示支路号；对于定向小区，字母后有两个数字，前后数字分别表示为小区号和支路号

图 9.53　馈线工程标签内容

2. 吊装并固定馈线

安装步骤：

（1）做好馈线接头保护工作。用麻布（或防静电包装袋）包裹已经做好的接头，并用绳子或线扣扎紧。

（2）吊装馈线。用吊绳在离馈线头约 0.4m 处打结，固定在离馈线头约 4.4m 处再打一结，如图 9.54 所示。塔上人员向上拉馈线，塔下人员拉扯吊绳控制馈线上升方向，以免馈线与塔身或建筑物磕碰而损坏；

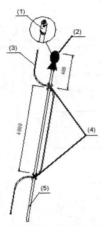

（1）馈线接头（2）包扎后的接头（3）吊绳（4）绳结（5）馈线

图 9.54　馈线接头的保护处理

（3）将馈线吊至塔上平台。

（4）将馈线上端固定至适当位置（实行多点固定，防止馈线由塔上滑落），但距离天线或塔放不宜太近，如图 9.55 所示，可根据需要选择 1 卡 1 固定夹或 1 卡 3 固定夹，如图 9.56 所示。

图 9.55　馈线上端在塔上的固定

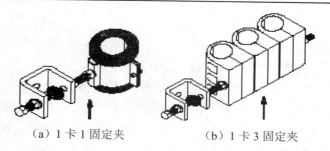

（a）1 卡 1 固定夹　　　　　（b）1 卡 3 固定夹

图 9.56　馈线固定夹示意图

3. 安装天线到馈线的跳线

天线与馈线的跳线安装效果图如图 9.57 所示，跳线一般长 3.5m，如图 9.58 所示。

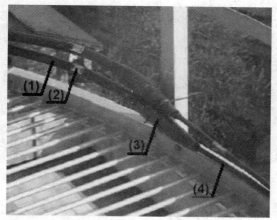

（1）馈线；（2）馈线标牌；（3）密封处理后的接头；（4）跳线

图 9.57　天线与馈线的跳线安装效果图

（1）接馈线；（2）接至天线

图 9.58　天线与馈线的跳线示意图

安装步骤：

（1）将跳线与馈线连接，跳线弯曲要自然，弯曲半径通常要求大于 20 倍跳线直径。

（2）绑扎跳线并粘贴跳线标签，标签粘贴在距跳线一端 10cm 处，因跳线比较短，因此一根跳线只需用一张标签。

4. 布放和固定馈线

（1）馈线布放原则

馈线弯曲的最小弯曲半径应大于馈线直径的 20 倍。

馈线沿走线架、铁塔走线梯布放时应无交叉，馈线入室不得交叉和重叠，建议在布放馈线前一定要对馈线走线的路由进行了解，最好在纸上画出实际走线路径，以免因馈线交叉而返工。

在铁塔上安装天馈系统时，馈线的布放应从上往下边理顺边紧固馈线固定夹。

馈线沿铁塔或走线架排列时无交叉，由天线处至入室前的一段按一定顺序理顺。

每隔 2m 左右安装馈线固定夹，现场安装时应根据铁塔的实际情况而定，以不超过 2m 为宜，固定夹可根据现场需要选用 1 卡 3 固定夹或 1 卡 1 固定夹，如图 9.59 至图 9.61 所示。

图 9.59　馈线在铁塔上的固定（1 卡 3 固定夹）

图 9.60　馈线在铁塔上的固定（1 卡 1 固定夹）

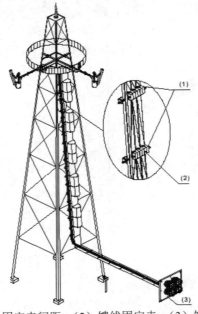

（1）馈线固定夹间距；（2）馈线固定夹；（3）馈线密封窗

图 9.61　馈线从塔顶至馈线密封窗布放示意图

安装馈线固定夹时，间距应均匀，方向应一致，馈线布放完毕后应拆除多余的馈线固定夹。

在屋顶布放馈线时，按标签将馈线卡入馈线固定夹中，馈线固定夹的螺丝应暂不紧固，等馈线排列整齐、布放完毕后再拧紧；馈线固定夹应与馈线保持垂直，切忌弯曲，同一固定夹中的馈线应相互保持平行，如图 9.62 所示。

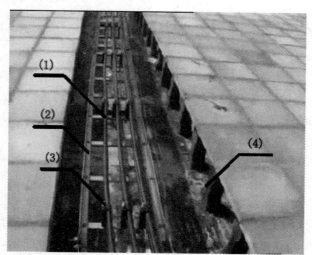

（1）馈线；（2）走线架；（3）馈线固定夹；（4）屋顶馈线井

图 9.62　馈线卡入馈线固定夹中的效果图

（2）接头处理

对当天不能做完接头、做了接头没有和跳线连接等情况的馈线，需对其接头做简易防水处理。

如果天馈系统不能在一天内完成，则需对跳线和塔放的接头、跳线和馈线的接头，以及馈线裸露端作简易防水处理，等全部安装完毕并通过天馈测试后，再统一对各接头作防水密封处理。

5. 安装室内跳线

室内跳线一般需现场制作。

（1）根据跳线的实际走线路径截取跳线长度。

（2）制作机顶侧跳线接头（接头类型为 DIN 型公头），制作方法请参见接头包装袋内的说明书。

（3）将跳线与机顶天馈跳线接头座连接。

（4）跳线沿走线架布放至避雷器。

（5）绑扎跳线。

（6）制作避雷器侧跳线 N 型接头，贴上工程标签。

（7）连接跳线接头与避雷器。

6. 测试天馈系统

利用无线分析仪在机顶跳线处测量天馈驻波比，正常情况下驻波比应小于 1.5（包括系统中安装有塔放的情况），而天馈系统与基站双工器输出端口相连的跳线的 N 型公头的驻波比通常应小于 1.3（对应回波损耗 18dB）。

如果驻波比大于等于 1.5,则表明天馈系统有问题，应逐段测试驻波比以及定位问题。

9.6 集群系统装备及网管系统的操作使用

9.6.1 集群系统装备的操作使用

本节将针对 MTLL 网数字集群设备——MTLL 对讲机手持台和 MTLL 车载台，介绍这两种设备的操作使用。

1. MTLL 对讲机手持台操作说明

（1）对讲机开机

按下并按住开关/结束/返回键 🔲，约 3 秒钟即可打开电台，进入初始屏幕。

注意：对讲机将执行自检和系统登录例行程序。在登录过程中，对讲机屏幕将显示更多消息。成功登录后，MTLL 对讲机即随时可用。

（2）对讲机关机

按下并按住开关/结束/返回键 🔲。

注意：对讲机将发出蜂鸣声，屏幕显示关机消息。

（3）锁定/解锁小键盘

锁定小键盘的步骤：

先后按下菜单和星形键（🔲）。

解锁小键盘的步骤：

先后按下菜单和星形键（🔲）

注意：如果有呼叫呼入，而键盘已锁，用户仍然可以使用 PTT 按钮、发送/结束键和拒绝接听或者低音频/扬声器程序键。

紧急呼叫不可锁定。进入紧急呼叫模式则自动解锁小键盘。

（4）紧急呼叫

当处于危险情况下，可以向本通话组其他对讲机发起紧急告警，任何模式下（集群、脱网模式）电台都可发起紧急告警。发起紧急呼叫的对讲机 ID 或用户别名将显示在所有接收对讲机的屏幕上，包括调度对讲机。

①按住电台顶部的紧急告警键 3 秒钟进入紧急告警模式，此时紧急麦克风（不需按 PTT 键即可讲话）自动打开，如图 9.63 所示。

②主叫方可以通过紧急麦克风向本通话组其他成员发出紧急告警，30 秒后，紧急麦克风自动关闭，此时可通过 PTT 键与本通话组成员继续通话。

图 9.63　紧急麦克风

③若不慎发起了紧急告警，此时只有发起方可以取消，按住退出键 15 秒钟即可退出紧急模式。

（5）MTLL 对讲机手持台集群模式或直通模式呼叫

MPT850 手持台提供两种通信模式：

①集群模式（TMO）模式。该模式下，手持台可进行基于集中调度的集群通信。

②直通（DMO）模式。该模式下，手持台只可进行一呼百应式的非调度型通信，对讲机可以不经系统网络进行通信，用户可以与本 DMO 通话组中采用相同频率的其他处于直通模式的对讲机进行通信。

注意：在 DMO 模式下，仅可发起组呼和紧急组呼。

遵循下列步骤，进入 TMO 模式或 DMO 模式：

①在待机屏幕中按下选项程序键。

②滚动至直通模式/集群模式，按下程序键进行选择。

③完成后，对讲机屏幕将显示待机状态。

④如果对讲机屏幕显示"无服务"，则表示"系统"发生故障。因此，用户必须将对讲机切换至 DMO 模式才可进行通信。集群模式界面和直通模式界面如图 9.64 和图 9.65 所示。

图 9.64　集群模式界面

图 9.65　直通模式界面

在 TMO 模式下，向下滚动至直通模式待机屏幕 Direct Mode，按下选择键：

①发起 DMO 组呼

仅当对讲机处于 DMO 模式时才可发起 DMO 组呼。

如果当前通话组是希望通信的通话组和大组，那么请直接按下 PTT 键，然后通过麦克风进行讲话，松开 PTT 键则接听。更改通话组和大组的步骤与在组呼模式下相同（下一节介绍）。

②接听 DMO 组呼

仅处于 DMO 模式的对讲机可以接听 DMO 组呼。对讲机屏幕将显示来电方的对讲机号码或别名以及 DMO 通话组的名称。

（6）组呼

组呼是用户与自己选择的通话组中的其他成员之间的即时通信，参与者可以在组呼过程中加入（新增）和退出该组呼。

通话组是预先规定的一组用户，可以加入和/或发起组呼。在对讲机的屏幕上，以号码和名称表示通话组，例如 QC105。通话组可编为大组，每个大组可包含最多 16 个通话组。

①组呼

组呼示意图如图 9.66 所示。

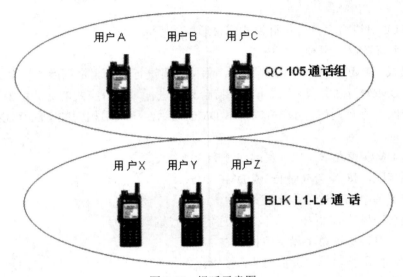

图 9.66　组呼示意图

QC 105 通话组内的用户可以进行无限制的通话（类似于只局限本组内的普通超短波网），而 BLK L1-L4 组内的用户无法听到 QC 105 组的通话内容。

②更改/选择文件夹（大组）

更改/选择文件夹的步骤如下：

- 在待机屏幕中按下选项键。
- 选择文件夹选项。
- 选择希望更改/选择的文件夹，然后按下选择键。

对讲机屏幕将显示该文件夹中最后一次选择的通话组。

注意：如果用户不在选定通话组的正常服务区内，那么，对讲机屏幕不会显示任何通话组消息。

③更改/选择通话组（小组）

方法一：借助文件夹更改/选择通话组。

- 在待机屏幕中按下选项。
- 通过搜索文件夹，选择一个通话组（借助文件夹选择通话组）。
- 选择文件夹。

　　● 　选择通话组。

方法二：借助导航键更改/选择通话组。

在待机屏幕中向左或向右滚动查看，直至对讲机屏幕显示需要的通话组。

　　● 　按下选择键，确认选择。

　　● 　按下 PTT 键也可自动选择通话组并开始呼叫。

方法三：借助旋钮更改/选择通话组。

　　● 　在待机屏幕中轻轻按下旋钮并旋转，直至对讲机屏幕显示需要的通话组。

　　● 　稍等片刻，对讲机屏幕将显示通话组选择选项。

方法四：借助搜索数字、字母功能更改/选择通话组。

　　● 　在待机屏幕中按下选项键。

　　● 　通过搜索数字、字母，选择一个通话组（借助 abc 选择通话组），输入通话组名称的首字母。

　　● 　选择通话组。

④通知通话组（ATG）

ATG 是一个特殊的通话组，连接至多个通话组，拥有最高优先级，因此可以向所有这些通话组发出广播消息。

在通知呼叫中，一部对讲机可与多个通话组同时通信，该对讲机将随时监视 ATG 信道扫描列表中的组呼。

要发起通知呼叫，用户必须首先选择指定的通知通话组，否则只能在接收通知通话组时参与通话。

通知通话组图例如图 9.67 所示。

图 9.67　通知通话组

如果说组呼为各通信单位之间的通信提供了隐秘性且使它们互不干扰，那么通知通话组为高级别用户对下级用户进行统一部署和命令提供了极大的便利性。

⑤发起组呼

- 按下 PTT 键，在新的通话组发起呼叫。
- 按下并按住 PTT 键，通话；松开 PTT 键，接听。
- 如果需要呼叫另一个通话组，请参见先前介绍的更改/选择通话组步骤。
- 通话组中的成员如果开机，将收到该呼叫。

⑥接听组呼

- 要接听呼叫，请按下并按住 PTT 键。
- MTLL 对讲机屏幕将显示来电方的对讲机号码或名称（别名）和通话组名称。
- 如果当前正在进行组呼，那么，另一个拥有更高优先级的组呼呼入（例如一个 ATG 呼叫）可以强插进行。

⑦在启用信道扫描特性的情况下接听组呼

如果选定通话组启用了信道扫描特性，那么用户除了可以接收选定通话组或相关 ATG 发出的组呼，还可接收自己建立的信道扫描列表中通话组发出的组呼。

要与通话组通话，按下 PTT 键。

如果当前正在进行通话，那么，仅拥有更高优先级的组呼可以强插。

（7）信道扫描

可以将通话组列入信道扫描列表，如图 9.68 所示。

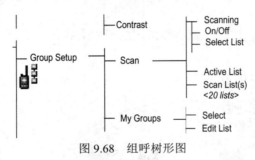

图 9.68　组呼树形图

当用户启用其中一个信道扫描列表时，对讲机将持续监视（或扫描）选定通话组的活动情况。

每个信道扫描列表可包含最多 20 个通话组。

对讲机可以加入任何组呼，只要该通话组列入了信道扫描列表，并且启用了信道扫描特性。

信道扫描列表中的通话组均指定了优先级。

①信道扫描子菜单

进入信道扫描子菜单的步骤：

a．按下菜单键。

b．滚动至更多选项，并按下程序键选择。

c．滚动至设置通话组，并按下选择。

注意：在 TXI 模式下，无法启用或停用通话组信道扫描特性。

②设置通话组信道扫描，如图 9.69 所示。

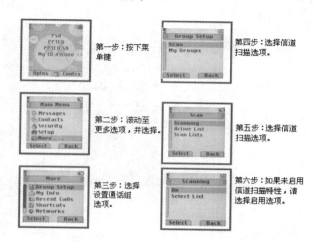

图 9.69　设置通话组信道扫描

③查看当前信道扫描列表

a．在主菜单选择更多选项→设置通话组→信道扫描→当前列表。

b．对讲机屏幕将显示下列状态之一：

如果已选定一个未启用的信道扫描列表（信道扫描列表 1 未启用），信道扫描特性已关闭。

信道扫描特性已关闭，网络列表已选定（网络列表未启用）。

如果已选定一个当前信道扫描列表，信道扫描特性已启用。

c．滚动至需要的列表，查看属于该列表的通话组。

d．滚动至需要的通话组，查看通话组状态。

e．按下返回键，返回上一级显示。

④编辑信道扫描列表

在主菜单选择更多选项→设置通话组→信道扫描→信道扫描列表。

要重新命名当前信道扫描列表，请输入一个新名称（别名）。

检查当前信道扫描列表的容量（列表中保存的通话组的数量）。

要清除选定信道扫描列表中的所有通话组，请按下确定键。

滚动至希望从选定信道扫描列表中删除的通话组，并按下删除键。

要更改通话组的优先级，请按下优先级键，滚动至选定优先级，并按下选择键。

⑤向信道扫描列表添加通话组

a．在主菜单选择更多选项→设置通话组→信道扫描→信道扫描列表，按下菜单键。

b．滚动至添加通话组，并按下选择键。

c．要选择文件夹，请滚动查看文件夹列表。按下完成，选择文件夹。

d．要选择通话组，请滚动查看通话组列表。按下完成，选择通话组。

（8）私密呼叫

私密呼叫，也称为点对点呼叫或个呼，是两个用户之间的呼叫，其他对讲机均无法听到通话内容，如图 9.70 所示。同一通话组或不同通话组之间的用户均可进行这种呼叫，这种通信方式提供了用户内部的保密性。

图 9.70　私密呼叫

①发起私密呼叫（半双工）

a. 在待机屏幕拨号。

b. 按下然后松开 PTT 键，对讲机将发出铃声，等待对方接听呼叫。（这种方式也被称为回呼）

c. 按下并按住 PTT 键。等待对讲机发出"允许通话"铃声（如果配置了），然后松开 PTT 键，接听通话。（这种方式也被称为直呼）

d. 要结束通话，请按下开关/结束/返回键。

②接听私密呼叫

a. 收到来电时，MTLL 对讲机可自动切换至私密呼叫模式，对讲机屏幕将显示来电方的对讲机 ID。

b. 要接听来电，请按下 PTT 键。

c. 要结束通话，请按下开关/结束/返回键。

d. 该对讲机可以发出呼叫提示。在振动菜单和铃声菜单条目中，选择呼叫提示设置。

（9）专用交换机呼叫（仅支持 PSA 内线）

专用交换机（PABX）呼叫模式支持用户呼叫本地（局端）分机号码，不支持呼叫外部号码，即所谓的无线差转有线。

①发起 PABX 呼叫，如图 9.71 所示。

图 9.71　PABX 呼叫

a．在待机屏幕拨号。

b．如果对讲机屏幕显示的第一类呼叫并非公网呼叫或 PABX 呼叫，那么，请重复按下 Ctype 键，选择 PABX 呼叫类型。

c．按下并松开发送键，对讲机将发出铃声，等待对方接听呼叫。

d．要挂断，请按下开关/结束/返回键。

②接听 PABX 呼叫

a．收到来电时，MTLL 对讲机可自动切换至公网/PABX 呼叫模式。

b．要接听来电，请按下 PTT 键或任何其他用户自定义的按键（切勿按下开关/结束/返回键）。

c．要结束通话，请按下开关/结束/返回键。

d．如果是对方或网络结束了通话，对讲机屏幕将出现通话结束的消息。

e．如需设置呼叫提示功能，请参见振动菜单和铃声菜单选项中的设置。

（10）消息服务

消息服务类似于移动电话提供的短消息（SMS）服务。图 9.72 所示为对讲机主菜单下的消息服务子菜单。

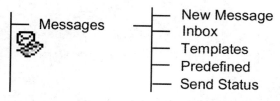

图 9.72　消息服务子菜单

①选择文本输入模式

借助不同的文本输入模式，用户可以轻松输入名称、号码和消息。

要进入消息编辑屏幕，请选择菜单→输入模式：

- 基本模式——用于输入数字、字母、字符。
- 数字模式——用于仅输入数字。
- 符号模式——用于仅输入符号。
- 辅助模式——用于输入数字、字母、字符。该模式为选择项，用户必须将其添加到列表中。

在文本输入屏幕中，用户也可重复按下#键，切换基本模式、数字模式、符号模式或者辅助模式（如果用户已设置该模式）。

②输入模式图标

对讲机屏幕上显示的输入模式图标表示了对讲机当前选定的模式。

发送消息：

a．按下菜单键。

b．选择消息选项。

c. 选择新建消息选项，如图 9.73 所示。

图 9.73　新建消息选项

d. 在消息编辑屏幕中键入消息，如图 9.74 所示。

图 9.74　编辑短消息

e. 按下 PTT 键或发送程序键发送消息。

f. 选择菜单和保存，并按下完成将消息添加到模板列表中。

接收文本消息：

a. 当对讲机收到新消息时，屏幕上将出现一个移动的信封动画和一条新消息提示。

b. 按下阅读程序键，消息后面会接着显示发送方 ID。

c. 阅读完消息后，用户可以选择清除、保存、转发或回复。选择选项程序键作出选择。

2. MTLL 车载台

（1）打开/关闭 MTLL 车载台

● 使用 ON/OFF

打开电源，按下 ON/OFF 并保持，MTLL 车载台运行自检和注册程序，然后进入使用状态。

关闭电源，按下 ON/OFF 并保持，可以听到一声鸣叫，并且显示关机信息。

● 通过点火开关的传感器开通电台

无论何时打开车辆的点火开关，电台都会自动的开通。

● 紧急开关开启电台

紧急开关附件已连接，在电台电源关闭的情况下，紧急开关打开就会使电台自动进入紧急工作模式。

● 在 TXI（发射禁止）模式下开启电源

TXI 模式在开启电源时仍保持有效。在 TXI 模式下开机将会提示保持禁止发射模式还是退出此模式。

TXI 模式在非激活状态必须确保已离开敏感的限制区域。

按下 YES 键时 TXI 模式失效。假如 MTLL 车载台先前工作在集群模式下，电台会在网络中进行注册。如果先前工作在直通模式下，开机后仍保持直通模式。

在集群模式下按下 NO，将关闭电台。在直通模式下按下 NO，电台将进入保持 TXI 状态并激活 TXI 模式。

（2）解锁 MTLL 车载台

在开机后 MTLL 车载台有可能处于闭锁状态，要在开机后解锁 MTLL 车载台，要按照提示输入密码。MTLL 车载台进入默认的起始模式。

（3）进入集群或直通模式

- 如果 MTLL 车载台处于直通模式下，按 (Menu) 6 2 1，可进入集群模式。
- 如果 MTLL 车载台处于集群模式下，按 (Menu) 6 2 2，可进入直通模式。
- 按 TMO/DMO 一键通（由供应商提供）。

（4）集群模式下的组呼

组呼是在所选定的通话组里，和同一通话组的其他人员间的一种即时通信。通话的人员可以加入（稍后加入）和离开正在进行的组呼。一个通话组就是预先设定好的一组用户，他们可以参与或请求发起一个设定的组呼。

通话组被划分为不同范围，每个范围最多可以包含几个通话组。

- 发起一个组呼

a. 请按住 (Mode) 直到屏幕中显示通话组模式。

b. 如果这是所需的通话组和范围，请按 PTT 键。等听到通话允许音后（如有设置）再对麦克风讲话，松开 PTT 键接听。

c. 要选择一个未显示的通话组，在通话组间滚动。按 PTT 键在新的通话组中发起呼叫。

d. 要选择一个未显示的范围，按 Optns，选择 "范围" 选项，按 OK 确认您的选择，或者按 PTT 键以便在新的范围内发起呼叫，这个呼叫被设定在一个新的范围并且是该范围内最后选定的通话组。

当发起一个呼叫时，选定通话组中已经开机的组员将会收到呼叫。当超出了所选定通话组的正常覆盖范围，则会显示 "没有通话组" 信息。请选择在工作范围内有效的新通话组。

- 接收组呼

除非 MTLL 车载台正在进行通话，否则它将自动切换到通话组模式并接收此呼叫。要应答该呼叫，请按住 PTT 键。当接收到一个组呼，MTLL 车载台将发出一声 "新组呼" 的提示音。

- 接收广播组呼呼叫

广播组呼呼叫是一个由主控台操作员（调度员）发给所有在单站或多站对讲机用户的高优先级组呼。对讲机是配置来监听广播呼叫的，但是用户不能对讲。所接收的呼叫可分为普通广播呼叫或是紧急广播呼叫。如果该组呼的优先级是相等（或较低），广播呼叫会先占据一个正在进行中的组呼。

（5）直通模式下的组呼

　　在直通模式中，MTLL 车载台可以在没有系统覆盖的情况下使用。直通模式允许在选择了相同通话组的对讲机之间进行通信（但只允许组呼和紧急组呼），也可以接收来自在同一对讲覆盖范围内其他用户的呼叫或者来自一个开放小组（一个开放小组是属于相同网络的所有 DMO 组的超级通话组）的呼叫。

　　当发起呼叫时，选定通话组中已打开设备的人员和属于此通话组用户身份的用户，都会接收该传输。如果对讲机的网关选项被激活，在 DMO 模式下的 MTLL 车载台便可与集群系统通信（反之亦然）。

　　● 　发起 DMO 组呼

　　通过菜单选择直通工作模式。只有当 MTLL 车载台处于 DMO 时，才可以发起 DMO 组呼。

　　如果这是所需的通话组和范围，请按 PTT 键。等听到"通话允许"音后（如有设置）再对麦克风讲话，松开 PTT 键接听。

　　● 　接收 DMO 组呼

　　只有处于 DMO 工作方式下，才能接收 DMO 组呼。MTLL 车载台将显示呼叫者的电话号码、名称和组号

　　● 　退出 DMO 模式

　　通过菜单选项退出 DMO 模式。

　　（6）个呼模式呼叫

　　个呼模式呼叫，也称为点对点或个人呼叫，是发生在两个个人用户之间的呼叫通信，其他对讲机都不能听到他们的对话。此呼叫可以是全双工呼叫（如果系统允许）而不是一般的半双工呼叫。在全双工呼叫时，通话的双方可以同时讲话，而在半双工呼叫时，同一时间只有一方可以讲话。

　　● 　发起个呼

　　a．按下 **Mode** 键，直到显示屏上显示个呼模式。

　　b．输入欲呼叫的电话号码。

　　c．按下 PTT 键再松开，将听见振铃音，等待被叫方应答呼叫。

　　d．通话时按住 PTT 键，接听时松开 PTT 键。

　　e．要结束通话，请按 ☎ 键。如果被叫方结束通话，屏幕显示 CALL END "呼叫结束"消息。

　　在发射禁止激活的状态下，可以接收到呼叫，但不能回应呼叫。

　　● 　接收个呼模式呼叫

　　如果运营商将 MTLL 车载台设置为自动切换模式：

　　a．MTLL 车载台将自动切换到个呼模式并开始振铃，个呼模式呼叫图标开始闪烁，并且屏幕显示呼叫方的身份。

　　b．请按 PTT 键应答呼入。

　　c．要结束或取消呼叫，请按 ☎ 键。屏幕自动返回到接收呼入前的模式。

　　如果将 MTLL 车载台设置为手动切换模式：

a. 如果 MTLL 车载台不处于自动切换个呼模式，将显示消息"个呼模式呼叫"和主叫方 ID，并持续片刻，然后屏幕会返回到接收呼入前的模式。

b. 要应答此呼叫，按 ⓂⓄⒹⒺ 键，然后按 PTT 键。

c. 要结束或取消呼叫，请按 📞 键。

此功能只有在设置后才能使用。

（7）电话（call）及专用自动交换分机（PABX）呼叫

电话模式可以呼叫固定电话号码或移动电话号码。

如果运营商已经激活专用自动交换分机（PABX）模式，则可以呼叫本地的（交换局）分机号码。

● 发起电话或 PABX 呼叫

a. 请按住 ⓂⓄⒹⒺ 键直到屏幕中显示电话模式。如果需要进行 PABX 呼叫，再按一下 ⓂⓄⒹⒺ 键。屏幕中将显示 PABX 模式。

b. 接下来的操作与个呼模式相同。

（8）紧急模式

在集群模式下，可以发送一个紧急告警给调度员。同时，也可以发起和接收紧急组呼。集群模式下的对讲机可以接收发送给与通播组有关的选定通话组，或者扫描通话组的紧急呼叫。如果通播组为当前选定的通话组，此对讲机将接收发送给与此通播组有关的通话组的紧急组呼。可以用 MTLL 车载台发起一个紧急组呼而不需要按住 PTT 键（也就是紧急麦克风功能）。

在直通模式下，可以发起和接收一个紧急组呼。运营商应该配置 TMO、DMO、紧急组呼、紧急告警和紧急麦克风功能。当从 TMO 切换到 DMO 时，该对讲机会保留紧急模式。如果紧急模式在 TMO 下可用，则当从 DMO 切换到 TMO 时仍然会保留紧急模式。该呼叫会向系统取得紧急优先权。如果 MTLL 车载台正在服务，同时连接着任何一个通话组，这些功能就可以激活。

● 进入或退出紧急模式

要从任何其他模式进入紧急模式，按 △ 键。持续按下 BACK 键，将会转换到普通模式。按紧急键所需的默认设置时间是 0.5 秒，该时段可以由运营商设置。

如果禁止传输被激活时按紧急键，则对讲机会立刻发出呼叫。

● 发送一个紧急告警

在以下情况下，MTLL 车载台将会发送一个紧急告警：

a. 当进入紧急模式时将自动发送。

b. 当 MTLL 车载台处于紧急模式下时按 △ 键。

屏幕将显示以下两种提示信息之一：

a. 已发送告警

b. 告警发送失败

在这两种情况下，显示屏在数秒钟之内就会回到紧急模式的主屏幕。

● 紧急麦克风功能

如果将紧急麦克风功能预先设定在 MTLL 车载台中，不需要按住 PTT 键也可以发出紧急组呼。

当紧急麦克风打开时间超时后，或者在紧急麦克风状态下按了 PTT 键或 END 键，屏幕中将会出现"紧急麦克风结束"信息，对讲机将返回紧急模式。此时，紧急麦克风功能关闭，PTT 键操作返回正常。若要再次进入紧急麦克风状态，再按一下 Ⓐ 键即可。

- 发起一个紧急组呼

在紧急模式中，要发起或应答呼叫：

a．按住 PTT 键。

b．等待通话允许音，然后开始讲话（如果已设置好）。

c．松开 PTT 键即可接听。

9.6.2　网管系统的操作使用

1．Dimetra 系统的网络管理概述

Dimetra 的网管系统由网络管理服务器和网络管理终端组成，服务器基于 UNIX 操作系统，管理终端基于 Windows 操作系统。服务器介于系统内其他设备与管理终端之间，一方面实时地从各设备收集管理数据和发布管理命令，另一方面为管理终端提供数据库服务和管理应用服务。

2．Dimetra 系统的网管功能

网络管理的目标是对系统进行配置、操作和维护，实现网络管理功能的行业标准是 FCAPS 模式，即故障、配置、统计、性能和安全管理。

（1）故障管理

故障管理是指：

- 监视系统及其组成单元的状态和状态历史。
- 在需要时对各单元进行诊断。
- 显示系统的故障信息。

故障管理功能对系统的健康状况给出了全面的描述，由设备所产生的告警是系统中故障管理的基础，当一个设备改变状态时（例如，从正常状态到非正常状态），以及一组设备到达非正常状态临界值时，告警随即产生。告警分五个层次：危急、较大、较小、警告、清除。每一个告警层次都有其自己的临界值。对于系统的每一部分，系统管理器显示所有的故障告警信息，以及故障在系统中的确切位置。另外，系统管理器还具有诊断功能，即使没有故障发生，它也能主动检查系统的健康状况，便于早期预防和及时地排除故障。

（2）配置管理

配置管理用于让系统管理员配置系统设备，配置管理定义了一个系统内的实际设备和虚拟设备（例如，基站、收发信机、交换机、移动台、个体用户和组）的运行参数。配置管理组建了系统中的每个单元与其他单元的关系，以及单元的相关参数。

Dimetra IP 系统管理器的数据库存储并管理无线用户的特征参数。存储的信息包括：

- 身份码，包括电台序列号、用户身份码和组成员资格。

- 无线用户的能力，例如优先权级别、发起和接收电话呼叫的能力。
- 组和通播组的能力，例如优先权级别、通播组中所包含的组。
- 无线用户和组的基站配置，系统管理员将一个无线用户和组限制在一个基站或一组基站的范围内，禁止它们使用系统中的其他基站。

（3）统计管理

统计管理提供用户配置报告和历史报告。用户配置报告能对用户、安全组和系统级配置提供报告。历史报告能提供系统空中接口的活动信息，包括每种呼叫类型的呼叫数量和持续时间。历史报告可以根据需要随时产生，或设定范围为 15 分钟到 24 小时的固定间隔自动生成。

（4）性能管理

性能管理信息帮助系统管理人员监视、控制并优化系统资源的使用，性能管理资源包括：

- 整个系统的组呼、私密呼叫和电话互联的情况。
- 某一特定基站的组呼、私密呼叫和电话互联的情况。
- 某一特定信道的组呼、私密呼叫和电话互联的情况。

（5）安全管理

安全管理控制着对系统管理数据库信息的访问。高级系统管理员可为下级系统操作人员建立登录姓名和密码，这些下级系统操作人员能够直接访问系统管理器的其他管理功能。

系统所提供的此安全划分的功能，可以让系统管理员将无线用户、通话组和基站划分为由不同的下级系统管理员来管理的组，不同的系统管理员只能接入它们自己的安全组。

3. Dimetra 系统网管软件的操作及内容

（1）网管终端通过以太网与网管服务器进行通信，从服务器上获取它所需要的数据，并根据网络管理员的需求进行相应的本地处理。图 9.75 所示仅为网络管理设备连接的示意图，真正的网管服务器并不是安装在桌面计算机服务器上，而是安装在机柜内的工业用服务器上。图 9.76 为网络管理权限。

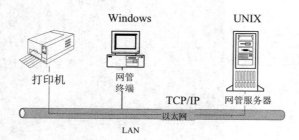

图 9.75　网络管理设备连接

窗口界面和鼠标操作完成用户编程和用户信息多重保护。用户信息首先存入静态存储器，然后下载到动态存储器上，系统运行时无需访问静态存储器，因此在线编程对系统没有任何影响。

打开 Dimetra 系统的网管软件后，出现的主窗口是系统单元窗口，该窗口可将系统里的单元以图标的方式显示出来。图 9.77 所示的是网络管理软件界面。

网管终端

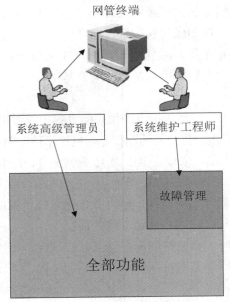

图 9.76　网络管理权限描述

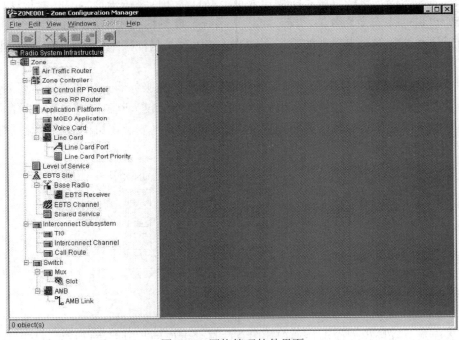

图 9.77　网络管理软件界面

　　最上层是标题栏，分别是文件、编辑、视图、窗口和帮助菜单。在左侧的状态栏上显示有以下几个操作管理菜单，如图 9.78 和图 9.79 所示。

　　（2）用户配置管理器

　　用户配置管理器单元窗口可分成三个区域：配置、用户和安全。

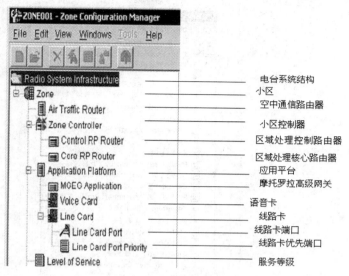

图 9.78　操作管理菜单 1

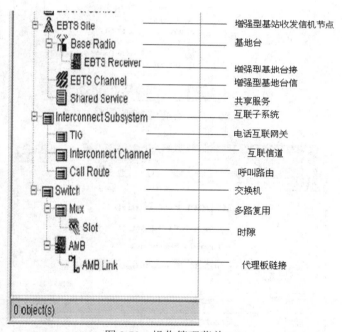

图 9.79　操作管理菜单 2

　　所有对单元的配置都是利用配置窗口进行的，配置窗口可创建、删除、拷贝单元，而且每个单元的详细配置情况可被修改和保存。图 9.80 是用户配置管理器树状图。双击相应的树形菜单，在右边的窗口输入相应的内容，就可以对用户所在的组、组呼、调度员密码、小区内资源使用情况进行设置或者了解。还可以将这些配置生成配置报告，例如，对用户进行配置后，生成的典型的配置报告如图 9.81 所示。

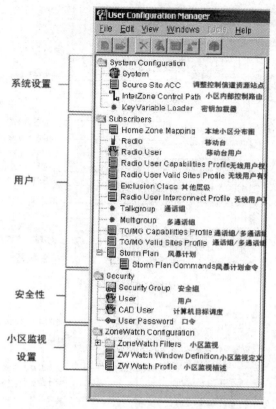

图 9.80　用户配置管理器树状图

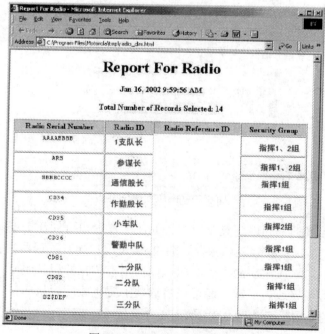

图 9.81　无线用户配置报告

（3）无线用户机管理（RCM）

RCM 是系统管理器的应用之一，它提供两种功能：移动台指令（比如动态重组、遥毙）和移动台事件显示（比如紧急告警）。

图 9.82 所示为 RCM 界面。

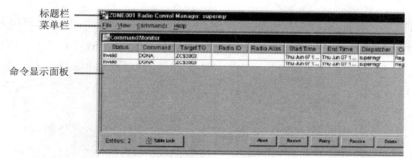

图 9.82　RCM 界面

（4）通话组工作显示

通话组工作显示是性能管理工具，用于实时查看系统内移动台、通话组和基站通话组的工作信息。比如，它可用于确定无线用户怎样与何时进入系统，以及通话组成员的分布情况。例如，在右边输入栏中输入相应的通话组和本组中的用户 ID，就可以把这些用户编入相应的通话组，从而实现组呼功能。图 9.83 所示为用于组呼的通话组设置。

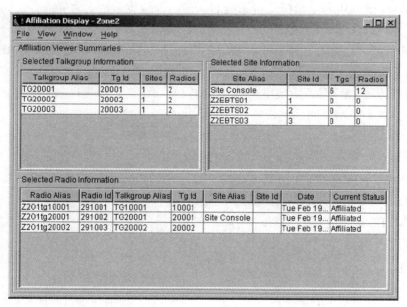

图 9.83　通话组设置

以上就是网关操作的一些简易步骤，打开软件，双击相应的系统单元和用户单元，就可以在右边的输入框中输入所需要的数据（或者在主窗口中监测系统、基站、用户的状态），可以在不改变系统工作状态的情况下更改系统设置。

9.7   移动集群系统的组织运用

MTLL 数字集群网概况

我们以 MTLL 公司的 MTLL 网为例，介绍数字集群通信网络及设备的具体构成。之所以采用 MTLL 标准作为本书的范例，是因为从目前的发展趋势看，MTLL 在技术先进性方面已经得到大多数用户的认可，其市场占有率也超过了其他数字集群的标准，部分单位也采用此项标准建设了自己的数字集群网。采用这个标准作为范例，既有典型性又有通用性。

1. MTLL 系统的特点

MTLL 是国际上唯一的数字集群开放性标准，具有集群通信、非集群通信、直接通信工作模式等特点。可提供语音、电路方式数据、短数据及分组数据业务。当移动台超出移动网的覆盖区时，可提供移动台与移动台间的直接通信。MTLL 系统具有强大的虚拟专网功能，可以使一个物理网络为互不相关的多个组织机构服务。

2. MTLL 系统与模拟集群的比较

MTLL 系统是一种非常灵活的数字集群标准，它的主要优点是公开、兼容、频谱利用率高、保密功能强，是目前数字集群领域唯一的国际性标准。它与模拟集群相比有如下优点：

（1）频谱利用率高。MTLL 系统采用 4 信道/25kHz 的 TDMA 多址方式，一个载波可以传输 4 路语音，频谱利用率是模拟集群系统的 4 倍，系统容量也大大提高。

（2）语音质量好。

（3）保密性好。MTLL 支持鉴权、空中接口加密、端到端加密三种安全保障功能，可以满足用户不同层次的安全通信需求。

（4）提供多种通信业务。除调度通信外，MTLL 系统还可以提供状态信息、短数据信息、分组数据业务，以及脱网直通功能。

习题

1. MTLL 数字集群移动台的主要技术性能有哪些？
2. 简述 MTLL 数字集群移动台的基本操作方法。
3. MTLL 数字集群车载台的主要技术性能有哪些？
4. 简述 MTLL 数字集群车载台的基本操作方法。
5. 天线主要有哪些参数？
6. 画出基站天馈系统安装流程。
7. 天线在屋顶的安装有哪些要求？
8. 说明馈线布放的原则。
9. 简述 Dimetra 系统网管软件的操作。

第 10 章 超短波设备的操作与使用

📖 知识点

- 设备的主要技术性能
- 设备的面板介绍
- 设备的基本操作

📢 难点

- 设备的操作使用

✍ 要求

掌握：
- 超短波设备的使用方法

理解：
- 超短波设备的主要技术性功能

了解：
- 设备的附加功能

10.1 TK 手持台

10.1.1 主要技术性能

（1）频率范围：在规定范围内设定。

（2）信道数：32 个。

（3）信道间隔：25kHz。

（4）工作电压：7.2V 直流电。

（5）体积与重量：

配备 KNB-14 电池时，135mm×58mm×30mm，400g。

配备 KNB-15 电池时，135mm×58×33mm，440g。

10.1.2 面板介绍

TK 手持台如图 10.1 所示。

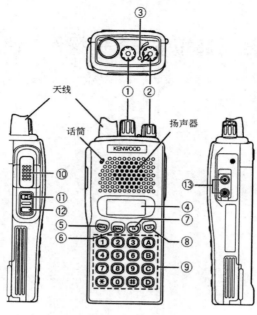

图 10.1　TK 手持台

①信道选择旋钮（CHANNEL）

选择工作信道，亦用于选择静噪电平。

②电源/音量调节旋钮（POWER/VOL）

接通或断开通信机的电源，也用于增大或减小通信机的接收音量。

③状态显示灯（LED）

发射期间红色灯亮；电池电压变低到临界电平时红色灯闪烁；接收其他电台信号时绿色灯亮；在使用编码静噪或信息选呼的情况下，接收到正确信号而静噪打开时橙色灯闪烁。

④显示屏，如图 10.2 所示。

图 10.2　TK 手持台显示屏

LO：当选择了低功率时出现。

：当选择的信道被占用（繁忙）时出现。

：通过按 MONI 键使 QT 或 DTMF 无效时出现。

：通过按 MONI 键使静噪打开时出现。

A：当所选的信道是在可扫描信道序列中时出现。

SCN：扫描时出现。

8888888 BS：显示所选择的信道号码或静噪电平代码。

⑤扫描键（SCN）

用以控制扫描功能。

⑥拨号键（DIAL）

在使用存储/发送功能时用以发出编码，在使用缩位拨号功能时，用以存储、确认、发射或清除编码。

⑦脱网通信键（TA）

启动、退出脱网通信功能或倒频功能。

⑧低功率键（LO）

用以选择发射功率。

⑨双音多频键盘（DTMF）

用以存储输入或发出双音多频（DTMF）号码。

⑩按讲键（PTT）

用以转换通信机的发射和接收。

⑪照明键（LAMP）

接通或关闭显示屏的照明。照明灯点亮约 5 秒钟后自动熄灭。在显示屏被照明期间按下除 LAMP 键以外的任何键，5 秒钟定时器便重新进行计时。但是一按 LAMP 键便会立即关掉照明灯。

⑫监听键（MONI）

按此键可以监听所选择信道上的情况。在使用 CTCSS（QT）或 DTMF 功能的情况下，静噪打开后，也可以用此键立即关闭静噪。

⑬外部扬声器/话筒插孔

如果需要，连接外部扬声器/话筒于此处。

10.1.3　基本操作

1. 接通/断开电源

顺时针方向旋转 POWER/VOL 调节旋钮，听到"喀嗒"声，即接通通信机的电源；逆时针方向旋转 POWER/VOL 调节旋钮直至听到"喀嗒"声，即关闭通信机的电源。

2. 调整音量

要调整音量时，按住 MONI 键，听到信道的背景噪音，同时旋转 POWER/VOL 调节旋钮把音量调整到合适的程度。

3. 选择工作信道

使用 CHANNEL 旋钮选择所需要的工作信道。顺时针方向旋转此旋钮，信道号码变大；逆时针方向旋转此旋钮，信道号码变小。要注意的是，只能选择通信机中已被编程设定了的信道。

4. 呼叫

①按下 MONI 键，然后听几秒钟以确认该信道没有被占用。

②拿起通信机，使通信机的话筒/扬声器部分距离嘴唇 3～4cm；按住 PTT 键，然后以平常讲话的声音讲话。发射期间，红色 LED 指示灯亮。

③松开 PTT 键回到接收模式。

10.1.4　注意事项

（1）未经许可，请勿改造本机。

（2）请勿将本机长时间暴露于阳光直射之下或放在加热装置附近。

（3）如果发现通信机发出异常气味或冒烟，请立即关掉电源并卸下通信机的电池（选件），并与当地 KENWOOD 公司经销店联系。

10.2　GP1 手持台

10.2.1　主要技术性能

（1）频率范围：在规定范围内设定。

（2）信道数：16 个。

（3）通话距离：3～5km。

（4）工作电压：7.5V 直流电。

（5）射频功率：

低功率 0.5W。

高功率 2～4W。

（6）工作温度范围：－30℃～60℃。

（7）体积：140mm×59mm×42mm。

（8）重量：0.51kg。

10.2.2　部件和面板介绍

如图 10.3 和图 10.4 所示，GP1 手持机包括 GP1 主机、天线、1200mAh 电池和 1 小时快速充电器等四个组成部分。

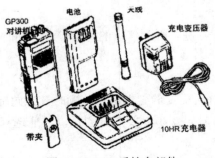

图 10.3　GP1 手持台部件

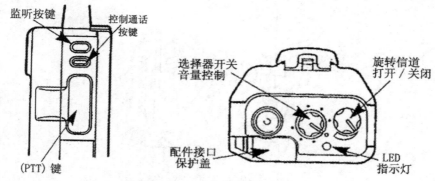

图 10.4　GP1 手持台侧面板与顶面板

1. 按讲键（PTT）

当按下 PTT 键保持按下的状态时，会触发发射机并使对讲机进入发射状态。当松开 PTT 键时，对讲机处于接收状态。

2. 监听按键

按下时，监听有任何工作的频道。监听时，载波、音调式或数字式保密通道码、专线（PL）/数字式专线（DPL）、静噪都不动作，对讲机就能监听在对讲机频道上的工作情况。此控制按键亦可用频道扫描功能编程，以清除对讲机上的噪扰频道。

3. 控制按键

选择操作模式。

4. 开关及音量控制（旋转钮）

转动旋钮将对讲机打开和关闭，以及调节对讲机的音量。

5. 旋转信道选择器开关

选择工作的信道或产生扫描工作的方式。

6. LED 指示灯

三色发光二极管（LED）指示对讲机的工作状态。

7. 配件接口

提供连接分置式配件的能力，如分置式话筒扬声器组件。

10.2.3　安装

1. 天线安装

如图 10.5 所示，将天线插入顶面板上的天线插座，顺时针方向旋入直到拧紧为止。

2. 电池安装与互换

①将电源开关置于关的位置（OFF），把对讲机放在左手上并使面板向上。

②向对讲机的正面方向推按电池锁定按钮，使对讲机底部的电池锁定按钮与机身分开。

③分开电池锁定按钮以后，从对讲机的顶端向下移动电池约 0.5，一旦电池不受控制槽的限制，就可从对讲机的外壳中拿出电池。

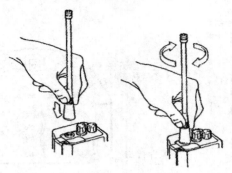

图 10.5　安装天线

④安装新的或充好电的电池。将电池的顶端（皮带夹端）对准对讲机机壳中显示出的连接电池位置的标记，将电池向对讲机的顶部推入，直至电池锁定按钮卡死电池为止，如图 10.6 所示。

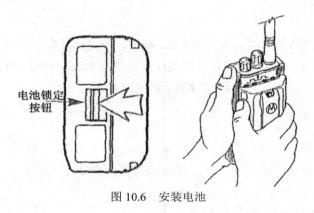

图 10.6　安装电池

3. 皮带夹的安装

①确定对讲机背面固定槽的位置。

②将皮带夹有 MTLL 标志的一端贴近固定槽的轨道，皮带夹的另一端朝着对讲机的底部。

③用皮带夹的定位销对准固定槽，直到在固定槽内卡死为止，如图 10.7 所示。

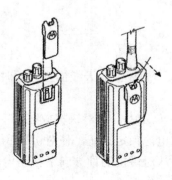

图 10.7　安装皮带夹

10.2.4　基本操作

1. 接通电源

顺时针方向旋转开/关/音量控制按钮，即给对讲机通电，接通电源时有一个 1/8 秒的提示音。

2. 接收

①开机并旋转频道开关到所需要的频道。

②调整音量控制旋钮，调到自己所需要的合适位置为止。

③此时对讲机已处于接收状态。

④要监听一个频道时，按下侧面的监听按键，LED（黄色）将发光 4 秒钟，确认编码静噪已消除。对讲机将维持在监听状态，直到再次按下监听按键来改变这一状态。

3. 发射

①把频道选择按钮置于所需频道。

②手持对讲机竖直位于嘴唇前约 10cm 处，按下对讲机侧面的 PTT 键，对着窗口清楚地讲话，讲话完毕松开 PTT 键。按 PTT 键时指示灯 LED 亮（红色）；松开 PTT 键处于接收状态。

4. 充电

①把充电器插到适当的插座上。

②不管电池在不在对讲机上，把电池插入充电盒。当电池完全插好时，充电指示灯会发亮。在整个充电过程中红色 LED 一直亮着。正在充电时，不要进行发射操作。

③适用于单电池标准速度的充电器：当一个标准充电电池达到满容量时，指示灯不发生变化（红灯亮），电池在 10h 内充满。

只运用于单电池或多电池的快速充电器：在对电池快速充电时，电池一达到满容量，绿色指示灯亮。此灯也表示电池在以小电流方式进行充电。红灯闪亮表示电池可能已不在"快速充电范围"内。当电池是在正确范围内时，快速充电将自动开始。快速充电典型充电时间如下：

高容量电池 1.0～1.2h。

小容量电池 0.5～0.8h。

10.2.5　电池与充电器的维护

（1）不要使充电器淋雨或雪。

（2）为了减少插头或电线带来的危险，拆开充电器时要拔下插头而不要拉电线。

（3）保证电线不要被脚踩或腿绊，以免损坏或拉紧。

（4）除非绝对必要，不要加用延伸线。

（5）不要用损坏的电线和插头。

（6）不要拆卸充电器，需要修理和清洗之前，应从充电器上摘除外联件，只关闭并不能免除此项危险。

10.2.6　注意事项

（1）正确拿对讲机，不要手提天线；当机身竖直时，对讲机工作最佳。

（2）不发话时，不要按 PTT 键。

（3）用无绒布擦电池的接头以除去灰尘、油污或其他物质，以免出现电路短路。

（4）不使用时把附件接口用保护盖盖好。

（5）擦洗对讲机外壳时，不要使用清洗液、酒精、喷雾剂等化学制品，以免损坏对讲机的机壳和盖板。

10.3　GP2 手持台

10.3.1　主要技术性能

（1）信道数目：16。

（2）信道间隔：12.5/20/25kHz。

（3）通话距离：3～5km。

（4）工作电压：用充电电池 7.5V 直流电。

（5）电池使用时间：（6/6/90，即发射/接收/待机）。

使用标准高容量镍氢电池　　　　　11h

使用超高容量镍氢电池　　　　　　14h

使用镍氢电池　　　　　　　　　　12h

使用锂电池　　　　　　　　　　　11h

（6）射频功率：低功率 1W，高功率 4W。

（7）音频功率：0.5W。

（8）工作温度范围：−30℃～60℃。

（9）体积：137 mm×57.5 mm×33mm。

（10）重量：350g。

10.3.2　面板介绍

如图 10.8 所示，GP2 手持台共有两个旋钮，四个编程按键，一个发射键（PTT），一个指示灯。机顶有开/关/音量旋钮，信道选择旋钮，一个编程按键，一个指示灯；机身左侧有四个按键，分别是三个编程按键和一个发射键（PTT）；机身右侧为编程或耳机接口（本手持台不配键盘）。编程按键功能选项有：不定义、发紧急告警、发紧急告警报、监听、音量设置、电池低电压指示、扫描开/关切换、高/低功率切换、入网/脱网切换、强/正静噪切换。

10.3.3　安装

同 GP1 手持台的安装。

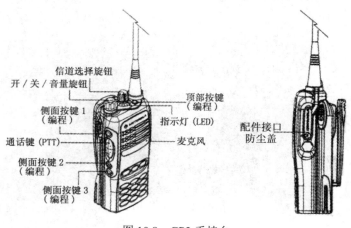

图 10.8　GP2 手持台

10.3.4　基本操作

（1）开/关机。顺时针旋转开/关/音量旋钮，听到"嘟"的自检声音，指示灯呈绿色显示，电台进入待机状态；关机时，逆时针旋转开/关/音量旋钮，直到听"咔哒"的声音。

（2）音量的调节。按住编程时设定的音量调节键，可听到背景噪音，顺时针或逆时针旋转开/关/音量旋钮，便可增大或减小音量，再按音量调节键背景噪音停止。

（3）选择信道。旋转信道选择旋钮选择信道。

（4）呼叫。选择通信信道，按住侧面的 PTT 键便可呼叫对方，此时指示灯为红色发射显示；松开 PTT 键，电台恢复到接收状态。

10.3.5　耳膨式耳机

耳膨式耳机，也称为声控耳塞通话器，是与 GP2 手持对讲机配套使用的双向式耳机，由声控耳膨耳机头和无线电接口模匣两部分组成，通过 VOX（耳机处于声控系统方式）或 PTT（耳机处于指控方式）功能实现免手持操作。耳膨式耳机如图 10.9 所示。

图 10.9　耳膨式耳机

耳膨式耳机内部主要有微型声压接收器、传声筒、振动式拾音器、光纤和外壳等。工作原理是利用耳骨振动并转换成微小的电信号，通过光纤输送到电台内部进行处理发射。当接收到信号时，通过耳机内的微型声压接收器送到传声筒，然后由传声筒送到耳道。耳机主机与控制器进行连接，装上电池，然后与电台进行连接，打开电台开关，选择耳机工作方式即可通话。耳机与手持台配套使用如图 10.10 所示。

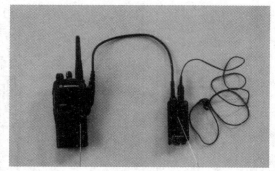

图 10.10　配套使用

10.3.6　电池与充电器的维护

同 GP1 手持台。

10.3.7　注意事项

同 GP1 手持台。

10.4　GM 车载台

10.4.1　主要技术性能及相关配件

（1）频率范围：在规定范围内设定。

（2）多路编码静噪（专线 PL 和数字专线 DPL）。

（3）信道数：16 个，可选择信道扫描。

（4）厂外编程（用户可以随时修改编程参数）。

（5）满足美国军标。

（6）带有硬件的耐用麦克风。

（7）配有硬件的可延伸的控制头。

（8）10 米电源线。

（9）电源：12V DC 阴极接地。

（10）音频功率：3W 内置喇叭。

（11）可进行音量调节。

（12）配有限时器。

（13）配有监听装置。

（14）UHF 天线连接接头。

（15）体积：198mm×178mm×50.8mm。

（16）重量：1.9kg。

10.4.2　面板介绍

GM 面板如图 10.11 所示。

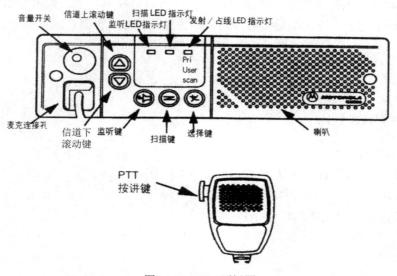

图 10.11　GM 面板图

10.4.3　基本操作

1. 打开电台

右旋开/关/音量旋钮，直至听到"咔"的一声。这时液晶显示屏显示上一次关机前的状态，同时可以听到起始音。

2. 接收

按住信道上、下滚动键选择信道，持续按键可浏览信道。

按下监听键（挂机）即可监听某一信道。当监听键按下后，黄褐色监听指示灯会一直亮着。持续按住监听键两秒钟，电台将处于非静噪状态。再次按下监听键即可中断非静噪状态，这时电台将返回编码静噪（PL/DPL）模式。每按动一次按键都会听到"哔"的一声。

3. 发射

信道空闲时，只需按下话筒旁边的按讲键（PTT）并缓慢清晰地说话，这时发射/占线指示灯将保持红色直至放开 PTT 键发射完毕。当所选信道被其他人占用时，红色发射/占线指示灯就会闪亮。

电台设有一个限时器。如果对讲时 PTT 键按下连续超过 60 秒钟，发射将被中断，中断前电台喇叭将会响起振铃提示 4 秒。放开 PTT 并再次按下即可继续发射。

4. 信道扫描

16 信道 GM 车载台可对每一工作信道进行预编程的扫描清单，也支持单用户扫描清单，清单可在电台前面的仪器板上编程。

打开或关闭扫描：按扫描键。（话筒挂机时电台只作扫描）

绿灯亮表明扫描有效，用选择键从各种扫描类型中顺序选择，当某一信道被占用时，信道号码即被显示出来，可以听到通话声，停止扫描该信道只需按一下扫描键即可。

话筒被摘起时，电台将暂停扫描并回到扫描前的信道显示状态。如果想用另一信道发射信息，只需按动信道上、下滚动键即可到达目标信道。挂好话筒就可继续进入扫描状态。

10.5　TK 车载台

10.5.1　主要技术性能

（1）信道数目：32。

（2）信道间隔：25kHz（PLL 信道间隔为 5/6.25kHz）。

（3）工作电压：13.6V 直流电负极接地。

（4）电流消耗：守候状态时 0.4A；

　　　　接收时 1.0A；

　　　　发射时 8.0A。

（5）射频功率：25W。

（6）音频功率：4W。

（7）工作温度范围：−30℃～+60℃。

（8）体积：140 mm×40 mm×170mm。

（9）重量：1.0kg。

10.5.2　安装

TK 车载台的安装可参照图 10.12。需要注意的是所接电源一定要确保电压为 12V，负极接地，并保证接线极性正确（红线接正，黑线接负）。电台使用的电源线一定是专用电源线，不可用其他线代替。

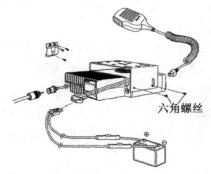

图 10.12　TK 车载台连接图

10.5.3　前面板介绍

TK 车载台前面板如图 10.13 所示。

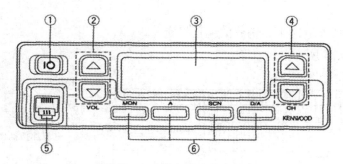

图 10.13　TK 车载台前面板

①电源开关（POWER）

按此键可以接通或关闭电源。

②音量调节键（VOLUME）

按▲键，增大音量；按▼键，减小音量。一直按住▲（或▼）键，可以快速增大（或减小）音量。

③显示屏（见图 10.14）

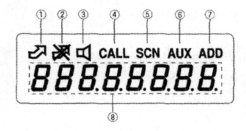

图 10.14　TK 车载台显示屏

🡕：当发射时出现。

🗙：当所选择的信道上有信号时出现。

🔊：当启动了监听功能后出现。

CALL：在设置了编码静噪功能或信息传呼功能后，当接收到了正确的 DTMF（双音多频）代码时，此标志闪烁；当进行发射时，此标志稳定显示。

SCN：当启动扫描功能后出现。

AUX：当经销商编程使用辅助功能时出现。

ADD：当所选择的信道是扫描序列中的信道时出现。

8888.8.8.8.8：显示信道号码、自台身份号码和其他信息。

④信道选择键（CHANNEL）

按▲键，选择下一个号码高的信道；按▼键，选择下一个号码低的信道。一直按住▲（或

▼）键，可以快速调节信道上升（或下降）。

⑤话筒插口

插入话筒的 6 芯插头直到锁定片锁住。

⑥功能键

功能键的具体功能取决于经销商的编程设定。

背面板如图 10.15 所示。

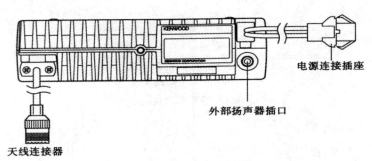

图 10.15　TK 车载台背面板

10.5.4　基本操作

1. 接通/关闭电源

接通通信机和关闭通信机时分别按电源开关。

2. 调节音量

①按住 MON 键大约两秒钟，可以听到背景噪音。

②按音量调节键调节音量。

③再次按 MON 键停止监听功能。

3. 选择信道

按信道选择键选择信道。

最多可以在 32 个信道中进行选择，按住信道选择键时，信道将连续变化。

4. 呼叫

①从话筒上取下话筒，然后听几秒种以确认该信道没有被占用。

②拿起话筒，距离嘴唇 3～4cm，按住话筒的 PTT 键，然后以平常的讲话声音对着话筒讲话。

③松开 PTT 键接收对方的应答。

④通话结束后，将话筒放回到话架上。

5. 发射定时器（TOT）

发射定时器的目的是自动限制连续发射的时间。当连续按住话筒的 PTT 键的时间超过设定的时间后，通信机自动停止发射并发出警告音。松开话筒 PTT 键，警告音消失。

10.6　GP3 手持台

10.6.1　主要技术性能

（1）频率范围：在规定范围内设定。

（2）信道数目：256。

（3）信道间隔：12.5/20/25kHz。

（4）通话距离：3～5km。

（5）工作电压：用充电电池 7.5V 直流电。

（6）电池使用时间：（6/6/90，即发射/接收/待机）。

使用标准高容量镍氢电池	11h
使用超高容量镍氢电池	14h
使用镍氢电池	12h
使用锂电池	11h

（7）射频功率：低功率 1W，高功率 4W。

（8）音频功率：0.5W。

（9）工作温度范围：−30℃～60℃。

（10）体积：137mm×57.5mm×33mm。

（11）重量：350g。

10.6.2　面板介绍

如图 10.16 所示，GP3 手持台共有两个旋钮，四个编程按键，一个发射键（PTT），一个指示灯。机顶有开/关/音量旋钮，信道选择旋钮，一个编程按键，一个指示灯；机身左侧有四个按键，分别是三个编程按键和一个发射键（PTT）；机身右侧为编程或耳机接口（本手持台不配键盘）。编程按键功能选项有：不定义、发紧急告警、发紧急告警报、监听、音量设置、电池低电压指示、扫描开/关切换、高/低功率切换、入网/脱网切换、强/正静噪切换。

10.6.3　安装

同 GP1 手持台的安装。

10.6.4　基本操作

（1）开/关机。顺时针旋转开/关/音量旋钮，听到"嘟"的自检声音，指示灯呈绿色显示，电台进入待机状态；关机时，逆时针旋转开/关/音量旋钮，直到听"咔哒"的声音。

（2）音量的调节。按住编程时设定的音量调节键，可听到背景噪音，顺时针或逆时针旋转开/关/音量旋钮，便可增大或减小音量，再按音量调节键背景噪音停止。

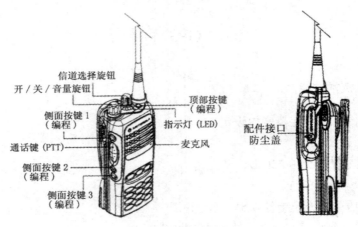

图 10.16　GP3 手持台

（3）选择信道。旋转信道选择旋钮选择信道。

（4）呼叫。选择通信信道，按住侧面 PTT 键便可呼叫对方，此时指示灯为红色发射显示；松开 PTT 键，电台恢复到接收状态。

10.6.5　耳膨式耳机

耳膨式耳机如图 10.17 所示。

图 10.17　耳膨式耳机

耳膨式耳机，也称为声控耳塞通话器，是与 GP2 手持对讲机配套使用的双向式耳机，由声控耳膨耳机头和无线电接口模匣两部分组成，通过 VOX（耳机处于声控系统方式）或 PTT（耳机处于指控方式）功能实现免手持操作。

耳膨式耳机内部主要有微型声压接收器、传声筒、振动式拾音器、光纤和外壳等。工作原理是利用耳骨振动并转换成微小的电信号，通过光纤输送到电台内部进行处理发射。当接收到信号时，通过耳机内的微型声压接收器送到传声筒，然后由传声筒送到耳道。耳机主机控制器进行连接，装上电池，然后与电台进行连接，打开电台开关，选择耳机工作方式，即可通话。耳机与手持台配套使用如图 10.18 所示。

10.6.6　电池与充电器的维护

同 GP1 手持台。

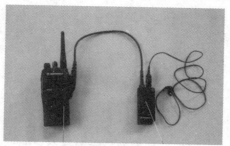

图 10.18 配套使用

10.6.7 注意事项

同 GP1 手持台。

10.7 KG 基地/中转台

10.7.1 主要技术性能

（1）信道数目：99 个信道。

（2）信道间隔：12.5/20/25/30kHz 可编程。

（3）工作方式：单工/半双工/全双工。

（4）天线阻抗：50Ω。

（5）电源供应：13.6V DC，负接地仅 12A 或更小。

（6）工作环境：工作温度−30℃～+60℃，相对温度 95%为+35℃。

（7）尺寸及容量（主机部份）：462mm（W）×88mm（H）×360mm（D），11kg。

10.7.2 面板介绍

前面板控制如图 10.19 所示。

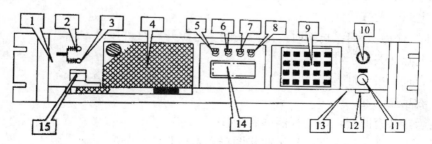

图 10.19 前面板控制

（1）耳机接口。

用户可选择插入耳机接听，但插入耳机后，前置扩音器不工作。该接口不用作麦克风输入口和 TX PTT 装置。

（2）高发射功率调整。

调试发射功率用，使用者不得自行调动。

（3）低发射功率调整。

调试发射功率用，使用者不得自行调动。

（4）扬声器。

可听到所接收的音频信号（可用来证实音量设置是否足够大和是否被静音）。

（5）中转指示灯（REP）。

机器所在信道设定为中转（Repeater）模式时，指示灯（REP）为黄色。机器所在信道设定为其他模式时 REP 指示灯不亮。

（6）报警指示灯（ALM）。

当接收、发射和中转出现故障时，ALM 指示灯为橙色（伴随闪烁），同时，刚启动时，该指示灯会出现短暂的闪烁。

（7）发射指示灯（TX）。

KG 发射时，TX 指示灯为红灯，否则不亮。

（8）工作指示灯（BUSY）。

KG 在选定的信道上接收到手机信号时 BUSY 灯显示为绿色。

（9）键盘。

键盘包括：CH，SCAN，MON，SHIFT，1，2，3，4，5，6，7，8，9，0，*，#，A，B，C 和 D。用户可以通过键盘输入频道选择、音调信息等。

（10）音量控制旋钮。

音量控制旋钮用来改变扬声器音量输出大小，顺时针旋转调大音量，逆时针旋转调小音量。

（11）噪音控制旋钮。

用来设置噪音门限。选择一个空闲信道慢慢地顺时针旋转该旋钮直到背景噪声刚好消失为止。必须适当地顺时针旋转该钮稍微超过噪音门限值以补偿不断变化的背景噪音电平。

（12）电源开关按钮。

按一下时，电源开启；再按时，电源关闭。电源开启时，按键下沉。

（13）电源开关指示灯。

电源开启时，指示灯为绿色。

（14）液晶显示器。

液晶显示器共有四行，每一行能够容纳 21 个字符。

第一行：正常使用情况下，显示棒状图形表示接收信号强度。

第二行：正常使用情况下，显示棒状图形表示发射信号强度。

第三行：正常使用情况下，左边 5 个字符位置显示选择的频道号（共占用 4 个字符）；在接下来的 8 个字符位置显示频道名称（共占用 8 个字符）。在频道名称中可以使用以下字符：0～9、A～Z、a～z、/、+、—、*、#、!、$、%（）=、[、]、<>、?、和空格。当没有频道名时 LCD 的这段区域以空白表示。

第三行右边 6 个字符的空位用来显示下述状态符号：

a. 监听状态符号：⋰ 。

b. 锁键状态符号：⬇ 。

c. 音频编码状态符号：δ 。

d. 扫描模式状态符号：∞ 。

e. 高发射功率状态符号：▶ 。

f. SHIFT——当 SHIFT 按下时，液晶显示为▼ 。

第四行：正常使用情况下，左边 4 个字符显示用户选择的音频信令系统，如显示"5 TON"表示用户选择 5-Tone 系统，若显示"DTMF"表示双音多频系统。右边 16 个字符的空位用来显示用户输入的数据（如 5 音调呼叫序列），这一部分也可以用于 KG 直接显示信息给用户。

（15）手咪接口。

协同 KD561 手咪接口，不使用在单信道模式（带*号选项不用于单信道模式）。

后面板说明如图 10.20 所示。

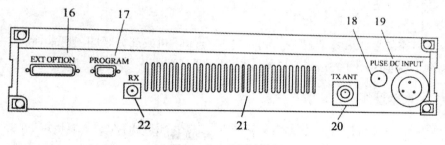

图 10.20　后面板说明

（16）25 芯扩展接口。

（17）9 芯写频编程接口。

（18）DC 电源保险熔丝。

（19）3 芯电源输入接口。

（20）TX ANT、天线接口（N 型）。

（21）通风槽。

（22）RX 接口（BNC 型）。

10.7.3　安装

由于 KG 不仅可以做为基地台使用，而且可以用作中转台。因此本书有些说明只适用于一种应用，有些可适用于两种应用，而另外的一些只有在通过编程使一些特殊功能被启用的情况下才适用。在使用 KG 前，需要先编程写频，程序可以由供应商或者销售商利用协同 51BS 软件事先做好。使用 KG 前要确保安装正确，最好事先要求销售商进行正确的安装和指导。需注意如下事项：

- 电源输入为 13.8V DC，正确连接正负极；
- 连接好收发天线馈线连接头，确保正确的驻波比；
- 连接好协同 KD561 手咪。

10.7.4　基本操作

（1）电源开启按下电源开关开启机器，此时指示灯为绿色。

（2）音量调节旋转音量旋钮，调整到合适的音量。

（3）噪音调整顺时针慢慢旋转噪音旋钮，直到背景噪音达到最小为止。将旋钮沿顺时针方向再旋一个小角度以避免变化的背景噪音"冲破"静噪设置而产生噪音。

（4）频道选择。

按下 CH 并紧接着按频道数字键，选择要求的频道。例如 CH+0+1 表示选择频道 1。液晶面板显示为 CH01，同时显示频道名称为 CH01 Kyodo-co。

（5）接收。

选择频道 1 后，在 KG 上能听到任何一部手机通过频道 1 发射出的呼叫，必要时轻轻调整音量旋钮直到音量适中。

（6）发射。

根据所在国家的要求和操作要求，可以选择全体呼叫或部分呼叫。呼叫时，按住发射键（PTT）并将嘴对准手咪约 75mm 的位置，以保证通话清晰。

10.7.5　前面板操作

本节介绍 KG 中转台按键的用途和功能。基于中转台内置的程序了解按键的功能，使您充分发挥中转台的功能和用途，使其达到最大的使用效率。

1. 键盘操作

通过键盘可以输入需要的数据和选择不同的功能，下面根据不同的编解码格式（5-Tone 和 DTMF）来介绍不同信号下按键的功能。

按键功能如下：

0～9：输入新的频道号码；

　　　　输入 KILL 密码；

　　　　输入信令编码号码（5-Tone、DTMF）；

　　　　输入 DTMF 号码（DTMF）。

A：KG 信道号往相邻高信道跳转的按键；

　　输入信令"A"音（5-Tone、DTMF）；

　　编码的"A"音（DTMF）。

B：KG 信道号往相邻低信道跳转的按键；

　　输入信令"B"音（5-Tone、DTMF）；

　　编码的"B"音（DTMF）。

C：输入信令"C"音（5-Tone、DTMF）；

编码的"C"音（（DTMF）。

D：输入信令"D"音（5-Tone、DTMF）；

编码的"D"音（（DTMF）。

*：显示预置编码号码（5-Tone、DTMF）；

编码的"*"音（DTMF）。

#：将 LCD 上显示的编码信令号码进行编码发送（5-Tone、DTMF）；

编码的"#"音。

CH：输入两个数字来改变当前频道，例如按 CH+9+0 表示改变当前活动频道为 90（90 信道需有事先编程写频）。

SCN：按一下将使 KG 进入"ALL-SCAN"扫描所有编程的信息模式，再按一次退出该模式。

MON：监控模式开启或关闭按键以及用于"Un-mute"无线设备（在使用选定的呼叫时）。

2．使用 SHIFT 组合键

对 KG 的部分功能和用途，需要先按下 SHIFT 键再按其他按键并且不少于两秒来实现。组合键功能如下：

SHIFT＋0 改变系统音频模式为 5-Tone 模式或者 DTMF 模式。

SHIFT＋1 液晶背景灯开启或者关闭。

SHIFT＋2 改变发射功率为"高功率"模式或者"低功率"模式。

SHIFT＋3 无效按键。

SHIFT＋4 改变音频模式为单音频、5-Tone 或者 DTMF。

SHIFT＋5 无效按键。

SHIFT＋6 进入遥毙（KILL）模式，并允许输入"遥毙"密码。

SHIFT＋7 在液晶屏上显示当前信道信息。

SHIFT＋8 键盘锁开启或者关闭。

SHIFT＋9 改变扫描为正常信道扫描或者优先信道扫描。

SHIFT＋A 重置一个信道到信道扫描目录中（使用者必须先将所要列入的信道激活——为当前使用的信道）。

SHIFT＋B 无效按键。

SHIFT＋C 显示所输入的最后一个 DTMF 编码序列的号码。

SHIFT＋D 无效按键。

SHIFT＋*从频道扫描目录中删除当前激活的信道。

SHIFT＋＃将"R-Number"数据附在当前编码号码上并将整个序列全部发射。

SHIFT＋SCN 开启或者关闭编程扫描模式。

SHIFT＋MON 无效按键。

SHIFT＋CH 开启、关闭 LCD 上 TX 或 RX 的条形显示。

习题

1．TK 手持台的主要技术性能有哪些？

2．简述 TK 手持台操作的基本步骤。

3．GP1 手持台的主要技术性能有哪些？

4．GP2 手持台的主要技术性能有哪些？

5．GM 车载台的主要技术性能有哪些？

6．TK 车载台的主要技术性能有哪些？

7．GP3 手持台的主要技术性能有哪些？

8．KG 基地台的主要技术性能有哪些？

9．简述 KG 的基本操作。

10．如何使用 KG 的 SHIFT 组合键？